突破自我，就能突破人生的瓶颈

人生需要苦难的洗礼

感谢折磨你的人
做最好的自己

圣铎 ☆ 编著

四川人民出版社

图书在版编目（CIP）数据

感谢折磨你的人：做最好的自己 / 圣铎编著 . --
成都：四川人民出版社，2020.5
ISBN 978-7-220-11626-1

Ⅰ . ①感… Ⅱ . ①圣… Ⅲ . ①成功心理—通俗读物
Ⅳ . ① B848.4-49

中国版本图书馆 CIP 数据核字 (2019) 第 210167 号

GANXIE ZHEMO NI DE REN : ZUO ZUIHAO DE ZIJI

感谢折磨你的人：做最好的自己

圣铎　编著

出 版 人	黄立新
策划组稿	张明辉
责任编辑	石　云
营销策划	张明辉
插画绘制	金版文化
封面设计	简明波
责任校对	吴　玥
责任印刷	许　茜
出版发行	四川人民出版社（成都槐树街2号）
网　　址	http：//www.scpph.com
E-mail	sarmcbs@sina.com
新浪微博	@四川人民出版社
微信公众号	四川人民出版社
发行部业务电话	（028）86259624　86259453
防盗版举报电话	（028）86259624
印　　刷	深圳市雅佳图印刷有限公司
成品尺寸	135mm × 180mm
印　　张	14
字　　数	300千
版　　次	2020年5月第1版
印　　次	2020年5月第1次印刷
书　　号	ISBN 978-7-220-11626-1
定　　价	48.00元

前言

Preface

著名诗人顾城曾说过这样一句话："人可生如蚁而美如神。"

人生是残酷的，人类是脆弱的。人生在世，免不了要遭受苦难。它有时是个人不可抗拒的天灾人祸，例如遭遇乱世或灾荒，患上危及生命的重病乃至绝症，挚爱的亲人死亡；有时是个人在社会生活中的重大挫折，例如失恋、婚姻破裂、事业失败。有些人即使在这两方面运气都好，未尝吃大苦，却也无法避免所有人迟早要承受的苦难——死亡。在这个世界上，一个人就像一只蚂蚁一样，一生匍匐在大地之上劳作，备受折磨。很多人在面对种种折磨的时候，听天由命，最后就真的成了蚂蚁，平庸地度过一辈子。但面对这样的人生，有些人却超越了这一切，他们每天都有快乐的笑容，他们把幸福的感觉洋溢在自己周围，他们的美丽仿佛天神，他们拥有幸福快乐的一生。他们对折磨持一种感恩的态度，世界在他们的眼中变了一个样。苦难、挫折和失败在别人的眼中如洪水猛兽，但在他们眼中却自有美好之处，他们不逃避一切，勇敢地迎难而上，他们的人生变得与众不同。

其实，世间的事就是这样，如果你改变不了世界，那就改变你自己吧，换一种眼光去看世界，你会发现所有的折磨其实都是促进你生命成长的"清新氧气"。

人们往往把外界的折磨看作人生中纯粹消极的，应该完全否定的东西。当然，外界的折磨不同于主动的冒险，冒险有一种挑战的快感，而我们忍受折磨总是迫不得已的。但是，人生中的折磨总是完全消极的吗？清代金兰生在《格言联璧》中写道："经一番挫折，长一番见识；容一番横逆，增一番气度。"由此可见，那些挫折和横逆的折磨对人生不但不是消极的，还是一种促进你成长的积极因素。

很多人都害怕遭受折磨。折磨与幸福是相反的东西，但它们有一个共同之处，就是都直接和灵魂有关，并且都牵涉对生命意义的评价。在通常情况下，我们的灵魂是沉睡着的，一旦我们感到幸福或遭到折磨时，它便醒来了。如果说幸福是灵魂的巨大愉悦，这愉悦源自对生命的美好意义的强烈感受，那么，折磨之所以成为折磨，正在于它能够撼动生命的根基，打击人对生命意义的信心，因而使人的肉体和灵魂陷入巨大痛苦之中。生命的意义，对它无论是肯定还是怀疑、否定，只要是真切的，就必定是灵魂在出场。外部的压力再大，如果它没有使灵魂受到震撼，不成为一个精神事件，就不能称为折磨。一种东西能够把灵魂震醒，使之处于虽然痛苦却富有生机的紧张状态，它必然具有某种精神价值。当你不断遭受折磨，你的灵魂也在各种折磨中不断升华，最终，你将在不断的进步中成就完美的人生。

你还在遭受工作的折磨吗？

你还在遭受老板和上司的折磨吗？

你还在遭受失恋的折磨吗？

你还在遭受家人和师长的折磨吗？

你还在遭受病痛的折磨吗？

……

如果你现在还在遭受这样或那样的折磨，你就该庆幸，因为命运给了你一次战胜自我、升华自我的机会。换一种眼光来看待这些折磨吧，感谢那些在工作和生活中折磨你的人，你就会获得幸福，你就会感到人生像诗人说的那样“生如蚁而美如神”。

序

Order

从现在起感谢折磨你的人吧

为什么要感谢折磨你的人

学会感谢折磨你的人，才是真正能够领悟成功的人。

人生活在这个世界上，总会经历这样那样的烦心事，这些事总是会折磨人的心，使人不得安宁。

生命是一次次的蜕变过程。唯有经历各种各样的折磨，才能拓展生命的厚度。通过一次又一次与各种折磨握手，历经反反复复几个回合的较量，人生的阅历就在这个过程中日积月累、不断丰富。

在人生的岔道口，你若选择了一条平坦的大道，你可能会有一个舒适而享乐的青春，但你就会失去一个很好的历练机会；你若选择了坎坷的小路，你的青春也许会充满痛苦，但人生的真谛也许就此被你打开。

蝴蝶的幼虫时期是在一个洞口极其狭小的茧中度过的。当它的生命要发生质的飞跃时，这个狭小的通道对它来讲无疑如同“鬼门关”，那娇嫩的身躯必须竭尽全力才可以破茧而出。许多幼虫在往外冲杀的时候力竭身亡，不幸成了飞翔的祭品。

有的人动了恻隐之心，企图将那幼虫的生命通道修得宽阔一些，他用剪刀把茧的洞口剪大。这样一来，所有受到帮助而见到天日的蝴蝶都不是真正的飞行精灵—它们无论如何也飞不起来，只能拖着丧失了飞翔功能的双翅在地上笨拙地爬行！原来，那“鬼门关”般的狭小茧洞恰恰是帮助蝴蝶幼虫两翼成长的关键所在，穿越的时候，通过用力挤压，血液才能被顺利输送到蝶翼的组织中去；唯有两翼充血，蝴蝶才能振翅飞翔。人为地将茧洞剪大，蝴蝶的翼翅就没有了充血的机会，爬出来的蝴蝶便永远与飞翔绝缘。

成长的过程恰似蝴蝶的破茧过程，在痛苦的挣扎中，意志得到磨炼，力量得到加强，心智得到提高，生命在痛苦中得到升华。当你从痛苦中走出来时，就会发现，你已经拥有了飞翔的力量。如果没有挫折，也许就会像那些受到“帮助”的蝴蝶一样，萎缩了双翼，平庸一生。

有个渔夫有着一流的捕鱼技术，被人们尊称为“渔王”。依靠捕鱼所得的钱，“渔王”积累了一大笔财富。然而，年老的“渔王”却一点也不快活，因为他三个儿子的捕鱼技术都极其平庸。

于是他经常向人倾诉心中的苦恼：“我真想不明白，我捕鱼的技术这么好，我的儿子们为什么这么差？我从他们懂事起就传授捕鱼技术给他们，从最基本的东西教起，告诉他们怎样织网怎样最容易捕捉到鱼、怎样划船最不会惊动鱼、怎样下网最容易请鱼入瓮。他们长大了，我又教他们怎样识潮汐，辨鱼汛……凡是我多年来辛辛苦苦总结出来的经验，我都毫无保留地传授给他们，可他们的捕鱼技术竟然赶不上技术比我差的其他渔民的儿子！”

一位路人听了他的诉说后，问道：“你一直手把手地教他们吗?”

“是的，为了让他们学会一流的捕鱼技术，我教得很仔细、很耐心。”

“他们一直跟随着你吗?”

“是的，为了让他们少走弯路，我一直让他们跟着我学。”

路人说：“这样说来，你的错误就很明显了。你只是传授给了他们技术，却没有传授给他们教训，对于才能来说，没有

教训与没有经验一样，都不能使人成大器。”

是啊，渔夫的儿子们从来都没有经受一点挫折的折磨，他们怎么会获得成长呢？

人生其实没有弯路，每一步都是必须走的。所谓失败、挫折并不可怕，正是它们才教会我们如何寻找到经验与教训。如果一路都是坦途，那只能像渔夫的儿子那样，沦为平庸。

没有经历过风霜雨雪的花朵，无论如何也结不出丰硕的果实。或许我们习惯羡慕他人的成功，感叹他得到的掌声，但是别忘了，温室的花朵注定要失败。正所谓“台上十分钟，台下十年功”，在他们光荣的背后一定有汗水与泪水共同浇铸的艰辛。

所以，一个成功的人，一个有眼光和思想的人，都要学会感谢折磨他的人，唯有以这种态度面对人生，才能算真正的成功。

生活在折磨中升华

只有历经折磨的人，才能够更快、更好地成长，生活，只能在折磨中得到升华。

自从人被赶出了伊甸园，人的日子就不好过了。在人的一生当中，总会遇到失业、失恋、离婚、破产、疾病等厄运，即使你比较幸运，没有遭遇以上那些厄运，你也可能要面临升学压力、工作压力、生活压力等各种烦心事，这些事在人生的某一时期萦绕在你的周围，时时刻刻折磨着你的心灵，使你寝食难安。

法国作家杜伽尔曾说过这样一句话：“不要妥协，要以勇敢的行动，克服生命中的各种障碍。”

被誉为“经营之神”的松下幸之助并不是一个社会的幸运儿，不幸的生活却促使他成为一个永远的抗争者。家道中落的松下幸之助9岁起就去大阪做一个小伙计，父亲的过早去世使得15岁的他不得不担负起生活的重担，寄人篱下的生活使他过早地体验了做人的艰辛。

1910年，松下幸之助独自来到大阪电灯公司做一名室内安装电线练习工，一切从头学起。不久，他诚实的品格和上乘的服务赢得了公司的信任。22岁那年，他晋升为公司最年轻的检验员。就在这时，他遇到了人生最大的挑战。

松下幸之助发现自己得了家族病，已经有9位家人在30岁前因为家族病离开了人世，这其中包括他的父亲和哥哥。当时的境况使他不可能按照医生的吩咐去休养，只能边工作边治疗。他没了退路，反而对可能发生的事情有了充分的精神准备，这也使他形成了一套与疾病做斗争的办法：不断调整自己的心态，以平常之心面对疾病，调动机体自身的免疫力、抵抗力与病魔斗争，使自己保持旺盛的精力。这样的过程持续了一年，他的身体也变得结实起来，内心也越来越坚强，这种心态也影响了他的一生。

患病一年以来的苦苦思索，希望改良插座得到公司采用的愿望受挫的打击，使他下决心辞去公司的工作，开始独立经营插座生意。

松下电器公司不是一个一夜之间成功的公司。创业之初，正逢第一次世界大战，物价飞涨，而松下幸之助手里的所有资金还不到100日元，困难可想而知。公司成立后，最初的产品是插座和灯头，然而当千辛万苦才生产出来的产品遇到棘手的销售问题时，工厂竟到了难以为继的地步，员工相继离去，松下幸之助的境况变得很糟糕。

但他把这一切都看成是创业的必然经历，他对自己说："再下点功夫，总会成功的！已有更接近成功的把握了。"他相信：坚持下去取得成功，就是对自己最好的报答。功夫不负有心人，生意逐渐有了转机，直到6年后拿出第一个像样的产品，也就是自行车前灯时，公司才慢慢走出了困境。

1945年，日本的战败使得松下幸之助变得几乎一无所有，剩下的是到1949年时达10亿元的巨额债务。为抗议把公司定为财阀，松下幸之助不下50次去美军司令部进行交涉，其中辛苦自不必言。

一次又一次的打击并没有击垮松下幸之助，他享年94岁高龄，这也向人们表明，一个人只有从心理上、道德上成熟起来时，他才可以长寿。他之所以能够走出遗传病的阴影，安然渡过企业经营中的一个个惊涛骇浪，得益于他永葆一颗年轻的心，并能坦然应对生活中的各种挫折的折磨。松下幸之助说过："你只要有一颗谦虚和开放的心，你就可以在任何时候从任何人身上学到很多东西。无论是逆境或顺境，坦然的处世态度，往往会使人更聪明。"

人生在天地之间，就要面临各种各样的压力，这些压力对人形成一种无形的折磨，使很多人觉得人生在世就是一种苦难。

其实，我们远不必这么悲观，生活中有各种各样的折磨人的事，但是生命不一直在延续吗？人类不也一直在前进吗？很多事情当我们回过头来再去看的时候，就会发现，生命历经折磨以后，反而更加欣欣向荣。

事实就是这样，没有经过风雨折磨的禾苗永远不能结出饱满的果实，没有经过折磨的雄鹰永远不能高飞，没有经过折磨的士兵永远不会当上元帅，没有被老板、上司折磨过的员工也永远不能提高业务能力……这就是自然界告诉我们的一个很简单的道理：一切事物如果想要变得更强，必须经过折磨。

人也一样，只有历经折磨的人，才能够更快、更好地成长。生活，永远只能在折磨中得到升华。

给自己一个突破自我的机会

一个人不管你想要在哪个方面获得成功，也不管你能够获得成功的条件和环境有多么好，如果你不能突破自我便不能成功。

伏尔泰说：“不经历巨大的痛苦，不会有伟大的事业。”

很多人花很多精力去找寻“无法成功”的原因，其实他们不知道自我“设限”就是主要原因。

因此，在面临生活中这样那样的不如意时，不妨将这些不如意当作一次次突破自我的机会，勇敢地跨越自我的极限，生活就会更上一层楼。

禅宗典籍《五灯会元》上曾记载这样一则故事：德山禅师

在尚未得道之时曾跟着龙潭大师学习，日复一日地诵经苦读让德山有些忍耐不住，一天，他跑去问师父：“师父，我就是您翼下正在孵化的一只小鸡，真希望师父能从外面尽快地啄破蛋壳，让我早日破壳而出啊！”

龙潭大师笑着说：“被别人剥开蛋壳而出的小鸡，没有一个能活下来的。母鸡的羽翼只能提供给有破壳力的环小鸡，你突破不了自我，最后只能胎死腹中。不要指望师父能给你什么帮助。”

德山听后，满脸迷惑，还想开口说些什么，龙潭大师说:“天不早了，你也该回去休息了。”德山撩开门帘走出去时，看到外面非常黑，就说:“师父，天太黑了。”龙潭便给了他一支点燃的蜡烛，他刚接过来，龙潭就把蜡烛熄灭，并对德山说:“如果你心头一片黑暗，那么，什么样的蜡烛也无法将其照亮啊！即使我不把蜡烛吹灭，说不定哪阵风也要将其吹灭！只有点亮心灯一盏，天地自然一片光明。”

德山听后，如醍醐灌顶，后来果然青出于蓝而胜于蓝，成了一代大师。

鹰是世间寿命最长的鸟类，它一生的年龄可达70岁。在40岁时，它如果要继续活下去，必须经历一次痛苦的重生。

当鹰活到40岁时，它的爪子开始老化，不能有力地抓住猎物。它的喙开始变得又长又弯，几乎触到胸膛。它的翅膀也开始变得沉重，因为它的羽毛长得又浓又厚，飞翔都显得有些吃力。

这时它只有两种选择：等死，或开始一次痛苦的重生。重生将经历150天漫长的折磨。它必须先尽力地飞到山顶，在悬崖上筑巢，停留在那里，不能飞翔。

鹰首先用它的喙击打岩石，直到喙完全脱落。然后静静地等待新的喙长出来。它会用新长出的喙把指甲一根一根地拔出来。当新的指甲长出来后，就再把羽毛一根一根地拔掉。5个月以后，新的羽毛长出来了，鹰经历了一次再生。

如果40岁的鹰选择逃避，那么等待它的就是生命的枯萎，它唯有选择经历苦痛，生命才得以再生。重生与成功的道路上注定会荆棘密布。

人生道路上，每一次辉煌的背后肯定都有一个凤凰涅槃的故事，世上没有不弯的路，人间没有不谢的花。折磨原本就是生命旅途中一道不可或缺的风景。

生命，总是在各种各样的折磨中茁壮成长。

感谢折磨你的人就是在感谢命运

学会感谢那些在工作中、生活中折磨你的人。唯有感谢，你才能领悟到折磨对你的价值所在。

面对人生中各种各样的不顺心事，你要保持感谢的态度，因为唯有折磨才能使你不断地成长。法国启蒙思想家伏尔泰说：“人生布满了荆棘，我们晓得的唯一办法是从那些荆棘上面迅速踏过。”人生是不平坦的，但同时也说明生命正需要磨炼。“燧石受到的敲打越厉害，发出的光就越灿烂。”正是这种敲打才使它发出光来，因此，燧石需要感谢那些敲打。人也一样，感谢折磨你的人，你就是在感谢命运。

美国独立企业联盟主席杰克·弗雷斯从13岁起就开始在他父母的加油站工作。弗雷斯想学修车，但他父亲让他在前台接待顾客。当有汽车开进来时，弗雷斯必须在车子停稳前就站到司机门前，然后去检查油量、蓄电池、传动带、胶皮管和水箱。

弗雷斯注意到，如果他干得好的话，顾客大多还会再来。于是弗雷斯总是多干一些，帮助顾客擦去车身、挡风玻璃和车灯上的污渍。有一段时间，每周都有一位老太太开着她的车来清洗和打蜡。这个车的车内踏板凹陷得很深很难打扫，而且这位老太太极难打交道。每次当弗雷斯给她把车清洗好后，她都要再仔细检查一遍，让弗雷斯重新打扫，直到清除掉每一缕棉绒和灰尘，她才满意。

终于有一次，弗雷斯忍无可忍，不愿意再侍候她了。他的父亲告诫他说："孩子，记住，这就是你的工作！不管顾客说什么或做什么，你都要做好你的工作，并以应有的礼貌去对待顾客。"

父亲的话让弗雷斯深受震动，许多年以后他仍不能忘记。弗雷斯说："正是在加油站的工作使我学到了严格的职业道德和应该如何对待顾客，这些东西在我以后的职业生涯中起到了非常重要的作用。"

其实，弗雷德的成功与他懂得感谢那些折磨自己的人有着莫大的关系。"吃一堑，长一智"，那些让你吃一堑的人正是给你长一智创造客观条件。你为什么不对他心存感激呢？学会感谢折磨你的人，这样，你注定会与成功结缘。

目录

Contents

第一篇 感谢生命中折磨你的人

第二篇 感谢事业中折磨你的人

第三篇 感谢职场中折磨你的人

第四篇 感谢生活中

折磨你的人

第一篇

感谢生命中折磨你的人

PART

01

每个人都需要一颗渴望成功的心

突破自我，就能突破人生的瓶颈

害怕暗礁而躲在港湾中，虽然不会有什么危险，但是你永远也不能到达渴望的目的地。

很多时候，阻挡我们前进的不是别人，而是我们自己。自我可以使你走向成功的坦途，同时，它也可能会让你坠入失败的深渊。

在一棵干枯的桑树上住着一只蜗牛，这只蜗牛自出生以来就一直住在这棵树上。

一天，风和日丽，蜗牛小心翼翼地伸出头来看了看，慢吞吞地爬到地面上，把一节身子从硬壳里伸到外面懒洋洋地晒太阳。

这时，蚂蚁正在紧张地劳动，一队接着一队急速地从蜗牛身边走过。看见蚂蚁在阳光下来回走动的样子，蜗牛不觉有些羡慕起来，于是，它放开嗓门儿对蚂蚁说："喂，蚂蚁老弟，看见你们这样，我真羡慕你们啊！"

一只蚂蚁听到了，就停在蜗牛旁边，仰着头对蜗牛说：“来，朋友，咱们一起干活吧！”

蜗牛听了，不由自主地把头往回缩了一下，有点儿惊慌地说：“不，你们要到很远的地方去，我不能跟你们一起去。”

蚂蚁奇怪地问：“为什么啊？走不动吗？”

蜗牛犹豫了半天，吞吞吐吐地说：“离家远了，要是天热了怎么办呢？要是下雨了怎么办啊？”

蚂蚁听了，没好气地说：“要是这样，那你就躲到你那个硬壳里好好睡觉吧！”说完，匆匆追赶自己的大部队去了。

对蚂蚁的话，蜗牛倒也不怎么在乎。不过，蜗牛实在想到远处看看。经过深思熟虑之后，蜗牛终于大着胆子把自己的另一节身子也从硬壳里伸了出来。正在这时，几片树叶落在地上，发出轻微的响声。蜗牛吓得像遭遇了雷击一样，一下子就把整个身子缩回硬壳里去了。

过了好久，蜗牛才小心翼翼地把头伸到外面，外面仍然像先前一样晴朗和宁静，并没有发生什么事情。只是蚂蚁已经走得很远了，看不见了。

蜗牛悠悠叹了一口气说：“唉！我真羡慕你们啊！可惜我不能和你们一起走。”说完，依旧懒洋洋地晒太阳。

蜗牛的壳是保护自己的最重要的“盾牌”，也是它最恋恋不舍的“家”，然而也正是这个“家”，绊住了它前进的脚步。

人类的心理有时和蜗牛差不多，总是喜欢安于现状，对于突破自我可能遇到的困难总是下意识地逃避，就好像手碰火、触电会马上缩回一样。但是人生的某些挫折并不会因为你的逃避而消失，相反，它还会因为你的逃避而由有意识变为潜意识，再不知不觉地由潜意识变成无意识，最终它会一辈子跟随你，使你逐渐地步入人生的荒漠。

每个人都需要一颗渴望成功的心

心界决定一个人的世界。只有渴望成功，你才能有成功的机会。

《庄子》里说北方有一个大海，海中有一条叫作鲲的大鱼，没有人知道它有多长。它变成鸟，叫作鹏。它的背像泰山，翅膀像天边的云，飞起来，乘风直上九万里的高空，超绝云气，背负青天，飞往南海。

寒蝉和斑鸠讥笑它说："我们愿意飞的时候就飞，碰到松树、檀树就停在上边；有时力气不够，飞不到树上，就落在地上。何必要高飞九万里，又何必飞到那遥远的南海呢？"

那些心中有着远大理想的人常常是不能为常人所理解的，就像目光短浅的斑鸠无法理解大鹏的鸿鹄之志一样，更无法想象大鹏靠什么飞往遥远的南海。因而，像大鹏一样的人必定要比常人忍受更多的艰难曲折，忍受心灵上的寂寞与孤独。所以，他们必须更坚强，把这种坚强潜移到他们的远大志向中去，这就铸成了坚强的信念。这些信念熔铸而成的理想将带给他们一颗伟大的心灵，而成功者正脱胎于这些伟大的心灵。

本侯根是世界上伟大的高尔夫选手之一。他并没有其他选手那么好的体能，能力上也有一点儿缺陷，但他的坚毅、决心，特别是在追求成功的强烈愿望方面高人一筹。

本侯根在他的巅峰时期不幸遭遇了一场车祸。在一个有雾的早晨，他跟太太维拉丽开车行驶在公路上，当他在一个拐弯处掉头时，突然看到一辆巴士迎面驶来。本侯根想这下可惨了，他本能地把身体挡在太太前面来保护她。这个举动反而救了他，因为方向盘深深地嵌入了驾驶座。事后他昏迷不醒，过了好几天才脱离险境。医生们认为他的高尔夫生涯从此结束了，甚至断定他能站起来走路已经很幸运了。

但是他们并未将本侯根的意志与需要考虑进去。他刚能站起来走几步，就萌发了重新征战高尔夫的梦想。他不停地练习，并增强臂力。无论到哪里工作，他都保留高尔夫俱乐部会

员的资格。起初他还站得不稳，再次回到球场时，也只能在高尔夫球场蹒跚而行。后来他稍微能工作、走路，就走到高尔夫球场练习。开始只打几球，但是他每次去都比上一次多打几球。最后，当他重新参加比赛时，名次很快地升上去了。理由很简单，他有必赢的强烈愿望，他知道他又会回到高手之列。是的，成功者跟普通人的区别就是有无这种强烈的成功愿望。

成功学大师卡耐基曾说："欲望是开拓命运的力量，有了强烈的欲望，就容易成功。"成功是努力的结果，而努力又大都产生于强烈的欲望。正因为这样，强烈的创富欲望便成了成功创富最基本的条件。如果你不想再过贫穷的日子，就要有创富的欲望，并让这种欲望时时刻刻激励你，让你向着这一目标坚持不懈地前进。许多成功者有一个共同的体会，那就是创富的欲望是创造和拥有财富的源泉。

20世纪人类的一项重大发现，就是认识到思想能够控制行动。你怎样思考，你就会怎样去行动。你要是强烈渴望致富，就会调动自己的一切能量去创富，使自己的一切行动、情感、个性、才能与创富的欲望相吻合。对于一些与创富的欲望相冲突的东西，你会竭尽全力去克服；对于有助于创富的东西，你会竭尽全力地去扶植。这样，经过长期的努力，你便会成为一个创富者，使创富的愿望变成现实。相反，如果你创富的愿望不强烈，一遇到挫折，便会偃旗息鼓，将创富的愿望压抑下去。

保持一颗持久的渴望成功的心，你就能获得成功。

播下希望的种子

在心中播下希望的种子，这样你就能够在艰苦的困境中抱有一份希望，不至于被各种困难吓倒，最终走出困境，达到梦想的目标。

世事无常，我们随时都会遇到困厄和挫折。遇见生命中突如其来的困难时，你都是怎么看待的呢？不要把自己禁锢在眼前的困苦中，眼光放长远一点，当你看得见成功的未来远景时，便能走出困境，达到你梦想的目标。

在一处偏僻遥远的山谷断崖上，不知何时，长出了一株小小的百合。它刚诞生的时候，长得和野草一模一样，但是，它心里知道自己并不是一株野草。它的内心深处，有一个美好的念头："我是一株百合，不是一株野草。唯一能证明我是百合的方法，就是开出美丽的花朵。"它努力地吸收水分和阳光，深深地扎根，直直地挺着胸膛，对附近的杂草置之不理。

百合努力地释放内心的能量，百合心想："我要开花，是因为知道自己有美丽的花；我要开花，是为了完成作为一株花的庄严使命；我要开花，是由于自己必须以花来证明自己的存在。不管你们怎样看我，我都要开花！"

终于，它开花了。它那灵性的白和秀挺的风姿，成为断崖上最美丽的风景。年年春天，百合努力地开花、结籽。最后，这里被称为"百合谷地"，因为这里到处是洁白的百合。

我们生活在一个竞争十分激烈的社会，有时在某方面一时落后，有时困难重重，有时连连失败，甚至有时被人嘲笑……

无论什么时候，我们都不能放弃努力；无论什么时候，我们都应该像那株百合一样，为自己播下希望的种子。

内心充满希望，它可以为你增添一份勇气和力量，它可以支撑身体的傲骨。当莱特兄弟研究飞机的时候，许多人都讥笑他们是异想天开，当时甚至有句俗语说："上帝如果有意让人飞，早就使他们长出翅膀。"但是莱特兄弟毫不理会外界的说法，终于发明了飞机。当伽利略以望远镜观察天体，以证明地球绕太阳而行的时候，教皇曾将他下狱，命令他改变观点，但是伽利略依然继续研究，并著书阐明自己的学说，终于在后来获得了证实。最伟大的成就，常属于那些在人们都认为不可能的情况下，却能坚持到底的人。坚持就是胜利，这是成功的一条秘诀。

暂时的落后一点儿都不可怕，自卑的心理才是可怕的。

人生的不如意、挫折、失败对人是一种考验，是一种学习，是一种财富。我们要牢记“勤能补拙”，既能正确认识自己的不足，又能放下包袱，以最大的决心和最顽强的毅力克服这些不足，弥补这些缺陷。人的缺陷不是不能改变，而是看你愿不愿意改变。只要下定决心，讲究方法，就可以弥补自己的不足。

在不断前进的人生中，凡是看得见未来的人，也一定能掌握现在，因为明天的方向他已经规划好了，知道自己的人生将走向何方。留住心中“希望的种子”，相信自己会有一个无可限量的未来，心存希望，任何艰难都不会成为我们的阻碍。只要怀抱希望，生命自然会充满激情与活力。

拨正心中的指南针

很多时候我们已经很努力，可是成绩并不可观，这就是弄错了方向。自己不擅长的事，想做好一定很难，所以做事之前一定要选对方向。

“没有比漫无目的地徘徊更令人无法忍受的了。”这是荷马史诗《奥德赛》中的一句至理名言。高尔夫球教练也总是说：“方向是最重要的。”其实，人生何尝不是如此。然而在现实生活中，有很多的人都做着毫无方向的事情，过着漫无目的的生活。这种没有方向的人生注定是失败的人生。

人生并不是什么时候都需要坚强的毅力，毅力和坚持只在正确的方向下才会有用，在必败的领域毅力和坚持只会让人南辕北辙，输得更惨。大多数情况下，人更需要的是分辨方向的智慧。很多时候我们已经很努力，可是成绩并不可观，这就是弄错了方向。自己不擅长的事，想做好一定很难，所以做事之前一定要选对方向。

在20世纪40年代，有一个年轻人，先后在慕尼黑和巴黎的美术学校学习画画。“二战”结束后，他靠卖自己的画为生。

一日，他的一幅未署名的画，被他人误认为是毕加索的画而出高价买走。这件事情给他一个启发，于是他开始大量地模仿毕加索的画，并且一模仿就是20多年。

20多年后，他一个人来到西班牙的一个小岛，他渴望安顿下来，筑一个巢。他又拿起画笔，画了一些风景和肖像画，每幅都签上了自己的真名。但是这些画过于感伤，主题也不明确，没有得到认可。更不幸的是，当局查出他就是那位躲在幕后的假画制造者，考虑到他是一个流亡者，所以没有判他永久的驱逐，而给了他两个月的监禁。

这个人就是埃尔米尔·霍里。毋庸置疑，埃尔米尔有独特的天赋和才华，但是由于没有找准自己努力的方向，终于陷进泥淖，不能自拔，并终究难逃败露的结局。最可惜的是，他在长时间模仿他人的过程中渐渐迷失了自己，再也画不出真正属于自己的作品了。

对人生而言，努力固然重要，但是更重要的则是选择努力的方向。

有一个年轻人痴迷写作，每天笔耕不辍，用钢笔把稿件誊写得清清楚楚，寄给全国各地的杂志、报纸，然而投出的稿子不是泥牛入海，就是只收到一纸不予采用的通知。他很苦恼，

E
N
W
S
N
W
E
S

拿着稿子去专门请教一位名作家。作家看了他的稿子，只说了一句话："你为什么不去练习书法呢？"

5年以后，他凭着自己出众的硬笔书法作品加入了省书法协会。

一粒种子的方向是冲出土壤，寻找阳光；而一条根的方向是伸向土层，汲取更多的养分。人生亦如此，正确的方向让我们事半功倍，而错误的方向会让我们误入歧途，甚至误人一生。

对高尔夫球手来讲，方向就是门洞所在的位置，就是要击的下一个球；而对于人生而言，方向就是目标，就是在朝着长远目标的方向逐步实现、完成的一个个小目标。

耶鲁大学做过这样一项历时20余年的调查：在开始的时候，研究人员向参与调查的学生问了这样一个问题："你们有目标吗？"对于这个问题，只有10%的学生确认他们有目标。然后研究人员又问了学生第二个问题："如果你们有目标，那么，你们是否把自己的目标写下来呢？"这次总共有4%的学生的回答是肯定的。20年后，当耶鲁大学的研究人员在世界各地追访当年参与调查的学生时。他们发现，当年把自己人生目标写下来的那些人，无论从事业发展还是生活水平上都远远超过了另外那些没有这样做的同龄人。令人惊讶的是，这4%的人所拥有的财富居然超过了余下96%的人的总和。

上帝是公平的，它给予了我们每个人一样的天空、一样的阳光、一样的雨露、一样的时间。成功的人之所以能实现生命的梦想，关键是他们在生命起程的那一刻就找准了前行的目标，尽管在前行的道路上会遇到各种各样难以预料的挫折与磨难，但是有了方向的引领，再大的风雨也阻挡不了他们前行的勇气。古今中外，无数名人志士，无一不是在人生方向的指引下，拨开云雾，实现自己的目标。著名的物理学家爱因斯坦在5岁时，父亲送给他一个罗盘。当他发现指南针总是指着固定的方向时，感到非常惊奇，觉得一定有什么东西深深地隐藏在这现象后面，他固执地想要知道指南针为什么能指南。从那时起，他就把对电磁学等物理现象研究作为他人生的方向，并一直执着地追求着这个目标，最终成了世界物理科学的旗手。

人生的方向因人而异，各有不同。找准方向，是让我们根据自己的实际情况，确立一个合理的目标，而不是不切实际地空想；找准方向，我们才能在生命的征程中沿着轨迹稳步前行；找准方向，我们才能用一生的力量，去实现最大的梦想。

人生的方向，需要用心去找，愿每个人都能找准自己的方向。

金钱并不是人生中最重要的

在人的一生中，金钱并不是最重要的东西，不要把金钱看得太重。

一个人处于社会中弱势群体一边，势必对金钱拥有强烈的欲望，因为一旦拥有金钱，他就可以改变自己的地位，使自己不再被人呼来喝去，使自我认知发生天翻地覆的变化。

但金钱真的是最重要的吗？其实未必。人一定不能因为想要迫切改变现状而被金钱冲昏了头脑。对待金钱，人们既要热爱它，但又必须冷静地对待它。就像翁纳西斯说的：“人们不应该追着金钱跑，而要迎面向它走去。”

金钱并不是人生中最重要的东西，你要掌握金钱，而不能让金钱掌握你。

一笔有限的收入有两种安排法：一种是精打细算地将衣食住行小心翼翼地考虑进去，虽然事事顾全了，但最终觉得无收获；另一种是把钱花在自己喜好的事情上，如果难以做到兼顾的话，还不如先满足重要的方面，而在其他的方面克制一下。

安妮的父亲失业后，全家靠吃羊市上卖剩的羊杂碎过活。一天，她在一个商场的柜台内看到了一只带红色塑料花的小发

卡，顿时她便发疯般地迷上了它。安妮赶紧跑回家去央求妈妈给一元钱，母亲叹了口气，说：“一元钱能买半斤羊杂碎呢。”但父亲说：“给她钱吧，要知道这么便宜的价格就能为孩子买到快乐，今后是不会再碰上的。”那时，安妮才明白，这一元钱所能买到的是比金子还贵重的快乐。

钱在生活中并不是能决定一切的。只要有眼光，看准了那些能使你幸福的东西，就应不惜金钱去得到它。

“股神”沃伦·巴菲特2006年6月26日在纽约的公共图书馆举行会议，邀请包括比尔·盖茨夫妇在内的各方人士见证他签署捐赠文件，将其大部分财产捐赠给慈善机构。他将从2006年7月起，逐步将其掌握的伯克希尔·哈撒韦公司的股票的大部分捐赠给比尔·盖茨基金会，以及另外4个由巴菲特的子女及亲属管理的慈善机构。这笔捐款在捐赠时的价值总计约340亿美元，占巴菲特持有股份的45%，已经捐给了5个基金会。

沃伦·巴菲特有一颗清醒的头脑，他知道金钱可以用来做什么，也知道金钱在自己生命中的地位，所以他将这些钱捐赠了出来。金钱并非最重要的，你一定要清楚地认识它。

大成功来自高层次的需要

一个人能取得多大的成功，不是取决于一个人才能的高低，而是取决于他有多高层次的需要。

在同样的一个社会，一些人成就大业，一些人取得小成功，一些人一事无成。不少人为了一个远大的目标，能经受长年累月的奋斗考验，做长期的努力，也有不少人虽向往成功，却经受不起几次挫折便向困难投降。

你的需要是什么？产生的内在动力是强还是弱？一个小马达，也许可以带动一辆小拖车，但绝对带动不了一列火车。

你想成就大业，很好。但你必须了解带动火车飞速前进的动力机车与一般小马达的区别。确切地说，你必须了解你内心世界能推动你前进的动力是什么，有多大。

一般情况下，人们必须先生存后发展，所以人的低层次的生理需要、安全需要比高层次的爱的需要、尊重的需要更加强烈。自我实现的需要，一般要在前面四个层次的需要得到基本满足之后才会产生。

有些人由于长期没有得到低层次需要的满足，可能会永久地失去对高层次需要的追求。

然而，从成功的大小来说，高层次的需要推动大成功，低层次的需要推动小成功。

有一位名叫麦克法兰的世界级运动员，两岁半便双目失明，但他硬是在母亲的鼓励和父亲的帮助下，以自己身体各个部分的“肌肉记忆”感知世界，不仅获得了顽强的生存能力，而且在摔跤、滑水、游泳、掷铁饼、掷标枪等体育项目中获得了国内和国际比赛的103枚金牌，改变了盲人只能靠拐杖或导盲犬生活的命运，创造了许多健全者也难以做到的奇迹……

另一位著名人物的经历也很感人。

1921年 8 月，一位39岁的美国人突然患了小儿麻痹症，双腿僵直，肌肉萎缩，臀部以下完全麻木了。而这个沉重的打击发生在他作为民主党的副总统候选人参加竞选而败北以后，他的亲属、挚友都陷入极度失望之中，医生也说他能保住性命就已是万幸。但他不屈服于命运的坚强意志使他无论如何也“不相信这种娃娃病能整倒一个堂堂男子汉”。

为了活动四肢，他经常练习爬行；为了锻炼意志，他把家里的人都叫来看他与刚学会走路的儿子进行比赛，一次次都爬得气喘吁吁，汗如雨下……目睹那催人泪下的场面时谁也没想到：10余年以后，他奇迹般当选为美国第32任总统，坐着轮椅进入白宫。他就是美国历史上唯一一位连任四届的总统富兰克林·罗斯福。

欲望的力量是惊人的，只要你用强大的欲望之力去推动你成功的车轮，你就可以平步青云，攀上成功之峰，改变生活的一切。

像罗斯福这样的例子还有很多很多。如果把世界上类似的奇迹都倒推回它们刚刚开始出现的那种状态，我们就会惊奇地发现：一切都是从似乎“不可能”开始的。穿过开始和结局之间那个充满了拼搏奋斗、挫折失败和一个个小成功的漫长过程，我们所发现的这句凡人格言总是会得到证明：欲望可以改变一切。

在你的头脑中也有自我实现的钥匙，在你的身边埋藏着无数愿望。把它们发掘出来加以培养，转化成强烈的欲望，这是打开成功之门的另一把钥匙。

PART

02

苦难是一道
美丽的人生风景

苦难是把双刃剑

苦难可以激发生机，也可以扼杀生机；可以磨炼意志，也可以摧垮意志；可以启迪智慧，也可以蒙蔽智慧；可以高扬人格，也可以贬低人格。这完全取决于每个人本身。

苦难是一柄双刃剑，它能让强者更强，练就出色而几近完美的人格，但是同时它也能够将弱者一剑削平，从此倒下。

曾有这样一个“倒霉蛋”，他是个农民，做过木匠，干过泥瓦工，收过破烂，卖过煤球，在感情上受到过欺骗，还打过一场3年之久的官司。他曾经独自闯荡在一个又一个城市里，做着各种各样的活计，四处漂泊，居无定所，生活上也没有任何保障。看起来仍然像一个农民，但是他与乡里的农民有些不同，他虽然也日出而作，但是不日落而息——他热爱文学，写下了许多清澈纯净的诗歌。每每读到他的诗歌，都让人们为之感动，同时为之惊叹。

“你这么复杂的经历怎么会写出这么纯净的作品呢？”他

的一个朋友这么问他，“有时候我读你的作品总有一种感觉，觉得只有初恋的人才能写得出。”

“那你认为我该写出什么样的作品呢？《罪与罚》吗？”他笑道。

“起码应当比这些作品更沉重和黯淡些。”

他笑了，说：“我是在农村长大的，农村家家都储粪种庄稼。小时候，每当碰到别人往地里送粪时，我都会掩鼻而过。那时我觉得很奇怪，这么臭、这么脏的东西，怎么就能使庄稼长得更壮实呢？后来，经历了这么多事，我却发现自己并没有学坏，也没有堕落，甚至连麻木也没有，就完全明白了粪便和庄稼的关系。”

“粪便是脏臭的，如果你把它一直储在粪池里，它就会一

直这么脏臭下去。但是一旦遇到土地，它就和深厚的土地结合，就成了一种有益的肥料。对于一个人，苦难也是这样。如果把苦难只视为苦难，那它真的就只是苦难。但是如果你让它与你精神世界里最广阔的那片土地相结合，它就会成为一种宝贵的营养，让你在苦难中如凤凰涅槃，体会到特别的甘甜和美好。”

土地转化了粪便的性质，人的心灵则可以转化苦难的性质。在这转化中，每一场沧桑都成了他唇间的美酒，每一道沟坎都成了他诗句的源泉。他文字里那些明亮的妩媚原来是那么深情、隽永，因为其间的一笔一画都是他踏破苦难的履痕。

苦难是把双刃剑，它会割伤你，但也会帮助你。

尼科罗·帕格尼尼，世界超级小提琴家。他是一位在苦难的琴弦下把生命之歌演奏到极致的人。

4岁时一场麻疹和强直性昏厥症让他险些就此躺进棺材。7岁患上严重肺炎，只得大量放血治疗。46岁因牙床长满脓疮，拔掉了大部分牙齿。其后又染上了可怕的眼疾。50岁后，关节炎、喉结核、肠道炎等疾病折磨着他的身体与心灵。后来声带也坏了。他仅活到57岁，就口吐鲜血而亡。

身体的创伤不是他苦难的全部。他从13岁起，就在世界各地过着流浪的生活。他曾一度将自己禁闭，每天疯狂地练琴，几乎忘记了饥饿和死亡。

像这样的一个人，这样一个悲惨的生命，却在琴弦上奏出了最美妙的音符。他3岁学琴，12岁举办首场个人音乐会。他令无数人陶醉，令无数人疯狂！

乐评家称他是“操琴弓的魔术师”。歌德评价他：“在琴弦上展现了火一样的灵魂。”李斯特大喊：“天哪，在这四根琴弦中包含着多少苦难、痛苦与受到残害的生灵啊！”苦难净化心灵，悲剧使人崇高。也许上帝成就天才的方式，就是让他在苦难这所大学中进修。

弥尔顿、贝多芬、帕格尼尼，世界文艺史上的三大怪杰，一个成了瞎子，一个成了聋子，一个成了哑巴！这就是最好的例证。

苦难，在这些不屈的人面前，会化为一种礼物，一种人格上的成熟与伟岸，一种意志上的顽强和坚韧，一种对人生和生活的深刻认识。然而，对更多人来说，苦难是噩梦，是灾难，甚至是毁灭性的打击。

其实对于每一个人，苦难都可以成为礼物或是灾难。你无须祈求上帝保佑、菩萨显灵，选择权就在你自己手里。一个人的成功之处，就是不轻易被苦难压倒，不轻易因苦难放弃希望，不轻易让苦难占据自己蓬勃向上的心灵。

打开苦难的另一道门

拿破仑说：“我只有一个忠告——做你自己的主人。”

习惯抱怨生活太苦的人，是不是也能说一句这样的豪言壮语：“我已经经历了那么多的磨难，眼下的这一点痛又算得了什么？！”

我们在埋怨自己生活多磨难的同时，不妨想想下面这位老人的人生经历，或许还有更多多灾多难的人，与他们相比我们的困难和挫折算什么呢？自强起来，生命就会站立不倒。

德国有一位名叫班纳德的人，在风风雨雨的50年间，他遭受了200多次磨难的洗礼，但这些磨难使他成为了世界上最坚强的人。

他出生后14个月，摔伤了后背；之后又从楼梯上掉下来摔残了一只脚；再后来爬树时又摔伤了四肢；一次骑车时，忽然一阵不知从何处而来的大风，把他吹得人仰车翻，膝盖又受了重伤；13岁时掉进了下水道，差点窒息；有一次，一辆汽车失控，把他的头撞了一个大洞，血如泉涌；又有一辆垃圾车，倒垃圾时将他埋在了下面；还有一次他在理发屋中坐着，突然一辆飞驰的汽车撞了进来……

他一生倒霉无数，在最为晦气的一年中，竟遇到了17次意外。

但令人惊奇的是，老人至今仍旧健康地活着，心中充满着自信——因为他经历了200多次磨难的洗礼，他还怕什么呢？

“自古雄才多磨难，从来纨绔少伟男”，人们最出色的工作往往是在挫折逆境中做出的。我们要有一个辩证的挫折观，经常保持自信和乐观的态度。挫折和教训使我们变得聪明和成熟，正是失败本身最终造就了成功。我们要悦纳自己和他人他事，要能容忍挫折，学会自我宽慰，心怀坦荡、情绪乐观、满怀信心地去争取成功。

如果能在挫折中坚持下去，这将是人生不可多得的一笔财富。有人说，不要做在树林中安睡的鸟儿，要做在雷鸣般的瀑布边也能安睡的鸟儿，就是这个道理。逆境并不可怕，只要我

们学会去适应，那么挫折带来的逆境反而会给我们进取的精神和百折不挠的毅力。

挫折让我们更能体会到成功的喜悦，没有挫折我们不懂得珍惜，没有挫折的人生是不完美的。

世事常变化，人生多艰辛。在漫长的人生之旅中，尽管人们期盼能一帆风顺，但在现实生活中，却往往令人措手不及地遭遇逆境。

逆境是理想的幻灭、事业的挫败，是人生的暗夜、征程的低谷。就像寒潮往往伴随着大风一样，逆境往往是通过名誉与地位的下降、金钱与物资的损失、身体与家庭的变故而表现出来的。逆境是人们的理想与现实的严重背离，是人们的过去与现在的巨大反差。

每个人都会遇到逆境，以为逆境是人生不可承受的打击的人，必不能挺过这一关，可能会因此而颓废下去；而以为逆境只不过是人生的一个小坎儿的人，就会想尽一切办法去找到一条可以迈过去的路。这种人，多迈过几个小坎儿，就会不怕大坎儿，就能成大事。

传说上帝造物之初，本打算让猫与老虎两师徒一道做万兽之王。上帝为考察它们的才能，放出了几只老鼠。老虎全力以赴，很干脆地就将老鼠捉住吃掉了；猫却认为这是大材小用，上帝小看了它，心中不平，于是很不用心，捉住了老鼠再放开，玩弄了半天才把老鼠杀死。

考察的结果是，上帝认为猫太无能，不可做兽王，就让它身躯变小，专捉老鼠，而虎能全力以赴，做事认真，因此可以去统治山林，做百兽之王。

这则寓言告诉我们：世事艰辛，不如意者十有八九，不必因不平而泄气，也不必因逆境而烦恼，只要自己努力，机会总会有的。

面对逆境，不同的人有不同的观点和态度。就悲观者而言，逆境是生存的炼狱，是前途的深渊；就乐观的人而言，逆境是人生的良师，是前进的阶梯。逆境如霜雪，它既可以凋叶摧草，也可使菊香梅艳；逆境似激流，它既可以溺人殒命，也能够济舟远航。逆境具有双重性，就看人怎样正确地去认识和把握。

古往今来，凡立大志、成大功者，往往都饱经磨难、备尝艰辛。逆境成就了“天将降大任者”。如果我们不想在逆境中沉沦，那么便应直面逆境，奋起抗争，只要我们能以坚忍不拔的意志奋力拼搏，就一定能冲出逆境。

人生需要苦难的洗礼

苦难是一所学校，每一个渴望成功的人都需要到其中接受教育。历经风雨的洗礼，生命才能常驻常新。

一位大学者说过："苦难是一所学校，真理在里面总是变得强有力。"

一个屡屡失意的年轻人不远万里来到一座名刹，慕名寻到高僧慧圆大师，沮丧地对他说："人生总不如意，活着也是苟且，有什么意思呢？"

慧圆静静听着年轻人的叹息和絮叨，最后吩咐小和尚说："施主远道而来，烧一壶温水送过来。"

少顷，小和尚送来了一壶温水，慧圆抓了茶叶放进杯子，然后用温水沏了，放在茶几上，微笑着请年轻人喝茶。杯子冒出微微的水汽，茶叶静静浮着。年轻人困惑地询问："宝刹怎么用温水泡茶？"

慧圆笑而不语，年轻人喝一口细品，不由摇摇头："一点茶香都没有。"慧圆说："这可是闽地名茶铁观音啊。"年轻人又端起杯子品尝，然后肯定地说："真的没有一丝茶香。"

慧圆又吩咐小和尚："再去烧一壶沸水送过来。"不久，小和尚便提着一壶冒着浓浓白气的沸水进来。慧圆起身，又取过一个杯子，放茶叶，倒沸水，再放在茶几上。年轻人俯首看去，茶叶在杯子里上下沉浮，丝丝清香不绝如缕，令人望而生津。

年轻人欲去端杯，慧圆作势挡开，又提起水壶注入一线沸水。茶叶翻腾得更厉害了，一缕更醇厚更醉人的茶香袅袅升腾，在禅房里弥漫开来。慧圆如是注了六次水，杯子终于满了，那绿绿的一杯茶水，端在手上清香扑鼻，入口沁人心脾。

慧圆笑着问："施主可明白，同是铁观音，为什么茶味迥异吗？"

年轻人思忖着说："一杯用温水，一杯用沸水，冲沏的水不同。"

慧圆点头："用水不同，则茶叶的沉浮就不一样。温水沏茶，茶叶轻浮水上，怎会散发清香？沸水沏茶，反复几次，茶叶沉沉浮浮，最后释放出四季的风韵：既有春的幽静、夏的炽热，又有秋的丰盈和冬的清冽。世间芸芸众生，又何尝不是沉浮的茶叶呢？那些不经风雨的人，就像温水沏的茶叶，只能在生活表面漂浮，根本浸泡不出生命的芳香；而那些栉风沐雨的人，如同被沸水冲沏的茶，在沧桑岁月里几度沉浮，才有那沁人的清香。"

人生之路漫漫长，充满了鲜花，也充满了荆棘；充满了幸

福，也充满了痛苦。

苦难是时时刻刻都存在的，学业的失意、疾病的折磨、自信的受损、亲人离去的悲痛……在踏上人生路途的时候就该明白前途的坎坷。要接受温润的春和赤烈的夏，就必须接受清冷的秋和寒冽的冬，正像茶叶一样，我们要坦然面对沉浮，让生命散发芳香……

超越人生的苦难

苦难对于弱者是一个深渊，而对于天才来说则是一块垫脚石。

美国前总统克林顿并不算是天才人物，但他能登上美国总统的宝座，与他经历的磨炼和个人的勤奋不无关系。

克林顿的童年很不幸。他出生前4个月，父亲就死于一次车祸。他母亲因无力养家，只好把出生不久的他托付给自己的父母抚养。童年的克林顿受到外公和舅舅的深刻影响。他自己说，他从外公那里学会了忍耐和平等待人，从舅舅那里学到了说到做到的男子汉气概。他7岁随母亲和继父迁往温泉城，不幸的是，双亲之间常因意见不合而发生激烈冲突，继父嗜酒成性，酒后经常虐待克林顿的母亲，小克林顿也经常遭其斥骂。这给从小就寄养在亲戚家的小克林顿的心灵蒙上了一层阴影。

坎坷的童年生活，使克林顿形成了尽力表现自己、争取别人喜欢的性格。他在中学时代非常活跃，一直积极参与班级和学生会活动，并且有较强的组织和社会活动能力。他是学校合唱队的主要成员，而且被乐队指挥定为首席吹奏手。

1963年夏，他在“中学模拟政府”的竞选中被选为参议员，应邀参观了首都华盛顿，这使他有机会看到了“真正的政治”。参观白宫时，他受到了肯尼迪总统的接见，不但同总统握了手，而且还和总统合影留念。

此次华盛顿之行是克林顿人生的转折点，使他的理想由当牧师、音乐家、记者或教师转向了从政，梦想成为第二个肯尼迪。

有了目标和坚强的意志，克林顿此后30年的全部努力，都紧紧围绕这个目标。上大学时，他先读外交专业，后读法律专业——这些都是政治家必须具备的知识修养。离开学校后，他一步一个脚印，律师、议员、州长，最后达到了政治家的巅峰——总统。

人生来都希望在一个平和顺利的环境中成长，但上帝并不喜爱安逸的人们，他要挑选出最杰出的人物，于是他让这些人历经磨难，千锤百炼终于成金。

一个人若想有所成就，那么苦难就成为一道你必须超越的关卡。就像神话中所说的那样，那条鲤鱼必须跳过龙门，才能超越自我、化身为龙。人生又何尝不是如此！

抓住机会，用苦难磨炼自己

对于一个人来说，苦难确实是残酷的，但如果你能充分利用苦难这个机会来磨炼自己，苦难会馈赠给你很多。

生命不会是一帆风顺的，任何人都会遇到逆境。从某种意义上说，经历苦难是人生的不幸，但同时，如果你能够正视现实，从苦难中发现积极的意义，充分利用机会磨炼自己，你的人生将会得到不同寻常的升华。

我们可以看看下面这则故事：

由于经济破产和从小落下的残疾，人生对格尔来说已索然无味了。

在一个晴朗的日子，格尔找到了牧师。牧师现在已疾病缠身，脑溢血彻底摧残了他的健康，并遗留下右侧偏瘫和失语等症，医生们断言他再也不能恢复说话能力了。然而仅在病后几周，他就努力学会了重新讲话和行走。

牧师耐心听完了格尔的倾诉。“是的，不幸的经历使你心灵充满创伤，你现在生活的主要内容就是叹息，并想从叹息中寻找安慰。”牧师关切的目光始终鼓励着格尔，“有些人不善于抛开痛苦，他们让痛苦缠绕一生直至幻灭。但有些人能利用悲哀的情感获得生命悲壮的感受，从而对生活恢复信心。”

“让我给你看样东西。”他向窗外指去。那边矗立着一排高大的枫树，在枫树间悬吊着一些陈旧的粗绳索。他说：“60年前，这儿的庄园主种下这些树护卫牧场，他在树间牵拉了许多粗绳索。对于幼树嫩弱的生命，这太残酷了，这种创伤无疑是终身的。有些树面对残酷的现实，能与命运抗争，而另有一些树消极地诅咒命运，结果就完全不同了。”

他指着那棵被绳索损伤已枯萎的老树：“为什么那棵树毁掉了，而这一棵树已成为绳索的主宰而不是其牺牲品呢？”

眼前这棵粗壮的枫树看不出有什么疤痕，格尔所看到的是绳索穿过树

干——几乎像钻了一个洞似的，真是一个奇迹。

“关于这些树，我想过许多。”牧师说，“只有体内强大的生命力才可能战胜像绳索带来的那样终身的创伤，而不是自己毁掉这宝贵的生命。”沉思了一会儿后，牧师说：“对于人，有很多解忧的方法。在痛苦的时候，找个朋友倾诉，找些活干。对待不幸，要有一个清醒而客观的全面认识，尽量抛掉那些怨恨情感负担。有一点也许是最重要的，也是最困难的——你应尽一切努力愉悦自己，真正地爱自己，并抓住机会磨炼自己。”

在遇到挫折困苦时，我们不妨聪明一些，找方法让精神伤痛远离自己的心灵，利用苦难来磨炼自己的意志。尽一切努力愉悦自己，真正地爱自己。我们的生命就会更丰盈，精神会更饱满，我们就可能会拥有一个辉煌壮美的人生。

PART 03

人生没有真正的难题

冲出自己编织的“心理牢笼”

世界上最难攻破的不是那些坚固的城堡和城池，而是自己为自己编织的“心理牢笼”。要想走上成功的道路，摆脱不顺的现状，必须冲出自己编织的“心理牢笼”。

很多时候，一个人没有获得成功，即使在境况不算差的时候，依然不能走向成功的道路。原因往往很简单，那就是他们陷入了自己所编织的“心理牢笼”中无法自拔。

因此，如果你渴望成功，在任何时候，都不要被自己编织的“心理牢笼”困住。

一个人在他20多岁时被人陷害，在牢房里待了10年。后来冤案告破，他终于走出了监狱。出狱后，他开始了几年如一日地反复控诉、咒骂：“我真不幸，在最年轻有为的时候竟遭受冤屈，在监狱度过本应最美好的一段时光。那样的监狱简直不是人居住的地方，狭窄得连转身都困难，唯一的细小窗口里几乎看不到阳光，冬天寒冷难忍，夏天蚊虫叮咬……真不明白，上帝为什么不惩罚那个陷害我的家伙，即使将他千刀万剐，也难以解我心头之恨啊！”

75岁那年，在贫病交加中，他终于卧床不起。弥留之际，牧师来到了他的床边，说：“可怜的孩子，去天堂之前，忏悔你在人世间的一切罪恶吧……”

牧师的话音刚落，病床上的他声嘶力竭地叫喊起来：“我没有什么需要忏悔，我需要的是诅咒，诅咒那些施予我不幸命运的人……”

牧师问：“您因受冤屈在监狱待了多少年？离开监狱后又生活了多少年？”他恶狠狠地将数字告诉了牧师。

牧师长叹了一口气：“可怜的人，您真是世上最不幸的人，对您的不幸，我真的感到万分同情和悲痛！他人囚禁了您区区10年，而当您走出监牢本应获取永久自由的时候，您却用心底里的仇恨、抱怨、诅咒囚禁了自己整整40年！”

一位公司职员，一天觉得自己好像生病了，就去图书馆借了本医学手册，看该怎样治自己的病。他一口气读完了该读的内容，然后又继续读下去。当他读完介绍霍乱的内容时，方才明白，自己患霍乱已经几个月了。他被吓住了，呆呆地坐了好几分钟。

后来，他很想知道自己还患有什么病，就读完了整本医学手册。这下可明白了：除了膝盖积水症外，自己身上什么病都有！

他非常紧张，在屋子里来回踱步。他认为：“医学院的学生们，用不着去医院实习了，我这个人就是一个各种病例都齐备的医院，他们只要对我进行诊断治疗，然后就可以得到毕业证书了。”

他迫不及待地想弄清楚自己到底还能活多久！于是，他就搞了一次自我诊断：先动手找脉搏，起初连脉搏也没有了！后来他才突然发现，脉搏一分钟跳140次！接着，他又去找自己的心脏，但无论如何也找不到！他感到万分恐惧，最后他认为，心脏总会在它应在的地方，只不过自己没找到罢了……

他往图书馆走时，觉得自己是个幸福的人；而当他走出图书馆时，却被自己营造的“心理牢笼”所监禁，完全变成了一个全身都有病的老头。

他去找医生，一进医生的家门，他就说：“亲爱的朋友！我不给你讲我有哪些病，只说一下没有什么病，我的命不会长了！我只是没有得膝盖积水症。”

医生给他做了诊断，坐在桌边，在纸上写了些字就递给了他。他顾不上看处方，就塞进口袋，立刻去取药。赶到药店，他匆匆把处方递给药剂师，药剂师看了一眼，就退给他说：“这是药店，不是食品店，也不是饭店。”

他很惊奇地望了药剂师一眼，拿回处方一看，原来上面写的是：“煎牛排一份，啤酒一瓶，6小时一次；走1000米路程，每天早上一次。”他照这样做了，一直健康地活到现在。

这位职员幸亏治疗及时，否则一定会被自己营造的“心理牢笼”所囚禁，最后非真的得病不可。

人的“心理牢笼”千奇百怪、五花八门，但它们都有一个共同的特点，那就是这些所谓的“心理牢笼”都是人自己营造的。别人对自己不好，就充满仇恨、诅咒；自己做错了一点事情，就老是责备自己的过失；有些人总是唠叨自己的坎坷往事和不平待遇，有些人念念不忘生活和疾病所带来的痛苦……

时间一长，你就会不知不觉地把自己囚禁在“心狱”之中。就像第一个故事中的那个可怜的人那样，至死都没有觉悟，哪还有时间去追求成功呢？

一个渴望有所成就的人，必须走出自己的“心狱”。

日子难过，更要认真地过

当你埋怨被苦日子折磨时，你是否想过，其实这境遇只是由于你不认真对待生活造成的呢？日子难过，更要认真地过。

有个学者说过：“人生的棋局，只有到了死亡才会结束，只要生命还存在，就有挽回棋局的可能。”

生活拮据，日子难过，大部分人的生活都过得很辛苦。但是，在你埋怨苦日子折磨人的时候，不妨仔细想想：在这些难

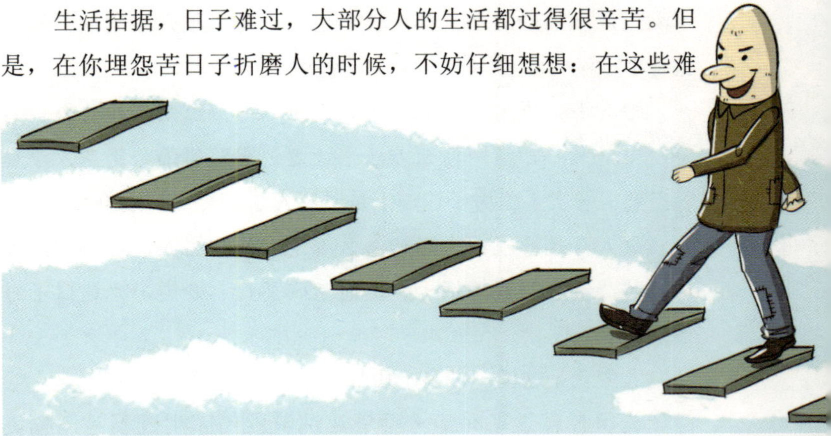

过的日子当中，你认真生活了几天？

地铁上，两个年纪40岁左右的女人在说话。一个说："这日子真的是没法过下去了，我真是再也受不了了。他居然跟我说要把房子卖了。你想想，把房子卖了我们住到哪里去啊？没想到跟了他这么多年，现在居然落到这样的田地。"

另一个说："那不行啊，就算是把房子卖了，这样下去也是坐吃山空，还是要想办法让他出去工作才行。"

"谁说不是呢？！可是他要是肯听我的就好了。现在他什么朋友都没有，什么人也不愿意见，整天待在家里，孩子也怕他，随时都会发火，我都烦死了。这样的日子难过死了，死了倒还痛快了。"

"唉……"

原来这个家里的男主人，下岗之后也找过几份工作，但做了一段时间都不成功，意志愈加消沉。于是女主人对他越来越不满意，软的硬的劝说都没什么用，于是家里开始硝烟弥漫，大吵小吵没有断过。

眼看着家里就女主人一个人上班以维持家用，她心里也着急，可是又不知道用什么方法来让老公重整旗鼓。男主人于是提出把房子卖了租房子住，于是又展开了新一轮的战争。

女人开始感叹："当初怎么嫁了这样的男人，还不如嫁给×××，我有时真的想一刀把他给砍了！"她说，"这日子过不下去了！"

人生就是这样：苦多于乐！

美国教育学家乔治·桑塔亚纳说："人生既不是一幅美

景，也不是一席盛宴，而是一场苦难。”不幸的是，当你来到这世界那一天，没有人会送你一本生活指南，教你如何应付命运多舛的人生。也许青春时期的你曾经期待长大成人以后，人生会像一场热闹的派对，但在现实世界经历了几年风雨后，你会幡然醒悟，人生的道路原来布满荆棘。

无论你是老是少，都请不要奢望生活越过越顺遂，因为你会发现大家的日子都很难熬。再怎么才华横溢、家财万贯，照样逃离不了挫折困顿。人人都要经历某种程度的压力和痛苦，而且难保不会遇上疾病、天灾、意外、死亡及其他不幸，谁都无法做到完全免疫。就算成功人士也会承认这是个需要辛苦打拼的世界。精神分析学家荣格主张：人类需要逆境；逆境是迈向身心健康的必要条件。他认为遭遇困境能帮助我们获得完整的人格与健全的心灵。

人的一生总有许多波折，要是你觉得事事如意，大概是误闯了某条单行道。也许你曾拥有一段诸事顺利的日子，于是志得意满的你开始以为你已看穿人生是怎么回事，一切如鱼得水，悠游自在。可惜就在你相信自己蒙天赐之福时，却发生了好运化为乌有的意外。

美国作家诺瑞丝拥有一套轻松面对生活的法则：人生比你想象中好过，只要接受困难、量力而为、咬紧牙关就过去了。你跨出的每一步，都能助你完成学习之旅。面临生活考验时，耐力越高，通过的考验也越多。所以要放松心情，靠意志力和自信心冲破难关。

保持积极的人生观，可以帮助你了解逆境其实很少危害生命，只会引起不同程度的愤慨，何况一定的压力也有好处。舒适安逸的生活无法带给人快乐与满足，人生若是少了有待克服的障碍、有待解决的问题、有待追求的目标、有待完成的使命，便毫无成就感可言了。

人生是一场学习的过程，接二连三的打击则是最好的生活导师。享乐与顺境无法锻炼人格，逆境却可以。一旦征服了难关，遇到再糟的情况也不会惊慌。人生有甘也有苦，物质环境的优劣与生活困厄的程度毫无瓜葛，重要的是我们对环境采取何种反应。接受好花不常开的事实，日子会优哉许多。记住这句话：人生苦多于乐，不必太在乎。

改变你生命的视角

一个人要想改变自己的命运，首先必须改变自己的视角。生活中的难题也许在你改变了视角之后，就不难了。

1941年，美国洛杉矶。

深夜，在一间宽敞的摄影棚内，一群人正在忙着拍摄一部电影。

“停！”刚开拍几分钟，年轻的导演就大喊起来，一边做动作一边对着摄影师大声说：“我要的是一个大仰角，大仰角，明白吗？”

又是大仰角！这个镜头已经反复拍摄了十几次，演员、录音师……所有的工作人员都已累得筋疲力尽。可是这位年轻的导演总是不满意，一次次地大声喊“停”，一遍遍地向着摄影师大叫“大仰角”！

此时，已是扛着摄影机趴在地板上的摄影师再也无法忍受这个初出茅庐的小伙子，站起来大声吼道：“我趴得已经够低了，你难道不明白吗？”

周围的工作人员都停下了手中的工作，有些幸灾乐祸地看着他们。年轻的导演镇定地盯着摄影师，一句话也没有说，突然，他转身走到道具旁，捡起一把斧子，向着摄影师快步走了过去。

人们不知道这位年轻的导演会做怎样的蠢事。就在人们目瞪口呆的注视下，在周围人的惊呼声中，只见年轻的导演抡起斧子，向着摄影师刚才趴过的木质地板猛烈地砍去，一下、两下、三下……把地板砸出一个窟窿。

导演让摄影师站到洞中，平静地对他说：“这就是我要的角度。”就这样，摄影师蹲在地板洞中，无限压低镜头，拍出了一个前所未有的大仰角，一个从未有人拍出的镜头。

这位年轻的导演名叫奥逊·威尔斯，这部电影是《公民凯恩》。电影因大仰拍、大景深、阴影逆光等摄影创新技术及新颖的叙事方式，被誉为美国有史以来最伟大的电影之一，至今仍是美国电影学院必备的教学影片。

拍电影是这样，对待人生更是如此。如果你的视角很低、很小，你怎么能看到难过的日子后面的希望和快乐呢？

改变你的视角，你就能看见一个不一样的人生，拥有一个不一样的人生！

把不幸当作机遇

遇到不幸时，不要总是习惯于把自己放在一个弱者的地位，等待着别人的同情，然后等着别人来拯救你，这样的话，只会让你一直处于遭人唾弃、鄙视的地位，不能翻身。只有自强自立，把不幸当作一次机遇，你才能走出不幸的泥潭。

别林斯基说："不幸是一所最好的大学。"自知者明，自强者胜，自强者可以征服山，就是跋山涉水也在所不辞；弱者就是面对一张薄纸，也不愿伸手戳破，去达到自己的目的。谁的一生都有挫折，自强者自然把挫折当玩具，戏之笑之，淡然视之，强者自强；而弱者把挫折当大山，多是惧之怕之，闭目待之，终是弱者更弱。调整你的心态，把不幸当作机遇，你就能战胜不幸，取得成功。

加拿大第一位连任两届总理的让·克雷蒂安小的时候，说话口吃，曾因疾病导致左脸局部麻痹、嘴角畸形，讲话时嘴巴总是向一边歪，而且还有一只耳朵失聪。

听一位有名的医学专家说，嘴里含着小石子讲话可以矫正口吃，克雷蒂安就整日在嘴里含着一块小石子练习讲话，以致嘴巴和舌头都被石子磨烂了。母亲看后心疼得直流眼泪，她抱着儿子说："克雷蒂安，不要练了，妈妈会一辈子陪着你。"克雷蒂安一边替妈妈擦着眼泪，一边坚强地说："妈妈，听说每一只漂亮的蝴蝶，都是自己冲破束缚它的茧之后才变成的。我一定要讲好话，做一只漂亮的蝴蝶。"

功夫不负有心人，经过长久的磨炼，克雷蒂安终于能够流利地讲话了。他勤奋、善良，中学毕业时不仅取得了优异的成绩，而且还获得了极好的人缘。

1993年10月，克雷蒂安参加全国总理大选时，他的对手大力攻击、嘲笑他的脸部缺陷，对手曾极不道德、带有人格侮辱地说："你们要这样的人来当你们的总理吗？"然而，对手的这种恶意攻击却招致大部分选民的愤怒和谴责。当人们知道克雷蒂安的成长经历后，都给予他极大的同情和尊敬。在竞争演说中，克雷蒂安诚恳地对选民说："我要带领国家和人民成为一只美丽的蝴蝶。"最后他以极高的票数当选为加拿大总理，并在1997年成功地获得连任，被加拿大人民亲切地称为"蝴蝶总理"。

人不能因为不幸的来临而畏缩不前、轻言放弃，而应该把它当作一次机遇，抓住它，发挥它的积极作用，你就可以获得不幸给予你的馈赠。

成功人士都是不惧怕困境的，他们总是把一次次不幸当作一次次机遇。面对长期的困境，他们或默默耕耘，或摇旗呐喊。

他们凭着一腔无所畏惧的勇气，振作精神，发奋苦干，以图早日突破困境的牢笼。目不能二视，耳不能二听，手不能二事，全神贯注于你所期望的目标，你就一定能够如愿以偿。如果你是个缺乏耐性、不能坚持，做什么事都半途而废，要别人替你收拾残局的人，你应当在行动之前细心思索，不可贸然开始工作，免得骑虎难下。“水滴石穿，绳锯木断”，水和石比，绳和木比，硬度显然相差太远，然而只要你不轻言放弃，把不幸当作机遇看待，全力做好一件事，天长日久，石头也会被水滴穿，木头也会被绳锯断。人做事也是这样，只要全神贯注地做一件事，就可以把事情做得比较完美，甚至做到完美无缺。

没有“不可能”

如果你总是认为某件事是“不可能”的，那说明你一定没有去努力争取，因为这世上本来就没有“不可能”。

螃蟹可以吃吗？不可能。那你就错了，很快就出现了第一个吃螃蟹的人。

拿破仑·希尔年轻时买下一本字典，然后剪掉了“不可能”这个词，从此他有了一本没有“不可能”的字典，而他也成了成功学大师。其实，把“不可能”从字典里剪掉，只是一个姿态，关键是要从你的心中把这个观念铲除掉。并且，从我们的观念中排除它，想法中排除它，态度中去掉它、抛弃它，不再为它提供理由，不再为它寻找借口，把这个词和这个观念永远地抛弃，而用光辉灿烂的“可能”来替代它。

比如汤姆·邓普西，他就是将不可能变为可能的典型。

汤姆·邓普西生下来的时候，只有半只左脚和一只畸形的右手。父母从来不让他因为自己的残疾而感到不安。结果是任何男孩不能做的事他也能做，如果童子军团行军5公里，汤姆也同样能走完5公里。

后来他想玩橄榄球，他发现，他能把球踢得比任何在一起玩的男孩子更远。他要人为他专门设计一只鞋子，参加了踢球测验，并且得到了冲锋队的一份合约。但是教练却尽量婉转地告诉他，说他“不具有做职业橄榄球员的条件”，请他去试试其他的事业。最后他申请加入新奥尔良圣徒队，并且请求给他一次机会。教练虽然心存怀疑，但是看到这个男孩这么自信，对他有了好感，因此就收了他。两个星期之后，教练对他的好感更深，因为他在一次友谊赛中踢出了55码远的得分。这种努

力和自身条件优势使他获得了专为圣徒队踢球的工作，而且在那一赛季中为他所在的队踢得了99分。

在最伟大的时刻，球场上坐满了6.6万名球迷。圣徒队比分落后，球是在28码线上，比赛只剩下了几秒钟，球队把球推进到45码线上，但是可以说根本就没有时间了。“汤姆，进场踢球！”教练大声说。当汤姆进场的时候，他知道他的队距离得分线有63码远，也就是说他要踢出63码远，而在正式比赛中踢得最远的记录是55码，是由巴尔第摩雄马队毕特·瑞奇踢出来的。但是，邓普西心里认为他能踢出那么远，而且是完全有可能的，他这么想着，加上教练又在场外为他加油，使他充满了信心。

正好，球传接得很好，邓普西一脚全力踢在球身上，球笔直地前进。6.6万名球迷屏息观看，接着终端得分线上的裁判举起了双手，表示得了3分，球在球门横杆之上几厘米的地方越过，圣徒队以19：17获胜。球迷狂呼乱叫——为踢得最远的一球而兴奋。这是只有半只脚和一只畸形的手的球员踢出来的！

“真是难以相信！”有人大声叫，但是邓普西只是微笑。他想起他的父母，他们一直告诉他的是他能做什么，而不是他不能做什么。他之所以创造出这么了不起的纪录，正如他自己说的：“他们从来没有告诉我，我有什么不能做的。”

再强调一遍，永远也不要消极地认定什么事情是不可能的，首先你要认为你能，再去尝试、再尝试。要知道，世上没有什么是不可能的。

向折磨说一声“我能行”

挫折并不保证你会得到完全绽开的成功的花朵，它只提供成功的种子。饱受挫折折磨的人，必须自己努力去寻找这颗种子，并且以明确的目标给它养分，并栽培它，否则它不可能开花、结果。

面对挫折，只有自强者才能战胜困难、超越自我。而如果一味地想着等待别人来帮忙，只能落得失败的下场。遭遇不顺利的事情时，坐等他人的帮助是一种极其愚蠢的做法，只有靠自己的努力才能解决问题，向折磨说一声“我能行”。记住：可以永远依赖的人只有自己！

一个农民只上了几年学，家里就没钱继续供他上学了。他辍学回家，帮父亲耕种两亩薄田。在他18岁时，父亲去世了，家庭的重担全部压在了他的肩上。他要照顾身体欠佳的母亲，还有一位瘫痪在床的祖母。

改革开放后，农田承包到户。他把一块水洼挖成池塘，想养鱼。但村里的干部告诉他，水田不能养鱼，只能种庄稼，他只好又把水塘填平。这件事成了一个笑话，在别人看来，他是一个想发财但又非常愚蠢的人。

听说养鸡能赚钱，他向亲戚借了300元钱，养起了鸡。但是一场大雨后，鸡得了鸡瘟，几天内全部死光。300元对别人来说可能不算什么，但对一个只靠两亩薄田生活的家庭而言，可谓天文数字。他的母亲受不了这个刺激，忧劳成疾而死。

他后来酿过酒、捕过鱼，甚至还在石矿的悬崖上帮人打过炮眼……可都没有赚到钱。

36岁的时候，他还没有娶到媳妇，因为他只有一间土屋，房子随时有可能在一场大雨后倒塌。娶不上老婆的男人，在农村是没有人看得起的。

但他还是没有放弃，不久他就四处借钱买了一辆手扶拖拉机。不料，上路不到半个月，这辆拖拉机就载着他冲入一条河里。他断了一条腿，成了瘸子。

而那拖拉机被人捞起来，已经支离破碎，他只能拆开它，当作废铁卖。

几乎所有的人都说他这辈子完了。

但是多年后他成了一家公司的老总，手中有上亿元的资产。现在，许多人都知道他苦难的过去和富有传奇色彩的创业经历。许多媒体采访过他，许多报告文学描述过他。曾经有记者这样采访他——

记者问：“在苦难的日子里，你

凭借什么一次又一次毫不退缩？”

他坐在宽大豪华的老板桌后面，喝完了手里的一杯水。然后，他把玻璃杯子握在手里，反问记者：“如果我松手，这只杯子会怎样？”

记者说：“摔在地上，碎了。”

“那我们试试看。”他说。

他手一松，杯子掉到地上发出清脆的声音，但并没有破碎，而是完好无损。他说：“即使有10个人在场，10个人都会认为这只杯子必碎无疑。但是，这只杯子不是普通的玻璃杯，而是用玻璃钢制作的。”

他说：“只要我们勇于尝试，不怕失败，最终会找到成功之路。”

人生没有真正的难题

是问题就一定有答案，你必须努力寻找，并把这个信念永存心底。

生活中，我们每时每刻都会遇到各种各样的问题，这些问题时刻折磨着我们的神经，使我们疲于应付，甚至遇到很大的困难时，我们往往认为自己再也支撑不下去了。这时候，一定要坚信，人生没有解决不了的问题。

某大学的数学教师每天给他的一个学生出3道数学题，作为课外作业给他回家去做，第二天早晨再交上来。

有一天，这个学生回家后，才发现教师今天给了他4道题，而且最后一道似乎颇有些难度。他想：从前每天的3道题，他都很顺利地完成了，从未出现过任何差错，早该增加点分量了。

于是，他志在必得，满怀信心地沉浸到解题的思路中……天亮时分，他终于把这道题给解决了。但他还是感到一些内疚和自责，认为辜负了老师多日的栽培——一道题竟然做了几个小时。

谁知，当他把这4道已解的题一并交给老师时，老师惊呆了——原来，最后那道题竟是一道在数学界流传百年而无人能解的难题，老师把它抄在纸上，也只是出于好奇心。结果，不经意间竟把它与另外三道普通题混在一起，交给了这个学生。这个学生却在不明实情的前提下，意外地把它给攻克了。

假如这个学生知道这道题的来历，他还能在一夜之间将它攻克吗？

铸就坚韧的品格

世界上最强大、最有可能取得成功的人，就是坚忍不拔的人。

生活陷入困顿，人生陷入低谷，这个时候你在想些什么？就打算这样过一辈子吗？

世界上最强大、最有可能取得成功的人，就是那些坚忍不拔的人。无论你现在的境况如何，都要保持坚忍不拔、百折不挠的精神。

莎莉·拉斐尔是美国著名的电视节目主持人，曾经两度获奖，在美国、加拿大和英国每天有800万观众收看她的节目。可是她在30年的职业生涯中，却曾被辞退18次。

刚开始，美国的无线电台都认定女性主持不能吸引观众，因此没有一家愿意雇用她。她便迁到波多黎各，苦练西班牙语。有一次，多米尼亚共和国发生暴乱事件，她想去采访，可通讯社拒绝她的申请，于是她自己凑足旅费飞到那里，采访后将报道卖给电台。

1981年她被一家纽约电台辞退，无事可做的时候，她有了一个节目构想。虽然很多国家广播公司觉得她的构想不错，但碍于她是女性，所以最终还是放弃了她的构想，最后她终于说服了一家公司，受到了雇用，但她只能在政治台主持节目。尽管她对政治不熟，但还是勇敢尝试。1982年夏，她的节目终于开播。她充分发挥自己的长处，畅谈7月4日美国国庆对自己的意义，还请观众打来电话互动交流。令人意想不到的是，节目很成功，观众非常喜欢她的主持方式，所以她很快成名了。

当别人问她成功的经验时，她发自内心地说："我被人辞退了18次，本来大有可能被这些遭遇所吓退，做不成我想做的事情。结果相反，我让它们鞭策我前进。"

正是这种不屈不挠的性格使莎莉在逆境中避免了一蹶不振、默默无闻的一生，走向了成功。

任何成功的人在成功之前，没有不遭遇失败的。爱迪生在经历了一万多次失败后才发明了灯泡，而乔纳斯·沙克也是在试用了无数介质之后，才培养出小儿麻痹疫苗。

"你应把挫折当作是使你发现你思想的特质，以及你的思想和你明确目标之间关系的测试机会。”如果你真能理解这句话，它就能调整你对逆境的反应，并且能使你继续为目标努力，挫折绝对不等于失败，除非你自己这么认为。

爱默生说过：“我们的力量来自我们的软弱，直到我们被戳、被刺，甚至被伤害到疼痛的程度时，才会唤醒包藏着神秘力量的愤怒。伟大的人物总是愿意被当成小人物看待，当他坐在占有优势的椅子中时会昏昏睡去，当他被摇醒、被折磨、被击败时，便有机会可以学习一些东西了；此时他必须运用自己的智慧，发挥他的刚毅精神，他会了解事实真相，从他的无知中学习经验，治疗好他的自负精神病。最后，他会调整自己并且学到真正的技巧。”

因此，无论经历怎样的失败和挫折，你都要从精神上去战胜它，别把它当一回事，甩甩手从头再来，成功终究会来临。

PART

04

激发生命潜能，
开创美丽人生

积极心态能激发无穷潜能

潜能无时无刻不在，你的心态是决定潜能发挥与否的一大关键因素，只要你保持积极心态，就能激发自己的无限潜能。

无数成功人士的奋斗历程已经验证：成功是由那些抱有积极心态的人所取得的，并由那些以积极心态努力不懈的人所保持。拥有积极心态，即使遭遇困难，也可以获得帮助，事事顺心。

生命本身是短暂的，但是为什么有的人过得丰富多彩，充满朝气和进取精神，有的人却生活得枯燥无味，没有一点风光和活力？生活也许是一支笛、一面锣，吹之有声，敲之有音，全看你是不是积极地去吹去敲，去创造自己生活的节奏和旋律。

有人说我不会吹、不会敲怎么办，积极的人会告诉你，不吹白不吹，不敲白不敲，消极等待只能浪费生命。是的，活在世上，何必等待，何必懒惰？等待等于自杀，懒汉也并不能延

长生命一分一秒。

从前，有一群青蛙组织了一场攀爬比赛，比赛的终点是一个非常高的铁塔的塔顶。一大群青蛙围着铁塔看比赛，给它们加油。

比赛开始了。

老实说，围观的群蛙中没有谁相信这些小小的青蛙会到达塔顶，它们都在议论：

“这太难了！它们肯定到不了塔顶！”“它们绝不可能成功的，塔太高了！”

听到这些，一只接一只的青蛙开始泄气了，只有几只情绪高涨的还在往上爬。群蛙继续喊着：“这太难了！没有谁能爬上塔顶的！”

越来越多的青蛙累坏了，退出了比赛。但，有一只却越爬越高，丝毫没有放弃的意思。

最后，其他青蛙都退出了比赛，只有一只青蛙，它费了很大的劲，终于成为唯一一只到达塔顶的胜利者。

自然，其他所有的青蛙都想知道它是怎么成功的。有一只青蛙跑上前去问那只胜利者哪来那么大的力气爬完全程。

它发现：这只青蛙是个聋子！

永远不要听信那些习惯消极悲观看问题的人，要保持积极乐观的心态。总是记住你听到的充满力量的话语，因为所有你听到的或读到的话语都会影响你的行为。

拥有积极心态，是一个成功者必备的素质。积极心态，能够使人上进，能够激发人潜在的力量。

开发你的生命潜能

潜能是每个人固有的天然宝库，每个人身上都有一个取之不尽、用之不竭的潜能宝库。不过大多数人心中的巨人是在酣睡，一旦巨人醒来，宝库打开，能量之大连你自己都吃惊。

你还在认为自己没有能力、自己很没用吗？其实，那是因为你没有发现自己的能力。努力去开发自己的生命潜能，你就能发现自我价值。

李扬是中国著名的配音演员，被戏称为“天生爱叫的唐老鸭”。李扬在初中毕业后参了军，在部队当一名工程兵，他的工作内容是挖土、打坑道、运灰浆、建房屋。可是李扬明白，自己身上潜在的宝藏还没有开发出来，那就是自己一直心爱的影视艺术和文学艺术。

在一般人看来，这两种工作简直是风马牛不相及。但李扬却坚信自己在这方面有潜力，应该努力把它们发掘出来。于是他抓紧时间工作，认真读书看报，博览众多的名著剧本，并且尝试着自己搞些创作。退伍后李扬成了一名普通工人，但是他仍然坚持追求自己的目标。没有多久，大学恢复招生考试，李扬考上了北京工业大学机械系，变成了一名大学生。从此，他用来发掘自己身上宝藏的机会和工具就一下子多了起来。经几个朋友介绍，李扬在短短的5年中参加了数部外国影片的译制录音工作。这个业余爱好者凭借着生动的、富有想象力的声音风格，参加了《西游记》中的美猴王的配音工作。1986年年初，他迎来了自己事业的辉煌时刻，风靡世界的动画片《米老鼠和唐老鸭》招聘汉语配音演员，风格独特的李扬一下子被迪士尼公司相中，为可爱滑稽的唐老鸭配音，从此一举成名。李扬说，自己之所以能成功，是因为一直没有停止过挖掘自己的长处。

这世上每一个人都拥有一种伟大而令人惊叹的力量。这种力量一旦运用得当，将带给你信心而非羞怯，平静而非混乱，泰然自若而非无所适从，心灵的平静而非痛苦。

千百万人都在抱怨他们命运不济，他们厌倦生活以及周围这个世界运转的方式，但却没有意识到：在他们身上有一种力量，这种力量会使他们获得新生。

一旦你意识到了这种力量的存在并开始运用它，你就会改变自己的整个生活，使生活变成你所喜欢的样子。一种原本充满悲伤的生活可以变得充满快乐，失败可能会转化为成功。当贫穷吞噬着你的生活的时候，你可以将它变成一种幸运。羞怯可以转化为信心，充满失望的生活会变得妙趣横生和令人愉快。

做你自己的伯乐

如果没有其他人来发现你，那你就自己发现自己吧！做自己的伯乐，你才能取得成功。

1972年，新加坡旅游局给总理李光耀打了一份报告，大意是说："我们新加坡不像埃及有金字塔；不像中国有长城；不像日本有富士山，不像夏威夷有十几米高的海浪。我们除了一年四季直射的阳光，什么名胜古迹都没有。要发展旅游事业，实在是巧妇难为无米之炊。"

李光耀看过报告，非常气愤。

据说他在报告上批了这么一行字："你想让上帝给我们多少东西？阳光，阳光就够了！"

后来，新加坡利用那一年四季直射的阳光，种花植草，在很短的时间里，发展成为世界上著名的"花园城市"，连续多年旅游收入名列亚洲第三位。

上帝给每个国家、每个地区的东西，确实都不是太多。

就拿我们身边知道的来说，它仅给杭州一个西湖，仅给曲阜一个孔子。就个人而言，它给每个人的东西同样也少之又少。它只给了牛顿一只苹果，并且还是掉下去的；它只给了迪士尼一只老鼠，并且这只老鼠是在迪士尼自己连一块面包都吃不上的时候到达的。

上帝的馈赠虽然少得可怜，但它是酵母。

只要你是位有心人，你会惊喜地发现上帝的馈赠是多么的丰厚。

聪明的江南人利用西湖把杭州变成了天堂；智慧的北方人则利用孔子把曲阜变成了圣城。

你虽然没有别人英俊潇洒，但你可能身强体壮；你虽然不会琴棋书画，但你可能思维敏捷、逻辑清晰……上帝不会给人全部，但他绝对不会亏待你，所以你一定要做自己的伯乐，发掘自己的潜能。

一个天寒地冻的深夜，W. 翟莫西·盖尔卫，一位年轻的加利福尼亚人，正独自驱车穿过缅因州边远的森林地带。他的车轮突然打滑，车子撞进了路旁的雪堆。20分钟过去了，盖尔卫没有看到一辆车路经此地。看来待在车里等着是毫无指望了，他认为最好的出路是步行去求援。于是他身穿便服和一件运动衫，开始向来路跑去。稀薄而寒冷的空气，使他几分钟之后便气喘吁吁了，一阵疲乏感袭来，他觉得浑身麻木，接着是令人瘫软的恐惧，“我会死在这冰天雪地之中的！”他意识到。

这个念头如此可怕，盖尔卫的脚步不知不觉停了下来。过了一会儿，由于他承认了现实，他的恐惧感已经不那么强烈。他对自己说：“如果我真的要死了，光发愁也无济于事。”这时，他突然觉察到，周围的一切是那样美丽：寂静的夜、闪烁的星星，被雪景衬托得格外分明的树木。盖尔卫没有想到，自己竟然渐渐地恢复了体力，于是他一口气跑了40分钟，终于找到了一户友善的人家。

盖尔卫没有想到，他突然之间显示出的奇怪的内部能量，竟会成为他后来所从事的事业的基础，并由此创造了他所谓和失望恐惧赛跑的“内心竞赛”的理论。在他作为一名运动员和一位教师的多年实践之后，盖尔卫认识到，在那个严寒的夜晚使他得救的正是人类所共有的一种巨大的潜能，问题在于人们是否肯使用它。

还有一个故事是这样说的。有一个探险家，他走进了非洲的荒野中。他随身带了一些不怎么值钱的小装饰品，打算送给当地的土著。在这些东西当中，有两面真人大小的镜子。他把这两面镜子靠着两棵树放好，然后就坐下来和他的手下人谈论有关探险的情况。这时探险家注意到有个土著手里拿着长矛正在向镜子走过来，当他向镜子里望去的时候，他看见了自己的影子，于是开始向镜子里的对手刺去，好像它真的是个土著一样，仿佛要杀了他。当然，土著打碎了这面镜子。这时候，探险家向这个土著走去，问他为什么要打碎镜子。这个土著回答

说："他要杀我，我就先杀了他。"探险家向土著解释说，镜子不是用来干这个的，并领他走到第二面镜子那边去。他对土著解释说："看，镜子是这样一个东西——通过它，你可以看到你的头发有没有梳直，你脸上的油彩涂得是否合适，你的胸部多么健壮，你的肌肉多么发达。"野人回答说："噢，我不知道。"

成千上万的人都这样，他们的情形和这个土著差不多。他们穷其一生和生活作战，在生命的每个转折点上，他们都以为会有一场战斗，而情况最终也确实是这样。他们预计会有敌人，而他们确实遇到了敌人。他们预计困难会接踵而至，而事实也恰好就是这样。"如果事情不是这样，那么它就是那样……总会发生点什么。"对于成千上万的没有能够认识到这种巨大的力量的人来说，事情过去是这样，将来也还会是这样。成千上万的人继续过着平淡、普通、痛苦的生活，因为这种巨大的力量从他们身边悄悄溜走了，他们就再也抓不住它了。生活中的你绝对不要像土著那样，穷其一生都不能发现自己的力量。发现你自己、做自己的伯乐，你就能走向成功。

反击别人不如充实自己

如何才能更好地发展自己，走出被折磨的困境？是反击那些折磨你的人，还是反过来更好地充实自己？显然，充实自己是一种更好也更有效的策略。

曾经有人说，人类出生时之所以哇哇大哭，是因为人类预知到生命必然充满痛苦。

人生是充满了痛苦，那我们应该通过怎样的努力使自己离开这个世界的时候能够不再悲伤呢？方法只有一个，那就是不断充实自己、战胜苦难，使生命取得它应有的辉煌。

一切都要靠自己用心灵去体验，无论痛苦有多么难以忍受，你都不要放弃，正因为这些苦难，我们才更坚强、更勇敢。多充实自己，人生就会多一分精彩。

成功学大师戴尔·卡耐基刚开始拓展事业的时候，经常在全国各地巡回演讲，举办一些成人教育班和座谈会。

某次的活动里，来了一位纽约《太阳报》的记者，他后来在报道中毫不留情地攻击卡耐基和他所热爱的工作。

这对年轻气盛的卡耐基来说，不只是一桶泼在头上的冷水，简直是一桶恶臭难当的泔水。

卡耐基看了报纸，越想越恼火。这些文字侮辱了他的人格、他的理想，以及他全心全意专注的事业，根本是这个记者在刻意歪曲捏造事实。

气急败坏之下，卡耐基马上打电话给《太阳报》执行委员会的主席，要求刊登一篇声明，以澄清真相。是可忍，孰不可忍?卡耐基当时只有一个念头，就是一定要让犯错的人受到应有的惩罚。

几年之后，卡耐基的事业规模越来越庞大，他不禁为自己当时的幼稚行为感到惭愧。

因为，直到这时他才体会到，当时气冲冲地发表自己的声明，想要借此昭告天下、澄清事实，但是实际上，看那份报纸的人也许当中只有1/10会看到那篇文章；看到那篇文章的人里面可能有1/2会把它当成一件微不足道的小事，而真正注意到这篇文章的人里面，又有1/2会在几个礼拜之后，把这件事忘得一干二净，如此一来，刊登这篇文章有什么作用呢?

经过一番思考，卡耐基的处世态度更为成熟，他明白了这样一个道理：在你的能力范围内，尽可能做你应该做的事，然后把你的破伞收起来，免得任意批评你的雨水顺着脖子向后背流下去，当你不停地充实自己，那些攻击你的人就会不攻自破了。

面对别人的批评指教，你可以回敬同样的“礼数”，这也许会使你的怨气得以宣泄，但是却不会让你有更好的名声。因为，当你反击对手、平反自己时，你还是同一个你，根本没有一点进步：喜欢你的人依然喜欢你，不接受你的人还是不接受你。

这就像生气地把一块大石头丢进海水里，只会有一瞬间的水花，转眼却又风平浪静。

多充实自己，你就会像一座山一样，慢慢超过所有的山，甚至高过空中的白云，这时，也许对别人的折磨，你只会有感激的想法了。

生命的潜能是无穷的

敢于死中求活，才能绝处逢生。改变生活的宽度与深度，我们也能创造源源不绝的生命动力。

大文豪歌德说过："生活在理想中的世界，就是要把不可能的东西当作仿佛可行的东西来对待。"话说得很中肯，人的生命对于茫茫宇宙就宛如大海中的一叶孤舟，渺小、脆弱。可是生命的潜能永远没有极限，要想在这个世界上取得成功，就必须开发自己的生命潜能。

腔棘鱼又称"空棘鱼"，由于脊柱中空而得名，是目前世界上十分罕见的鱼类，由于科学家在白垩纪之后的地层中找不到它的踪影，因此认为这个登陆英雄已经告别了世间，全部灭绝了。1938年在南非，科学家却发现了一条腔棘鱼，这个史前鱼种还活着！在距今4亿年前的泥盆纪时代，腔棘鱼的祖先凭借强壮的鳍，爬上了陆地。经过一段时间的挣扎，其中的一支越来越适应陆地生活，成为真正的四足动物；而另一支在陆地上屡受挫折，又重新返回大海，并在海洋中寻找到一个安静的角落，与陆地彻底告别了。

这个安静的角落就是1万多米深的海底。众所周知，人类入海比登天还要难。首先是巨大的压力：水深每增加10米，压力就要增加1个大气压。在1万多米深的海底，压力将高达1000个大气压，别说人的血肉之躯，就是普通的钢铁构件也会被压得粉碎。还有海底的恶劣环境，黑暗、寒冷！太阳光进入海中很快被吸收，水深10米处的光能只及海洋表面的18%，100米深处则只有1%了。光线稀少，热量自然难留，水下的寒冷、黑暗可想而知。然而，腔棘鱼通常生活在非常深的海底，并把自己隐藏在海底礁石的洞穴里。在恶劣的海底世界里，它们以生存为目标，不断给自己施加压力，学会与压力共处，在自己的历史空间里痛并快乐地生存着，超乎想象地存在了4亿年！

科学家研究发现，人类的潜能平均开发程度只有10%左右。可见，人类还有绝大部分的潜力没有得到有效的利用，一旦这些潜能得到开发，人类所能爆发的能力一定是惊人的。

生命的潜能是无穷的，承受得了难以想象的困难和压力。只有承受住压力的生命，才能真正开发出自己的潜能，显现出自己的美丽。能负重前行的人，才会拥有多姿多彩的人生。

把别人的折磨当成前进的动力

孔子曰："岁寒，然后知松柏之后凋也。"

你曾经被你的语文老师要求抄写生字10遍吗？你曾经被你的体育老师要求跑1000米吗？你曾经被你的上司训话吗？你曾经被你的顾客抢白而无言以对吗？……生活中的折磨无处不在，那你是怨天尤人、忧虑度日，还是面对折磨，更加奋勇前进，这取决于你的选择。记住，你的选择会决定你的命运。

把折磨当成自己前进的动力，使自己经受折磨的雕琢，最终走向成功，才是你最明智的选择。

美国的一所大学进行了一次很有意思的实验。实验人员用很多铁圈将一个小南瓜整个箍住，以观察它逐渐长大时，能抵抗多大由铁圈给予它的压力。起初实验者估计南瓜最多能够承受400磅（约181千克）的压力。

在实验的第一个月，南瓜就承受了400磅的压力，实验到第二个月时，这个南瓜承受了1000磅（约454千克）的压力。当它承受到2100磅（约1089千克）的压力时，研究人员开始对铁圈进行加固，以免南瓜将铁圈撑开。

当研究结束时，整个南瓜承受了超过4000磅（约1814千克）的压力，到这时，瓜皮才因为巨大的反作用力产生破裂。

研究人员取下铁圈，费了很大的力气才打开南瓜。它已经无法食用，因为试图突破重重铁圈的压迫，南瓜中间充满了坚韧牢固的层层纤维。为了吸收充足的养分，以便于提供向外膨胀的力量，南瓜的根系总长甚至超过了8万英尺（约2438千米），所有的根不断地往各个方向伸展，几乎穿透了整个实验田的每一寸土壤。

南瓜因为外界的压力而变得更加茁壮，人生也是如此。许多时候我们夸大了那些强加在我们身上的折磨的力量，其实生命还可以承受更大的压力，因为只要你想，你就能开发出更加惊人的潜能。

在多难而漫长的人生路上，我们需要一颗健康的心，需要绚烂的笑容。苦难是一所没有人愿意上的大学，但从那里毕业的，都是强者。

做最好的自己

你可能不会成为世界上最好的，但你可以做最好的自己。只要做好了自己，你就能获得你想要的一切。

一位诗人说过："不可能每个人都当船长，必须有人来当水手，问题不在于你干什么，重要的是能够做一个最好的你。”把身边的工作做好，就是生活中的成功。

格尔是个心灵手巧的人。一大早，他就开着小型运货汽车来了，车后扬起一股尘土，他卸下工具后就干起活来。格尔会刷油漆，也会修修补补，能干木匠活，也能干电工活，修理管道，整理花园，他会铺路，还会修理电视机。

格尔上了年纪，走起路来步子缓慢、沉重，头发理得短短的，裤腿挽得很高，以便于给别人干活。

他的主人有几间草舍，其中有一间，格尔在夏天租用。他把洗碗机安置好，把床架安置好，还整修了路边的牲口棚。

格尔摆弄起东西来就像雕刻家那样细致和投入，那种用自己的双手工作的人才有的权威。木料就是他的大理石，他的手指

在上边摸来摸去，摸索什么，别人不太清楚。一位朋友认为这是他自己的问候方式，接近木头就像骑手接近马一样，安抚它，使它平静下来。而且，他的手指能“看到”眼睛看不到的东西。

有一天，格尔在路那头为邻居们盖了一个小垃圾棚。垃圾棚被隔成三间，每间放一个垃圾桶，棚子可以从上边打开，把垃圾袋放进去，也可以从前边打开，把垃圾桶挪出来。小棚子的每个盖子都很好使，门上的合页也安得严丝合缝。

格尔把垃圾棚漆成绿色，晾干。一位邻居走过去看一看，为这竟是一个人用手做的而不是在什么地方买的而感到惊异。邻居用手抚摸着光滑的油漆，心想，这肯定是完工的了。不料第二天，格尔带着一台机器又回来了。他把油漆磨毛了，不时地用手摸一摸。他说，他要再涂一层油漆。尽管别人看来这已经够好了，但这不是格尔干活的方式。经他的手做出来的东西，看上去不像是手工做的。

在格尔的天地中，没有什么神秘的东西，因为那都是他在某个时候制作的、修理的或者拆卸过的。保险盒、牲口棚、村舍全是出自格尔的手。

格尔的主人们从事着复杂的商业性工作。他们发行债券，签订合同。格尔不懂如何买卖证券，也不懂怎样办一家公司。但是当做这些事时，他们就去找格尔或找像格尔这样的人。他们明白格尔所做的是实实在在的、很有价值的工作。

当一天结束的时候，格尔收拾工具，放进小卡车，然后把车开走了。他留下的是一股尘土，以及至少还有一个想不通的小伙伴。这个人纳闷，为什么格尔做得这样多，可得到的报酬却这样少。

然而，格尔又回来干活儿了，默默无语，独自一人，没有会议，也没有备忘录，只有自己的想法。他认为该干什么活就干什么活，自己的活自己干，也许这就是自由的一个很好的定义。

是的，如果你能心无旁骛、专心致志地做好自己的事，做最好的自己，你就能在不知不觉中超越众人，跨越平庸的鸿沟，在众人中脱颖而出。

做最好的自己，将自我潜能完全发挥出来，成功离你就不会遥远。

在行动中激发自己的潜能

任何时候都不要坐在那里等待，从现在起就开始行动，在行动中激发自己的潜能，说不定你就能创造奇迹！

生活中的你是否还在为命运不济而哀叹呢？如果是，那还是赶紧收起这些怨天尤人的论调吧！行动起来，在行动中激发自己的潜能，说不定你就能创造奇迹。

在美国颇负盛名、人称传奇教练的伍登，在全美12年的篮球年赛当中，帮助加州大学洛杉矶分校赢得10次全美总冠军。如此辉煌的成绩，使伍登成为大家公认的有史以来最成功的篮球教练之一。

曾经有记者问他："伍登教练，请问你如何保持这种积极的心态?"

伍登很愉快地回答："每天我在睡觉以前，都会提起精神告诉自己：我今天的表现非常好，而且明天的表现会更好。”

“就只有这么简短的一句话吗?”记者有些不敢相信。

伍登坚定地回答：“简短的一句话?这句话我可是坚持了20年!重点跟简短与否没关系，关键是在于你有没有持续去做，如果无法持之以恒，就算是长篇大论也没有帮助。”

伍登的积极心态超乎常人，不单只是对篮球的执着，对于其他的生活细节也是保持这种精神。例如有一次他与朋友开车到市中心，面对拥挤的车流，朋友感到不满，继而频频抱怨，但伍登却欣喜地说：“这里真是个热闹的城市。”

朋友好奇地问：“为什么你的想法总是异于常人?”

伍登回答说：“一点儿都不奇怪，我是用心里所想的事情来看待，不管是悲是喜，我的生活中永远都充满机会，这些机会的出现不会因为我的悲或喜而改变，只要不断地让自己保持积极的心态，一刻也不停地去行动，我就可以把握机会，激发更多的潜在力量。”

其实每个人都有伍登那样的潜力，但是大部分人都不能像伍登那样，时刻保持积极的心态去努力。如果每个人都能像伍登一样，那他也一定会是一个有才华的人，并且在行动中不断进步，创造奇迹的可能就会时刻存在。

PART

05

信念在挫折中闪光

不要让别人拿走你的潜能

拥有潜能，你要保护自己的潜能，再充分发挥潜能，才会有成功的机会。

在生活中，很多人都拥有优于其他人的潜能，但是这些人却不会保护自己的潜能，导致许多人最后终其一生都没将潜能发挥出来，平庸度日。

要想成功，一个人必须注意不要让别人拿走自己的潜能。

在遥远的国度里，住着一窝奇特的蚂蚁，它们有预知风雨的能力。而蚂蚁们清楚地知道，最近有巨大的暴风雨正逐渐逼近，整窝蚂蚁全部动员，往高处搬家。

这窝蚂蚁之所以奇特，不在于它们预知气候的能力，许多其他动物也具备这样的天赋。它们的特别之处是整窝蚂蚁都只有五只脚，并不像一般蚂蚁长有六只脚。

由于它们只有五只脚，行动也就没有一般蚂蚁敏捷，整个搬家的行动很缓慢。虽然面对暴风雨来袭的沉重压力，每只蚂蚁心中都焦急不堪，行动却半点儿也快不了。

在漫长的搬家队伍中，有一只蚂蚁与众不同，它的行动快速，不停地往返高地与蚁窝之间，来回一趟又一趟，仿佛不知劳累，辛苦地尽力抢搬蚁窝中的东西。

这只勤快的蚂蚁引起了五脚蚂蚁群的注意，它们仔细观察它的动作，终于找出这只蚂蚁动作如此敏捷的关键，它有六只脚！

五脚蚂蚁的搬家队伍整个暂停下来，它们聚在一起，窃窃私语，讨论这只与它们长得不同，行动却快过它们数倍的六脚蚂蚁。

经过冗长的讨论后，五脚蚂蚁们终于达成共识。它们扑上前去，抓住那只六脚蚂蚁，一阵撕咬过后，将它那多出来的一只脚扯了下来。

行动迅速的那只蚂蚁被扯去一只脚，也变成了平凡的五脚蚂蚁，在搬家的行列中，迟缓地跟随大家移动。

五脚蚂蚁们很高兴它们能除去一个异类，增加一个同伴，这时，雷声已在不远处隆隆地响起。

常常在我们接触到一个新的机会、有了一个好的创意或是工作取得进步时，“五脚蚂蚁群”便会适时出现。他们会告诉你，你得到的机会是陷阱、你的好创意是行不通的或是提醒你，工作勤奋不一定会有好的报偿。无所不用其极的目的，是想扯去你突然间多出来的一只脚。

尤其是当你正确地运用出你的潜能时，周围类似五脚蚂蚁般的消极意识更会增加，各式各样不可能的思想蜂拥而至，企图要你放弃他们所不懂的潜能，让你成为平庸的人。

在这个时候，你一定要很好地把握自己，用你自己的独立思想，来保护自己多出来的那只“脚”。坚持你自己的想法，珍惜自己得到的机会，发挥自己独特的创意，更加勤奋地工作，加倍地发挥你自己最大的潜能，这样你才能在未来获得成功。

信念就是成功的天机

信念是一个人的精神支柱，在你疲倦时抚慰你的心灵，直到你获得成功。

俄国的列宾曾经说过：“没有原则的人是无用的人，没有信念的人是空虚的废物。”一个人不怕能力不够，就怕失去了前进的信念。拥有信念的人，从某种意义上说，就是不可战胜的人。

在山东省有个不起眼儿的小村子叫姜村，这个小村子因为这些年几乎每年都有几个人考上大学、硕士甚至博士而声名远扬。方圆几十里的人们没有不知道姜村的，父老乡亲都说，姜村就是那个出大学生的村子。久而久之，人们不叫姜村了，大学村成了姜村的新村名。

姜村只有一所小学校，每一年级都只有一个班。以前的时候一个班只有十几个孩子，现在不同了，方圆十几个村，只要在村里有亲戚的，都千方百计把孩子送到这里来。朴实的乡亲认为，把孩子送到姜村，就等于把孩子送进大学了。

在惊叹姜村奇迹的同时，人们也都在问，在思索：是姜村的水土好吗？是姜村的父母掌握了教孩子的秘诀吗？还是别的什么？

假如你去问姜村的人，他们不会告诉你什么，因为他们对于所谓的秘密似乎也一无所知。

在20多年前，姜村小学调来了一个50多岁的老教师。听人说这个教师是一位大学教授，不知什么原因被贬到了这个偏远的小村子。这个老师教了不长时间以后，就有一个传说在村里流传：这个老师能掐会算，他能预测孩子的前程。于是，有了下面的情形：有的孩子回家说，老师说了，我将来能成数学家；有的孩子说，老师说我将来能成作家；有的孩子说，老师说我将来能成音乐家；有的孩子说，老师说我将来能成钱学森那样的人，等等。

不久，家长们又发现，他们的孩子与以前不大一样了，他们变得懂事而好学，好像他们真的是数学家、作家、音乐家、科学家的料。

老师说会成为数学家的孩子，对数学的学习更加刻苦；老师说会成为作家的孩子，语文成绩更加出类拔萃。孩子们不再贪玩，不用像以前那样严加管教，孩子也都变得十分自觉。因为他们都被灌输了这样的信念：他们将来都是杰出的人，而有好玩、不刻苦等特点的孩子都是成不了杰出人才的。

家长们将信将疑，莫非孩子真的是大材料，被老师道破了天机？

就这样过去了几年，奇迹发生了。这些孩子到了参加高考的时候，大部分都以优异的成绩考上了大学。

这个老师在姜村人的眼里变得神乎其神，他们让他看他们的宅基地，测他们的命运。这个老师却说，他只会给学生预测，不会其他的。

后来，老教师上了年纪，回了城市，但他把预测的方法教给了接任的老师。接任的老师还在给一级一级的孩子预测着，而且，他们坚守着老教师的嘱托：不把这个秘密告诉给村里的人们。

强烈的自信心和由此产生的崇高信念，能产生使人奋进的巨大能量。你相信自己会成为什么，往往就真的会成为什么，成功总是与自信同路。

人可以缺少一点能力，但不能没有信念。如果你现在还在迷迷糊糊地过日子，混一天是一天，那你就该思考一下自己的前途了。

沙漠里也能找到星星

人生的追求，情感的冲撞，进取的热情，可以隐匿却不可以贫乏，可以浑然却不可以清淡。

真的，世界上没有任何力量能像信念那样影响我们的生活。人生到底是喜剧收场还是悲剧落幕，是成功辉煌还是黯然神伤，全在于你保持着什么样的信念。一个没有信念的人，就好比少了马达的渡轮，注定要在汪洋中沉没。信念是决定我们潜能发挥程度的关键，有信念在人生之路上为你牵引，无论你身处多么折磨人的环境，你都能克服，最终走出不利局面，迈向成功的道路。

塞尔玛陪伴丈夫驻扎在一个沙漠的陆军基地里，她丈夫奉命到沙漠里去演习，她一人留在基地的小铁皮房子里。天气很热，她没有人可聊天，周围只有墨西哥人和印第安人，而他们不会说英语。她太难过了，于是写信给父母，想要回家去。父亲的回信只有两行：

两个人从牢中的铁窗望出去，

一个看到满地泥泞，一个却看到满天星星。

读完信后，她决定要在沙漠中找到星星。

塞尔玛开始和当地人交朋友，他们的反应使她惊讶不已。她对他们的纺织品、陶器表示兴趣，他们就把最喜欢的、舍不得卖给观光客人的纺织品和陶器送给了她。塞尔玛研究那些让人着迷的沙漠植物，又学习有关土拨鼠的常识。她观看沙漠日落，还寻找海螺壳——这些海螺壳是几万年前，这沙漠还是海洋时留下来的……原来难以忍受的环境变成了令她兴奋、流连忘返的奇景。

沙漠里的星星终于闪光了，名为《快乐的城堡》的书也终于出版了。

山不转，路转；路不转，人转。《圣经》上说："上帝关了这扇窗，必会为你开启另一道门。"消极者会说："我只有看见了才会相信。"而积极者会说："只要我相信我就会看见。"积极者采取行动，消极者静止不动。同样的半杯水，消极者说它只有一半，积极者说它已经满了一半。因为，积极者往杯里倒水，消极者从杯里取水。

斯图尔特·米尔曾说过："一个有信念的人，所发出的力量，不下于99位心存兴趣的人。"如果你拥有坚定的信念，即使面对荒漠的孤独、寂寞的折磨，你也可以转化不利的环境为有利的环境，就像故事中的主人公一样，写出《快乐的城堡》。

相信自己思想的力量

生命中的一些转折点，往往就发生在当我们相信了自己思想的力量之后。

这是一个发生在美国内战期间最奇特的故事。

那个时候的艾迪太太认为生命中只有疾病、愁苦和不幸。她的第一任丈夫，在他们婚后不久就去世了，她的第二任丈夫又抛弃了她，和一个已婚妇人私奔，后来死在一个贫民收容所里。她只有一个儿子，却由于贫病交加，不得不在孩子4岁那年就把他送走了。她不知道儿子的下落，整整31年都没有再见到他。

她生命中戏剧化的转折点，发生在马萨诸塞州的林恩市。一个很冷的日子，她在城里走着的时候，突然滑倒了，摔倒在结冰的路面上，而且昏了过去。她的脊椎受到了伤害，她的身体不停地痉挛，甚至医生也认为她活不久了。医生还说即使是奇迹出现而使她能活下来的话，她也绝对无法再行走了。

躺在一张看来像是送终的床上，艾迪太太打开她的《圣经》。她读到马太福音里的句子："有人用担架抬着一个瘫子到耶稣跟前来，耶稣就对瘫子说：'孩子，放心吧，你的罪被赦免了。起来，拿你的褥子回家去吧。'那人就站起来，回家去了。"

她后来说，耶稣的这几句话使她产生了一种力量，一种信仰，一种能够医治她的力量、使她立刻下了床，开始行走。

"这种经验，"艾迪太太说，"就像引发牛顿灵感的那只苹果一样，使我发现自己怎样地好了起来，以及怎样地也能使别人做到这一点。我可以很有信心地说：一切的原因就在你的思想，而一切的影响力都是心理现象。"

这不是神话，也不是偶然。我们活得愈久，就愈相信思想的力量。生命中总有一些转折点，抓住这样一个转折点，我们的人生就会有突破和进展。

给自己一个信仰，你的生活就会多一分希望。

一切皆有可能

一切皆有可能，这是大自然给我们的启示。坚信这一点，你就能创造奇迹。

别人提到一件新奇的事，你是否有过这样的反应："不可能！"很多人都有这样的经历。人在生活中打磨得太久，思维变得僵化，目光变得浑浊，只会亦步亦趋，平庸一世。

在自然界中，有一种十分有趣的动物，叫作大黄蜂。曾经有许多生物学家、物理学家、社会行为学家联合起来研究这种生物。

根据生物学的观点，所有会飞的动物，其条件必然是体态轻盈、翅膀十分宽大的；而大黄蜂这种生物，却正好跟这个理论相反。大黄蜂的身躯十分笨重，而翅膀却是出奇的短小。依照生物学的理论来说，大黄蜂是绝对飞不起来的。而物理学家的论调则是，大黄蜂的身体与翅膀比例的这种设计，从空气动力学的观点来看，同样是绝对没有飞行的可能。简单地说，大黄蜂这种生物，根本是不可能飞得起来的。

可是，在大自然中，只要是正常的大黄蜂，却没有一只是不能飞的；甚至于它飞行的速度，并不比其他能飞的动物来得慢。这种现象，仿佛是大自然正在和科学家们开一个很大的玩笑。最后，社会行为学家找到了这个问题的答案。很简单，那就是——大黄蜂根本不懂"生物学"与"空气动力学"。每一只大黄蜂在它成熟之后，就很清楚地知道，它一定要飞起来去觅食，否则就必定会活活饿死！这正是大黄蜂能够飞得那么好的奥秘。

如果你的思维凝滞了，不妨去看看大自然，人在伟大的事物面前才能体会到人生的深邃和世界的神奇。在这个世界上，一切皆有可能，只要始终坚信这样的信念，你就能创造奇迹！

绝不放弃万分之一的成功机会

哪怕只有万分之一的机会，你也不要放弃它。很多人都是借此而脱离困境的，你为什么要放弃上天的恩赐呢？

其实，这个世界并不会偏爱任何一个人，上天对任何人都是公平的，就像爱因斯坦所说的那样："上帝高深莫测，但他并无恶意。"所以，任何一件好事、坏事发生的概率都是一样的，也就是说，如果好事情有可能发生，不管这种可能性多么小，它也是会发生的。

从这个推论中，我们可以得知，成功有时来自很小的机会，当这种机会来临的时候，关键是你是否能够发觉并抓住它。

"不放弃任何一个哪怕只有万分之一可能的机会。"这是著名企业家甘布士的经验之谈。

有一次，甘布士要搭火车去外地，但事先没有买好车票。这时刚好是圣诞前夕，到外地去度假的人很多，因此火车票很难买到。

甘布士夫人打电话到车站询问，答复是全部车票已经卖完，不过如果不怕麻烦的话，可以到车站碰碰运气，看是否有人临时退票。车站还特别强调一句：这种机会或许只有万分之一。

甘布士欣然提着行李赶到车站，可是等了好久，一直没有人退票，甘布士仍然耐心等待。就在火车还有5分钟就要开时，一个女人匆忙来退票，因为她家里有急事，旅行只得改期。于是甘布士如愿以偿，搭上了火车。

到了目的地，甘布士给夫人打了一个长途电话：“我抓住了那只有万分之一的机会，因为我相信，一个不怕吃亏的笨蛋才是真正的聪明人。”

甘布士在生活中正是靠着不放弃万分之一机会的执着，终于在芸芸众生中脱颖而出，从一家制造厂的小技师成为拥有5家百货商店的老板，然后又成为企业界举足轻重的人物。

甘布士的成功经历，的确让人获益匪浅。在通往成功的道路上，处处都有可能被错过的良机。因此我们要像甘布士那样，不怕吃亏，善于把握机会，哪怕是万分之一的机会也不能放弃，并且努力去奋斗，就一定能实现人生的理想。

充满希望就能挖出生命的宝藏

时常把希望放在心头，在困难的环境也不放弃希望，你就可能获得最后的成功。

居里夫人曾经说过："我的最高原则是：不论遇到什么困难，都绝不屈服。"生活中时常会出现不顺的情况，折磨人的逆境在所难免。记住，在任何时候，都不要放弃希望，即使再困难的境况，也要坚持，用希望拥抱心灵，最终你会迎来雨过天晴的那一天。

这是发生在非洲的一个真实的故事。

6名矿工在很深的井下采煤。突然，矿井坍塌，出口被堵住，矿工们顿时与外界隔绝。

大家你看看我，我看看你，一言不发。他们一眼就能看出自己所处的状况。凭借经验，他们意识到自己面临的最大问题是缺少氧气，如果应对得当，井下的空气还能维持最多3个半小时。

外面的人一定已经知道他们被困了，但发生这么严重的坍塌就意味着必须重新打眼钻井才能找到他们。在空气用完之前他们能获救吗？这些有经验的矿工决定尽一切努力节省氧气。他们说好了要尽量减少体力消耗，关掉随身携带的照明灯，全部平躺在地上。

在大家都默不作声、四周一片漆黑的情况下，很难估算时间，而且他们当中只有一人有手表。

所有的人都向这个人提问题：过了多长时间了？还有多长

时间？现在几点了？

时间被拉长了，在他们看来，2分钟的时间就像1小时一样。每听到一次回答，他们就感到更加绝望。

他们当中的负责人发现，如果再这样焦虑下去，他们的呼吸会更加急促，这样会要了他们的命。所以他要求由戴表的人来掌握时间，每半小时通报一次，其他人一律不许再提问。

大家遵守了命令。当第一个半小时过去的时候，这人就说："过了半小时了。"大家都喃喃低语着，空气中弥漫着一股愁云惨雾。

戴表的人发现，随着时间慢慢过去，通知大家最后期限的临近也越来越艰难。于是他擅自决定不让大家死得那么痛苦，他在告诉大家第二个半小时到来的时候，其实已经过了45分钟。

谁也没有注意到有什么问题，因为大家都相信他。在第一次说谎成功之后，第三次通报时间就延长到了1小时以后。他说："又是半小时过去了。"另外5人各自都在心里计算着井下空气还够大家支撑多久，满怀希望地等待着救援。

表针继续走着，每过一小时大家都收到一次时间通报。外面的人加快了营救工作，他们知道被困矿工所处的位置，但是很难在3小时之内救出他们。4小时后，救援人员终于挖通了，6人中有5人还活着。

如果我们相信自己会更进一步，那么，成功的机会就会大一些。当希望站出来时，没有什么能与它抗衡。希望的力量可以让生命绝处逢生。

用信念支撑行动

任何时候，你都不要放弃信念，因为信念能够支撑你的行动，助你战胜任何困难。

我们常把信念看成是一些信条，以为它只能在口中说说而已。但是从最基本的观点来看，信念是一种指导原则和信仰，让我们明了人生的意义和方向，信念是人人可以支取，且取之不尽的；信念像一张早已安置好的滤网，过滤我们所看到的世界；信念也像大脑的指挥中枢，指挥我们的脑子，照着我们所相信的，去看事情的变化。

斯图尔特·米尔曾说过："一个有信念的人，所发出来的力量，不下于99位仅心存兴趣的人。"这也就是为何信念能开启卓越之门的缘故。

若能好好控制信念，它就能发挥极大的力量，开创美好的未来。

可以说，信念是一切奇迹的萌发点。

在诺曼·卡曾斯所写的《病理的解剖》一书中，说了一则关于20世纪伟大的大提琴家之一——卡萨尔斯的故事。这是一则关于信念和更新的故事，你我都能从中得到启示。

他们会面的日子，恰在卡萨尔斯90大寿前不久。卡曾斯说，他实在不忍看那老人所过的日子。他是那么衰老，加上严重的关节炎，不得不让人协助穿衣服；呼吸很费劲，看得出患有肺气肿；走起路来颤颤巍巍，头不时地往前颠；双手有些肿胀，十根手指像鹰爪般地勾曲着。从外表看来，他实在是老态龙钟。

就在吃早餐前，他走近钢琴，那是他最擅长的几种乐器之一。他很吃力地坐上钢琴凳，颤抖地把那钩曲肿胀的手指放到琴键上。

霎时，神奇的事发生了。卡萨尔斯突然像完全变了个人似的，显出飞扬的神采，而身体也开始活动并弹奏起来，仿佛是一位神采飞扬的钢琴家。卡曾斯描述："他的手指缓缓地舒展移向琴键，好像迎向阳光的树枝嫩芽，他的背脊直挺挺的，呼吸也似乎顺畅起来。"弹奏钢琴的念头完完全全地改变了他的心理和生理状态。当他弹奏巴赫的《钢琴平均律》一曲时，是那么纯熟灵巧，丝丝入扣。随之他奏起勃拉姆斯的协奏曲，手指在琴键上像游鱼一样轻快地滑着。"他整个身子像被音乐融解，"卡曾斯写道："不再僵直和佝偻，代之的是柔软和优雅，不再为关节炎所苦。"在他演奏完毕，离座而起时，跟他当初就座弹奏时全然不同。他站得更挺，看来更高，走起路来双脚也不再拖着地。他飞快地走向餐桌，大口地吃着饭，然后走出家门，漫步在海滩的清风中。

这就是信念的力量，一个有着坚强信念的人，即使衰老和病魔也不能打败他。用信念支撑你的行动，就能健步向前，拥有一个充实的人生。

相信自己总有一天会成功

无论如何，都要相信你自己，人不可能永远困顿，只要努力奋斗，你总会有成功的那一天。

人生总会有高低起伏，不会有永远处于低谷的人生，也不会有永远兴盛的家世，处于困顿中的人一样要抱持这样一种信念，要相信自己总有一天会成功。

张海迪1955年出生于山东省文登县，小的时候，她很聪明、活泼。可5岁那年，她突然得了一种奇怪的病，胸部以下完全失去了知觉，生活不能自理了。为了治好病，她不知道做了多少次手术，但最终也没治好她的病。医生们都认为，像张海迪这么小的高位截瘫患者，一般很难活到成年。

面对死神的威胁，小海迪意识到自己的生命很难长久，可是她并没有向命运屈服，她不想成为一名只能依赖家人的废人，她相信，只要自己坚持不懈地努力，自己总有一天会获得成功。为了不虚度光阴，她把每一分每一秒都用在刻苦自学上。

在日记中，她把自己比作天空中的一颗流星。她这样写道："不能碌碌无为地活着，活着就要学习，就要多为群众做些事情。既然我像一颗流星，我就要把光留给人间，把一切奉献给人民。"

1970年，张海迪跟随父母到乡下插队落户。她看到当地群众缺医少药，便萌生了学习医术的想法。她用平时省下来的零用钱买来了医学书籍，努力研读。为了能够识别内脏，她拿一些小动物来做解剖；为了了解人的针灸穴位，她就用自己的身体做实验；她用红笔、蓝笔在身上画满了各种各样的点，在自己的身上练习扎针。她以常人难以想象的坚强的毅力，克服了无数次的困难，终于能够治疗一些常见病和多发病了。

十几年里，张海迪医好了一万多名群众。搬到县城后，由于身体残疾，她没有工作可做，但她并不想让自己成为一个闲人。她从高玉宝写书的经历中得到启示，决定自己也走文学创作的路子，用笔去描绘美好的生活。

经过多年的勤奋写作，张海迪已经成为山东省文联的专业创作人员，她的作品《轮椅上的梦》一经出版，就立刻引起了十分强烈的反响。张海迪有着坚定的人生信念，只要自己认准了的目标，无论前面有多少艰难险阻，都要努力地跨越过去。

一次，一位老

同志拿一瓶进口药，请她帮忙给翻译一下文字说明，可张海迪并不懂英文，看着这位老同志满脸失望地离去，她心里很是不安。从那天开始，她决心学习英文。在学习英文期间，她的墙上、桌上、灯罩上、镜子上乃至手上、胳膊上都写有英语单词。她还给自己定下了任务，每天晚上必须记住10个单词，否则就不睡觉。家里无论来了什么样的客人，只要会一点儿英语的，都成了她学习英语的老师。

几年以后，她不仅可以熟练阅读英文版的报刊和文学作品，而且还翻译了英国长篇小说《海边诊所》。当她将这部译稿交给某出版社的编辑时，那位年过半百的编辑感动得流下了热泪。

是的，每个人都会遇到这样或那样的不顺。这时，你必须保持清醒，坚定地相信自己总有一天会成功。秉持这样的信念，上天就不会辜负你。

人生不会一帆风顺的，即使现在你失意了，也不要自暴自弃，心中永远保存着成功的信念，终有一天你会获得成功。

PART 06

在逆境中不妨微笑

人生没有承受不了的事

人的潜力是惊人的，很多时候，你认为你承受不了的事，往往却能够不费气力地承受下来。人生没有承受不了的事，相信你自己。

你还在为即将到来或正发生在自己身上的不幸而担忧吗？其实，这些困难并不像你想象的那样可怕。只要你勇敢面对，你就能够承受得了。等你适应了那样的不幸以后，你就可以从不幸中找到幸运的种子。

帕克在一家汽车公司上班。很不幸，一次机器故障导致他的右眼被击伤，抢救后还是没能保住，医生摘除了他的右眼球。

帕克原本是一个十分乐观的人，但现在却成了一个沉默寡言的人。他害怕上街，因为总是有那么多人看他的眼睛。

他的休假一次次被延长，妻子艾丽丝负担起了家庭的所有开支，而且她在晚上又兼了一个职。她很在乎这个家，她爱着自己的丈夫，想让全家过得和以前一样。艾丽丝认为丈夫心中的阴影总会消除的，那只是时间问题。

但糟糕的是，帕克的另一只眼睛的视力也受到了影响。在一个阳光灿烂的早晨，帕克问妻子谁在院子里踢球时，艾丽丝惊讶地看着丈夫和正在踢球的儿子。在以前，儿子即使到更远的地方，他也能看到。艾丽丝什么也没有说，只是走近丈夫，轻轻地抱住他的头。

帕克说："亲爱的，我知道以后会发生什么，我已经意识到了。"

艾丽丝的泪就流下来了。

其实，艾丽丝早就知道这种后果，只是她怕丈夫受不了打击而要求医生不要告诉他。

帕克知道自己要失明后，反而镇静多了，连艾丽丝自己也感到奇怪。

艾丽丝知道帕克能见到光明的日子已经不多了，她想为丈夫留下点什么。她每天把自己和儿子打扮得漂漂亮亮，还经常去美容院。在帕克面前，不论她心里多么悲伤，她总是努力微笑。

几个月后，帕克说："艾丽丝，我发现你新买的套裙那么旧了！”

艾丽丝说：“是吗？”

她奔到一个他看不到的角落，低声哭了。她那件套裙的颜色在太阳底下绚丽夺目。她想，还能为丈夫留下什么呢？

第二天，家里来了一个油漆匠，艾丽丝想把家具和墙壁粉刷一遍，让帕克的心中永远有一个新家。

油漆匠工作很认真，一边干活还一边吹着口哨。干了一个星期，终于把所有的家具和墙壁刷好了，他也知道了帕克的情况。

油漆匠对帕克说：“对不起，我干得很慢。”

帕克说：“你天天那么开心，我也为此感到高兴。”

算工钱的时候，油漆匠少算了100元。

艾丽丝和帕克说：“你少算了工钱。”

油漆匠说：“我已经多拿了，一个等待失明的人还那么平静，你告诉了我什么叫勇气。”

但帕克却坚持要多给油漆匠100元，帕克说：“我也知道了原来残疾人也可以自食其力，并生活得很快乐。”

油漆匠只有一只手。

哀莫大于心死，只要自己还持有一颗乐观、充满希望的心，身体的残缺又有什么影响呢？要学会享受生活，只要还拥有生活的勇气，那么你的人生仍然是五彩缤纷的。

人的潜力是无穷的，世界上没有任何事情能够将人的心完全压制。只要相信自己，人生就没有承受不了的事。至于受老板的责骂、受客户的折磨这种小事，你还会在乎吗？

黑暗，只是光明的前兆

不要诅咒目前的黑暗，你所要做的就是做好准备，去迎接光明。

莎士比亚在他的名著《哈姆雷特》中有这样一句经典台词："光明和黑暗只在一线间。"一个人身处黑暗之中，内心的希望之光千万不要因黑暗而熄灭，因为黑暗只是光明来临的前兆而已。

清代有一个年轻书生，自幼勤奋好学。无奈贫困的小村里没有一个好老师，书生的父母决定变卖家产，让孩子外出求学。

这天，天色已晚，书生饥肠辘辘，准备翻过山头找户人家借住一宿。走着走着，树林里忽然蹿出一个拦路抢劫的土匪。书生立即拼命往前逃跑，无奈体力不支再加上土匪的穷追不舍，眼看着就要被追上了，正在走投无路时，书生一急钻进了一个山洞里。山匪见状，不肯罢休，他也追进山洞里。洞里一片漆黑，在洞的深处，书生终究未能逃过土匪的追逐，他被土匪逮住了。一顿毒打自然不能免掉，身上的所有钱财及衣物，甚至包括一把准备为夜间照明用的火把，都被土匪一掳而去了。土匪给他留下的只有一条薄命。

被抢之后，书生和土匪两个人各自分头寻找着洞的出口，这山洞极深极黑，且洞中有洞，纵横交错。

土匪将抢来的火把点燃，他能轻而易举地看清脚下的石块，能看清周围的石壁，因而他不会碰壁，不会被石块绊倒，但是，他走来走去，就是走不出这个洞，最终恶人有恶报，他迷失在山洞之中，力竭而死。

书生失去了火把，没有了照明，他在黑暗中摸索行走得十分艰辛，他不时碰壁，不时被石块绊倒，跌得鼻青脸肿，但是，正因为他置身于一片黑暗之中，所以他的眼睛能够敏锐地感受到洞里透进来的一点点微光，他迎着这缕微光摸索爬行，最终逃离了山洞。

如果没有黑暗，怎么可能发现光明呢？黑暗并不可怕，它只是光明到来之前的预兆。在黑暗中摸索、前行、充满光明的渴望，才是最良好的心态。如果你害怕黑暗，因黑暗而绝望，你将被无边的黑暗所淹没；相反，若你一直在心中点一盏长明灯，光明很快就会降临。

为自己点一盏心灯

无论何时，都要在自己心中点一盏灯，只要心灯不灭，就有成功的希望。

真正的智者，总是站在有光的地方。太阳很亮的时候，生命就在阳光下奔跑。当太阳熄灭，还会有那一轮高挂的明月。当月亮熄灭了，还有满天闪烁的星星。如果星星也熄灭了，那就为自己点一盏心灯吧。无论何时，只要心灯不灭，就有成功的希望。

紫霄未满月就被白发苍苍的奶奶抱回家。奶奶含辛茹苦地把她养到小学毕业，狠心的父母才从外地返家。父母重男轻女，对女儿非常刻薄。她生病时，父母会变本加厉地打骂

她，母亲对她说："我看你就来气，你给我滚，又有河又有老鼠药又有绳子，有志气你就去死。"还残忍地塞给她一瓶"安定"。13岁的小姑娘没有哭，在她幼小的心灵里，萌生了强烈的愿望——她一定要活下去，并且还要活出一个人样来！

被母亲赶出家门，好心的奶奶用两条万字糕和一把眼泪，把她送到一片净土——尼姑庵。紫霄满怀感激地送别奶奶后，心里波翻浪涌，难道自己的生命就只能耗在这没有生气的尼姑庵吗？在尼姑庵，法号"静月"的紫霄得了胃病，但她从不叫痛，甚至在她不愿去化缘而被老尼姑惩罚时，她也不哭不闹。但是叛逆的个性正在潜滋暗长。在一个淅淅沥沥下着小雨的清晨，她揣上奶奶用鸡蛋换来的干粮和卖棺材得来的路费，踏上了西去的列车。几天后，她到了新疆，见到了久违的表哥和姑妈。在新疆，她重返课堂，度过了幸福的半年时光。在姑妈的建议下，她回安徽老家办户口迁移手续。回到老家，她发现再也回不了新疆了，父母要她顶替父亲去厂里上班。

她拿起了电焊枪，那年她才15岁。她没有向命运低头，因为她的心中还有梦。紫霄业余苦读，通过了《写作》《现代汉语》和《文学概论》自学考试。第二年参加高考，她考取了安徽省中医学院。然而她知道由于家庭的原因自己无法实现自己的梦想，大学经常成为她夜梦的主题。

1988年年底，紫霄的第一篇习作被《巢湖报》采用，她看到了生命的一线曙光，她要用缪斯的笔来拯救自己。多少个不眠之夜，她用稚拙的笔饱蘸浓情，抒写自己的苦难与不幸，倾诉自己的顽强与奋争。多篇作品寄了出去，耕耘换来了收获，那些心血凝聚的稿件多数被采用，还获得了各种奖项。1989年，她抱着自己的作品叩开了安徽省作协的大门，成为其中一员。

文学是神圣的，写作是清贫的。紫霄毅然放弃了从父亲手里接过的"铁饭碗"，开始了艰难的求学生涯。因为她知道，仅凭自己现在的底子，远远不能成大器。她到了北京，在鲁迅文学院进修。为生计所迫，生性腼腆的她当起了报童。骄阳似火，地面晒得冒烟，紫霄姑娘挥汗如雨，怯生生地叫卖。天有不测风云，在一次过街时，飞驰而过的自行车把她撞倒了。看着肿得像馒头大小的脚踝，紫霄的第一个反应是这报卖不成了。她没有丧失信心，用几天卖报赚来的微薄的钱补足了欠交的学费，只休息了几天，又一次开始了半工半读的生活。命运之神垂怜她，让她结识了莫言、肖亦农、刘震云、宏甲等作家，有幸亲聆教诲，她感到莫大的满足。

为了节省开支，紫霄住在某空军招待所的一间堆放杂物的仓库里。晚上，这里就成了她的“工作室”，她的灯常常亮到黎明。星期天，她包揽了招待所上百床被褥的浆洗活，有一次她累昏在水池旁，幸遇两位女战士把她背回去，灌了两碗姜汤，她苏醒之后不久，便接着去洗。她的脸上和手上有了和她年龄不相称的粗糙和裂口。

紫霄后来的经历就要“顺利”得多。随文怀沙先生攻读古文、从军、写作、采访、成名，这一切似乎顺理成章，然而这一切又不平凡。她是一个坚强的女子，是一个不向困难俯首称臣的不屈的奇女子。她把困难视作生命的必修课，而她得了满分。

“一个人最大的危险是迷失自己，特别是在苦难接踵而至的时候……命运的天空被涂上一层阴霾的乌云，她始终高昂那颗不愿低下的头。因为她胸中有灯，它点燃了所有的黑暗。”一篇采访紫霄的专访在题词中写了这样的话，在主人公心中，那盏灯就是自己永远也未曾放弃过的希望。

一个人无论有多么不幸、有多么难，那盏心灯一定会为你指引前进的方向。

厄运不会长久

厄运的最大弱点就是它不会长久，因此，当你正遭受厄运的打击时，一定要相信，幸福很快就会来临。

一位名人说过：“没有永久的幸福，也没有永久的不幸。”厄运虽然令人忧愁、令人不快，甚至打击一个人几年、十几年，但厄运也有它的“致命弱点”，那就是它不会持久存在。

那些在生活中接二连三遭受打击的人，不要总是哀叹自己“命运不济”，你一定要相信——厄运不久就会远走，转运的一天迟早会到来。

宾夕法尼亚州匹兹堡有一个女人，她已经35岁了，过着平静、舒适的中产阶层的家庭生活。但是，她突然连遭四重厄运的打击：丈夫在一次事故中丧生，留下两个小孩；没过多久，一个女儿被烤面包的油脂烫伤了脸，医生告诉她孩子脸上的伤疤终生难消，女人为此伤透了心；她在一家小商店找了份工作，可没过多久，这家商店就关门倒闭了；丈夫给她留下一份小额保险，但是她耽误了最后一次保费的续交期，因此保险公司拒绝支付保费。

碰到一连串不幸事件后，女人近于绝望。她左思右想，为了自救，她决定再做一次努力，尽力拿到保险补偿。在此之前，她一直与保险公司的下级员工打交道。当她想面见经理时，一位多管闲事的接待员告诉她经理出去了。她站在办公室门口无所适从，就在这时，接待员离开了办公桌。机会来了。她毫不犹豫地走进里面的办公室，结果看见经理独自一人在那里。经理很有礼貌地问候了她，她受到了鼓励，沉着镇静地讲述了索赔时碰到的难题。经理派人取来她的档案，经过再三思索，决定以德为先，给予赔偿，虽然从法律上讲公司没有承担赔偿的义务，但工作人员按照经理的决定为她办了赔偿手续。

但是，由此引发的好运并没有到此中止。经理尚未结婚，对这位年轻寡妇一见倾心。他给她打了电话，几星期后，他为寡妇推荐了一位医生，医生为她的女儿整容，脸上的伤疤被清除干净；经理通过在一家大百货公司工作的朋友给寡妇安排了一份工作，这份工作比以前那份工作好多了。不久，经理向她求婚。几个月后，他们结为夫妻，而且婚姻生活相当美满。

这个故事很好地阐释了厄运的“寿命”，厄运不会长久，幸福随时都会来临。

易卜生说：“不因幸运而故步自封，不因厄运而一蹶不振。真正的强者，善于从顺境中找到阴影，从逆境中找到光亮，时时校准自己前进的目标。”

任何时候，都不要因厄运而气馁，厄运不会时时伴随你，阴云之后的阳光很快就会来临。

给自己树一面旗帜

无论现状有多么困难，都要给自己树一面旗帜，至少你有了一个前进的方向。

人生到底是喜剧收场还是悲剧落幕，是轰轰烈烈的还是无声无息的，就全在于这个人到底持有什么样的信念。信念就像指南针和地图，指出我们要去的目标。没有信念的人，就像少了马达缺了舵的汽艇，不能动弹一步。所以在人生中，必须得有信念的引导，它会帮助你看到目标，鼓舞你去追求，创造你想要的人生。

很多时候，人们的理想和目标就如同一面在风中高高飘扬的旗帜，它指引着人们前进的方向。

罗杰·罗尔斯是美国纽约州历史上第一位黑人州长，他出生在纽约声名狼藉的大沙头贫民窟。这里环境肮脏，充满暴力，是偷渡者和流浪汉的聚集地。在这儿出生的孩子，耳濡目染，他们之中很多人从小就逃学、打架、偷窃，甚至吸毒，长大后很少有人从事体面的职业。然而，罗杰·罗尔斯是个例外，他不仅考入了大学，而且成了州长。在就职记者招待会上，一位记者对他提问："是什么把你推向州长宝座的？"面对300多名记者，罗尔斯对自己的奋斗史只字未提，只谈到了他上小学时的校长——皮尔·保罗。

1961年，皮尔·保罗被聘为诺必塔小学的董事兼校长。当时正值美国嬉皮士文化流行的时代，他走进大沙头诺必塔小学的时候，发现这儿的穷孩子比"迷惘的一代"还要无所事事。他们不与老师合作，旷课、斗殴，甚至砸烂教室的黑板。皮尔·保罗想了很多办法来引导他们，可是没有一个是有效的。后来他发现这些孩子都很迷信，于是在他上课的时候就多了一项内容——给学生看手相。他用这个办法来鼓励学生。

当罗尔斯从窗台上跳下，伸着小手走向讲台时，皮尔·保罗说："我一看你修长的小拇指就知道，你将来是纽约州的州长。"当时，罗尔斯大

吃一惊，因为长这么大，只有他奶奶让他振奋过一次，说他可以成为5吨重的小船的船长。这一次，皮尔·保罗先生竟说他可以成为纽约州的州长，着实出乎他的意料。他记下了这句话，并且相信了它。

从那天起，“纽约州州长”就像一面旗帜指引着罗尔斯，他的衣服不再沾满泥土，说话时也不再夹杂污言秽语。他开始挺直腰杆走路，在以后的40多年间，他没有一天不按州长的身份要求自己。51岁那年，他终于成了州长。

信念的力量就这样神奇，如果我们也能像罗尔斯那样，为自己树一面旗帜，成功也不会离自己太远。

她从北京101中学来到云南边疆一个叫“蚂蟥堡”的地方。

她们住的房子是队里盖的马棚，只有顶，没有墙。人们用竹篱笆将马棚围了起来，放了几张床，两两相依，初到时，要看书写字，就只能搬个小板凳放在床前。

有一天，一位室友收到了家中的来信。她看完后告诉她们，美国人登上月球了。据说全世界都进行了实况转播，但她们没有收音机（在那个年代，收音机算是奢侈品），几个月后才知道这个消息。她们该做什么呢？能做什么呢？空担着一个“知识青年”的虚名，多数人只懂得一元一次方程式，到现在这个地方，很多原来能做的事也做不成了。种种希望和理想，似乎像射进篱笆墙的阳光碎成了星星点点，聚不起来了。

她在苦闷中度过了几个月后，不再困惑，她找到了她的信念，她把自己充实起来。她很少浪费时间，除了劳动就是钻研，时间安排得很紧。当然，不是为了上月球，也不是为了想进大学，而只是希望让科学在生活中起些作用。她不过是个苗圃工，却读完了农大的好几门课。她苦读医书，在自己身上练会了针灸，治好过好几个病人。她动手建小气象站，自己动手做百叶箱，立风向杆，养蚂蟥，半夜起来记录温度……为了学习专业知识，她同时也学习基础知识，从一元一次方程到微积分，从A、B、C学习到阅读英文书籍，从“老初一”提高到了大学水平。

1973年，一批科技期刊恢复出版，她到邮局订了所有能订的期刊，用掉了一个月的收入。她的衣服却是补了又补，鞋子也缝了又缝。她这种对科学的执着和钻研的顽强意志，在过去和现在都是她有力的人生支持之一。专注于科学，专注于诚实的、有益的工作，使她有了更多的勇气战胜懈怠、软弱和虚荣心。后来她成了上海交大的研究生。

信念的力量是无穷的，很多人不能获得成功，往往就因为他们没有信念，或者他们的信念并不扎实。苏联的哥罗连科曾说过：“信念是储备品，行路人在破晓时带着它登程，但愿他在日暮以前足够使用。”但信念并不是到处去寻找顾客的产品营销员，它永远也不会主动地去敲你的大门。因此，一个想成功的人必须主动地为自己树一面信念的旗帜，让它在远方随风飘扬，引导着你一步步走向成功。

失意不可失志

每个人都会有失意事，包括事业上的失意、情感上的失意、家庭上的失意。

失意事本就是一种痛苦，搁在心里不找人倾诉更是痛苦。据说，把失意事摆在心里还会造成心理的疾病，所以找人倾诉也是好的。可是根据前人的经验，失意事还是不要轻易吐露比较好。

吐露失意事，不管是主动吐露还是被动吐露，都有很多副作用。

1. 无意中塑造了自己无能、软弱的形象。虽然每个人都会有失意事，但如果你在吐露失意事时，别人正在得意，那么别人会直觉地认为你是个无能或能力不足的人，要不然为什么“失意”。嘴巴虽然不说出来，但心里多少会这样想。而且失意事一讲，有时会因情绪失控而一发不可收拾，造成别人的尴尬，这才是最糟糕的一件事。如果你的失意情绪引来别人的安慰，温暖固然温暖，但你却因此而变成一个“无助的孩子”，别人的评语是：“唉，真可怜！”

2. 别人对你的印象分数会打折扣。很多人凭印象来给别人打分数，一般来说，自信、坚定的人所获得的印象分数会比较高，如果他还是个事业有成的人，那么更会获得“尊敬”，这是人性，没什么道理好说。如果你的失意让别人知道了，他们会下意识地在分数表上给你扣分，本来你是80分，这样一下子就不及格了，而他们对你的态度也会很自然地转变，由尊敬、热情而变得不屑、冷淡。

3. 形成失败者的形象。你的失意事如果说得次数太多，或是经听者的传播，让你的朋友都知道了，那么别人会为你贴上一个标签：“失败者！”当别人谈到你时，便会想到这些事。

在现实的社会里，失败者只能自己创造机会，别人是吝于给你机会的。尤其传言很可怕，明明小失意也会被传成大失败，这都会对你的未来人生造成或大或小的阻碍，谁管你是怎么失意的，而失意的实情又是如何。

并不是说“失意事”要闷在心里，但要谈你的失意事必须看时机、看对象。吐露失意事需要注意两点：

1. 只能对好朋友说。好朋友了解你，你的坚强、软弱，优点、缺点他都知道，跟这种朋友说才能“确保安全”。至于初见面的人、普通朋友，一句也不可说。

2. 只能在得意时说。失意时谈失意事，别人会认为你是弱者；得意时谈失意事，别人会认为你是勇者，并由衷地从心里涌出对你的敬意。而你由失意而得意的历程，他们甚至还会当成励志的教材，这又比一辈子平顺、得意的人“神气”。

第二篇

感谢事业中折磨你的人

PART

01

每个人都需要
一个伟大的梦想

突破自我，就能突破人生的瓶颈

突破自我在某种意义上说就是一种精神的升华，只要你能突破自我，你就突破了人生的瓶颈，更上一层楼。

很多人都喜欢看武侠小说，小说中经常会有一些练武的人在某一时刻终于打通了任督二脉，武学就上升到另一种境界。这是一种很好的象征，一个人只要突破自我，他的人生就能上升到另一种境界。

有一位年轻人去找心理医生，他对大学毕业之后何去何从感到彷徨。他向医生倾诉诸多的烦恼：没有考上研究生，不知道自己未来的发展方向；女朋友将去一个人才云集的大公司，很可能会移情别恋……

医生让他把烦恼一个个写在纸上，判断其是否真实，一并将结果也记在旁边。

经过实际分析，年轻人发现其实自己真正的困扰很少，他看看自己那张困扰记录，不禁说："无病呻吟！"医生注视

着这一切，微微对他点头。于是，医生说：“你曾看到过章鱼吗？”年轻人茫然地点点头。

“有一只章鱼，在大海中本来可以自由自在地游动，寻找食物，欣赏海底世界的景致，享受生命的丰富情趣。但它却找了个珊瑚礁，然后动弹不得，呐喊着说自己陷入了绝境，你觉得如何？”医生用故事的方式引导他思考。他沉默一下说：“您是说我像那只章鱼？”年轻人自己接着说：“真的很像。”

于是，医生提醒他：“当你陷入烦恼的习惯性反应时，记住你就好比那只章鱼，要松开你的八只手，让它们自由游动。系住章鱼的是自己的手臂，而不是珊瑚礁的枝丫。”

很多人都会像故事中的年轻人一样，无端地从内心生出诸多烦恼。其实，就像心理医生所说的一样，很多烦恼都是由章鱼自己的手所造成的，只要松开手，就能在水中自由游动。

在生活中，做每一件事，都有两道墙会出现在前方：一道是外显的墙，那是关于整个外部大环境的围墙；另一道是内隐的墙，这是我们心中自我设限的围墙。而决胜的关键往往在于我们心中的那一道墙。

很多人花费许多力气去找寻无法成功的原因，其实自我设限就是主因，因此人们常说：“自己是自己最大的敌人。”想要步向成功，自己就必须往前跨出步伐，勇于突破并且超越现状。

突破自我围墙最重要的一点就是面对现实，确实地了解自我并认清环境，在自我与环境中摸索出突破的方向，这必须列为最优先的考虑方向。

同时，审视自我优势、加强自我优势，当优势获得高度发挥后，你就会愈做愈有信心，成就感随之而来，你会愈来愈喜欢，做事的活力源源不绝而出。如此，当你遇到困难，不但不退缩，反而更能激起热情，愿意努力突破。

人们常常会怀疑，那些功成名就者为什么能够成功呢？事实上，成功的背后必然有其一定的原因。有些人看起来反应慢、不聪明，但他们知道自己的优势在何处，能够远离那不属于自己的领域，坚守、专注于自己的优势，所以他们最终能够成就事业，这并不是一件容易做到的事。

专注在自己认定有意义的事上，透析自我与环境，加强自我优势，建立自信心，就能突破自我围墙，步向成功！

带着梦想上路

有梦想就有希望。把梦想的翅膀张开，希望之门就会在不远处为我们打开。带着梦想上路，梦想就会变成一股神奇的力量，引导并催促着我们马不停蹄地前行。

梦想能激发人的潜能。心有多大，舞台就有多大。人是有潜力的，当我们抱着必胜的信心去迎接挑战时，我们就会挖掘出连自己都想象不到的潜能。如果没有梦想，潜能就会被埋没，即使有再多的机遇等着我们，也会错失良机。

这是一个流传在日本的故事，说的是一个叫田中和一个叫吉野的人，他们都是老实巴交的渔民，却都梦想着成为大富翁。

有一天晚上，田中做了一个奇怪的梦，梦见在对岸的岛上有一座寺，寺里种着49棵树，其中的一棵开着鲜艳的红花，花下埋着一坛闪闪的黄金。田中便满心欢喜地驾船去了对岸的小岛，岛上果然有座寺，并种有49棵树。此时已是秋天，田中便住了下来，等候春天的花开。肃杀的隆冬一过，树上便开满了鲜花，但都是清一色的淡黄，田中没有找到开红花的一株，寺里的僧人也告诉他从未见过哪棵树开红花。田中便垂头丧气地驾船回到村庄。

后来，吉野知道了这件事，他劝田中再坚持一个冬天，田中退却了，于是他就用几文钱向田中买下了这个梦。吉野也驾船去了那个岛，也找到了那座寺，又是秋天了，吉野没有回去，他住下来等待第二年的春天。第二年春天，树花凌空怒放，寺里一片灿烂。奇迹就在此时发生了：果然有一棵树开出美丽绝伦的红花，吉野激动地在树下挖出一坛黄金。后来，吉野成了村庄里最富有的人。

这个奇异的传说，已在日本流传了近千年。今天的我们为田中感到遗憾：他与富翁的梦想只隔一个冬天，他忘了把梦带入第二个灿烂花开的春天，而那些足可令他一世激动的红花就在第二个春天盛开了！吉野无疑是个执着的人：他相信梦想，并且等待第二个春天！

有了梦想，你还要坚持下去，如果你半途而废，那和没有梦想的人也就没有区别了。

如果你能够不遗余力地坚持，没有什么可以阻止你梦想的实现。

派蒂·威尔森在年幼时就被诊断出患有癫痫。她的父亲吉姆·威尔森习惯每天晨跑，有一天派蒂兴致勃勃地对父亲说：

“爸爸，我想每天跟你一起慢跑，但我担心中途会病情发作。”

她父亲回答说：“万一你发病，我也知道该如何处理。我们明天就开始跑吧。”

于是，十几岁的派蒂就这样与跑步结下了不解之缘，和父亲一起晨跑是她一天之中最快乐的时光。跑步期间，派蒂的病一次也没发作。

几个礼拜之后，她向父亲表达了自己的心愿：“爸爸，我想打破女子长距离跑步的世界纪录。”她父亲替她查了吉尼斯世界纪录，发现女子长距离跑步的最高纪录是80英里（约129千米）。

当时，读高一的派蒂为自己订立了一个长远的目标：“今年我要从橘县跑到旧金山（约644千米）；高二时，要到达俄勒冈州的波特兰（约2414千米）；高三时的目标在圣路易市（约3218千米）；高四则要向白宫前进（约4827千米）。”

虽然派蒂的身体状况与他人不同，但她仍然满怀热情与理想。对她而言，癫痫只是偶尔给她带来不便的小毛病，她不因此消极畏缩，相反，她更珍惜自己已经拥有的。

高一时，派蒂穿着上面写着“我爱癫痫”的衬衫，一路跑到了旧金山。她父亲陪她跑完了全程，做护士的母亲则开着旅行拖车尾随其后，照料父女两人。

高二时，她身后的支持者换成了班上的同学。他们拿着巨幅的海报为她加油打气，海报上写着：“派蒂，跑啊！”但在这段前往波特兰的路上，她扭伤了脚踝。医生劝告她立刻中止跑步：“你的脚踝必须上石膏，否则会造成永久的伤害。”

她回答道：“医生，你不了解，跑步不是我一时的兴趣，而是我一辈子的至爱。我跑步不单是为了自己，同时也是要向所有人证明，身有残缺的人照样能跑马拉松。有什么方法能让我跑完这段路？”

医生表示可用黏合剂先将受损处接合，而不用上石膏。但他警告说，这样会起水泡，到时会疼痛难耐。派蒂二话没说便点头答应。

派蒂终于来到波特兰，俄勒冈州州长还陪她跑完最后1英里（约1609米）。一面写着红字的横幅早在终点等着她：“超级长跑女将，派蒂·威尔森在17岁生日这天创造了辉煌的纪录。”

高中的最后一年，派蒂花了4个月的时间，由西海岸长征到东海岸，最后抵达华盛顿，并接受总统召见。她告诉总统：“我想让其他人知道，癫痫患者与一般人无异，也能过正常的生活。”

梦想是前进的指南针。因为心中有梦想，我们才会执着于脚下的路，坚定自己的方向不回头，不会因为形形色色的诱惑而迷失方向，更不会被前方的险阻而吓退。

没有什么可以阻止理想的实现，困难不可以，病痛同样不可以。因为只要你做好了必要的准备，你的潜能就会充分发挥出来。

穷人最缺少什么

穷人最缺少的并不是钱，而是成功的欲望和野心，只要你时刻保持成功的欲望和野心，最终，你会从穷人堆中脱颖而出。

穷人最缺少什么？很多人都会这样回答："穷人最缺少钱。"是的，穷人是缺钱，但穷人最缺少的是钱吗？

如果你现在过着贫穷的生活，你就应该深思这个问题。

巴拉昂是一位年轻的媒体大亨，以推销装饰肖像画起家，在不到10年的时间里，迅速跻身于法国前50位大富翁之列，1998年因前列腺癌在法国博比尼医院去世。临终前，他留下遗嘱，把他4.6亿法郎的股份捐献给博比尼医院，用于前列腺癌的研究，另有100万法郎作为奖金，奖给揭开贫穷之谜的人。

巴拉昂去世后，法国《科西嘉人报》刊登了他的遗嘱。他说："我曾是一个穷人，去世时却是以一个富人的身份走进天堂的。在跨入天堂的门槛之前，我不想把我成为富人的秘诀带走，现在秘诀就锁在法兰西中央银行我的一个私人保险箱内，保险箱的三把钥匙在我的律师和两位代理人手中。谁若能通过回答穷人最缺少的是什么而猜中我的秘诀，他将能得到我的祝贺。当然，那时我已无法从墓穴中伸出双手为他的睿智欢呼，但是他可以从那只保险箱里荣幸地拿走100万法郎，那就是我给予他的掌声。”

遗嘱刊出后，《科西嘉人报》收到大量信件，有的骂巴拉昂疯了，有的说《科西嘉人报》为提升发行量在炒作，但是多数人还是寄来了自己的答案。

大部分人认为，穷人最缺少的是金钱。穷人还能缺少什么？当然是钱了，有了钱，就不再是穷人了。有一部分人认为，穷人最缺少的是机会。一些人之所以穷，就是因为没遇到好时机，股票疯涨前没有买进，股票疯涨后没有抛出，总之，穷人都穷在背时上。另一部分人认为，穷人最缺少的是技能。现在能迅速致富的都是有一技之长的人，一些人之所以成了穷人，就是因为学无所长。还有的人认为，穷人最缺少的是帮助和关爱。每个党派在上台前，都曾给失业者大量的许诺，然而上台后真正关爱他们的又有几个？另外还有一些其他答案，比如：是漂亮，是皮尔·卡丹外套，是《科西嘉人报》，是总统的职位，是沙托鲁城生产的铜夜壶，等等。总之，答案五花八门，应有尽有。

巴拉昂逝世周年纪念日，他的律师和代理人按巴拉昂生前的交代在公证部门的监督下打开了那只保险箱。在48561封来信中，有一位叫蒂勒的小姑娘猜对了巴拉昂的秘诀。蒂勒和巴拉昂都认为穷人最缺少的是野心。

在颁奖之日，《科西嘉人报》带着所有人的好奇，问年仅

9岁的蒂勒，为什么会想到是野心，而不是其他的。蒂勒说："每次，我姐姐把她11岁的男朋友带回家时，总是警告我说：'不要有野心！不要有野心！'我想，也许野心可以让人得到自己想得到的东西。"

巴拉昂的谜底和蒂勒的回答见报后，引起不小的震动，这种震动范围甚至超出法国，波及英美。不久后，一些好莱坞新贵和其他行业几位年轻的富翁就此话题接受电台的采访时，都毫不掩饰地承认，野心是永恒的特效药，是所有奇迹的萌发点。某些人之所以贫穷，大多是因为他们有一种无可救药的缺点，即，缺乏野心。

很多人终其一生都生活在贫困的边缘，不能自拔。其原因就在于他们已经默认贫穷，从来就不思改变，把贫穷的折磨当成一种必然来对待。这些人真的是没有出路的人。

贫穷是一种思想病！因此你必须建立这种观念：有了"我想要"，才会有"我得到"。欲望是财富的原动力。

别让赚钱成为你人生的唯一目标

人生可以有许多追求，如果你狭隘地将人生的追求设置为赚钱，那你人生的底蕴必定会非常单薄。

在很多人的心目中，一个成功的人，就是一个能够赚钱的人。金钱成为衡量一个人成功与否的标准。

其实，人生的追求可以有很多选择，成功的方式也多种多样，最成功的人不一定是最能赚钱的人，能赚钱的人也不一定非常成功。总之，不要把赚钱当成你人生的唯一目标。

一位在纽约华尔街附近一间餐馆打工的中国MBA留学生，每一天下班后总是对着餐馆大厨老生常谈地发誓说：“看着吧，总有一天我会打入华尔街。”大厨侧过脸来好奇地询问他：“你毕业后有什么设想？”中国留学生答道：“当然是马上进跨国公司，前途和钱途就有保障了。”大厨又说：“我没问你的前途和钱途，我问的是你将来的工作志趣和人生志趣。”留学生一时语塞。

大厨叹口气嘟囔道：“要是继续经济低迷，餐馆歇业，我就只好去当银行家了。”中国留学生差点惊了个跟头，他觉得不是大厨精神失常，就是自己耳朵幻听。眼前这位自己一向视为大老粗的人，跟银行家岂能扯得上关系？大厨盯着惊呆了的留学生解释说：“我以前就在华尔街的银行里上班，日出而作，日落却无法休息，每天都是午夜后才回家，我终于厌烦了这种劳苦生涯。我年轻的时候就喜欢烹饪，看着亲友们津津有味地品尝我做的美食，我便乐得心花怒放。一次午夜两点多钟，我办完了一天的公事后，在办公室里嚼着令人厌恶的汉堡包时，我就下决心辞职去当一名专业美食

家，这样不仅可以满足挑剔的肠胃，还有机会为众人献艺。”

工作为了什么？仅仅是钱吗？那将付出令人厌恶的代价。为了志趣工作，收获的金钱可能少一点，但同时收获到了无法用金钱估价的乐趣。那位餐馆大厨的话的确发人深省。

危机才能催生奇迹

危机有时就是奇迹的开端，因此，遇到危机也不要太慌乱。

“镜子碎了”，你还有机会吗？很多人也许就此悲观失落下去了。其实，镜子碎了，也隐藏着机会，因此，你绝不能气馁。

有这样一个传说，很久以前，在波斯王国，当时执政的国王叫沙阿，他很想按照法国模式建一个宫殿，其中要造一个像凡尔赛宫中一样的、壁上嵌满镜子的大厅。

当装满镜子的箱子运到时，建筑师亲手打开了第一个箱子，发现那些非常高大的大镜子全打碎了；他又打开第二只箱子，也是碎的；第三只、第四只……所有箱子里的玻璃镜都碎掉了！沙阿国王的愿望似乎实现不了了。

看到这种情况，建筑师起先也感到绝望。但他最终想出了办法，拿起锤子把所有的镜子都敲成一个个小小的碎片，这样就可以连柱子上也嵌上玻璃镜子了。当宫殿完工后，这个镜子大厅甚至比凡尔赛宫的原型更漂亮，沙阿国王高兴极了。

别为打碎的镜子哭泣，逆境有的时候也会变成机会，主要在于你的态度。别跟自己过不去，在逆境中微笑一下，打碎的镜子中也藏着机会。

PART

02

你没理由
继续埋没自己

把自己放在最低处

人的精神境界要高，越高越好，但人的行动及现实生活要尽量放低，因为只有低到最低处，你向上的势能才更大更足。

很多人的工作糟糕得一塌糊涂，但却想维持一种有格调的小资生活，甚至是贵族生活，这种情形造成的后果是他的经济情况越来越糟糕，最后达到崩盘的地步。

每个人在踏入社会之后，都必须看清自己的现状，权衡自己的经济条件，若一味盲目地拔高自己的生活及地位，最终只能导致跌得更惨的后果。聪明人都知道，要把自己放在最低处。

有一家公司，老板是位广东人，对下属非常厉害，从不给一个笑脸，但也是个说一不二的人，该给你多少工资、奖金，不会少你一分，下属都拼命地工作。

公司有个规定，不准相互打听别人得多少奖金，否则“请你走好”。虽然很不习惯，员工还是一直遵守着，努力克制着从小就养成的好奇心。有一个月，大家都发现自己的奖金少了一大截，开始不说，但情绪总会流露出来，渐渐地，大家都心照不宣了。

那天中午，吃工作餐的时候，大家见老板不在公司，就有人摔盆砸碗发脾气，很快得到众人的响应，一时间抱怨声盈室。

有一位到公司不久的中年妇女，一直安安静静地吃饭，与热热闹闹的抱怨太不相称了，这引起了大家的注意。

他们问她，难道你没有发现你的奖金被老板无端扣掉一部分吗？她说没有，整个餐厅一下子安静下来，每个人都一脸的疑惑，每个人都在心里揣摩：人人都被扣了，为何她得以逃脱？不久，她被提升了，他们又嫉妒又羡慕，她的工资高出一大截，还有奖金。

很久以后，大家才知道她是被扣得最多的一个，她描述自己当时的心情，的确没有装蒜，而是这样想的：这个月我一定做得不好，所以才只配拿这份较少的奖金，下个月一定努力。为何别的人没有这样的想法呢？她是这样分析的：那时她工作近20年的工厂亏损得已很厉害，常常发不出工资，她实在没办法，因为家庭负担太重，上有生病的老人，下有读书的孩子，还有因车祸落下残疾的丈夫，于是就出来打工了，收入比起以前的工资来要高出几百元，这让她喜出望外，非常珍惜这份工作，甚至有一种感激的心情。

后来，许多人离开了那家公司，跳了几次槽，却都没有得到一份满意的工作。但是，她一直固守在那儿，已经当上了经理助理，成为白领丽人。谁能想到几年前，她不过是人到中年的下岗女工呢？

做人做事都不能太浮躁，这样才能清楚地衡量自己，主动把握自己的人生。

人生处于低潮，那就让自己从谷底开始吧！脚踏实地地爬坡，这样的人终有一天会登上人生的顶峰。把自己放在最低处，你的人生更容易获得成功。

再等下去，你就变成化石了

如果你已经决定改变你的现状了，那就不要再等下去，立即行动起来，向你的目标进发。

人生要想成功，就要一点一滴地奠定基础。先给自己设定一个切实可行的目标，确实达到之后，再迈向更高的目标。

那就别再瞻前顾后地等待了，现在就动手，马上行动吧！

有个农夫新购置了一块农田，可他发现在农田的中央有一块大石头。

“为什么不把它搬走呢？”农夫问卖主。

“哦，它太大了。”卖主为难地回答说。

农夫二话没说，立即找来一根铁棍，撬开石头的一端，意外地发现这块石头的厚度还不及一尺，农夫只花了一点点时间，就将石头搬离了农田。

也许，在一开始的时候，你会觉得坚持“马上行动”这种态度很不容易，但最终你会发现这种态度会成为你个人价值的一部分。而当你体验到他人的肯定给你的工作和生活所带来的帮助时，你就会坚持不懈地运用这种态度。

人都会走入误区，一提到成功就想到开工厂、做生意。这一想法如不突破，就抓不住许多在他看来不可能的新机遇。真正想一想，成功与失败、富有与贫穷只是因为当初的一念之差。很多有钱人，当初带几千元杀进股市几年后便成了百万富翁；当初只花几百元去摆地摊，10年后就变成了大老板。可是有人说，如果我当初做，会比他们赚钱更多。不错，你的能力比他强，你的资金比他多，你的经验或许比他足，可是就是这当初一念之差，你的观念决定了你当初不去做。不去做的观念决定了你10年后的今天还是个穷人，不同的观念导致了不同的人生。

有人面对一个来之不易的好机会总是拿不定主意，于是去问其他人，问了10人肯定有9人说不能做，于是放弃了。其实你不知道机遇来源于新生事物，而新生事物之所以新就是因为90%的人还不知道、不了解，等90%的人知道了就不再是新生事物。就拿一个好机会来说，你问10个人，很可能10个人都摇头，但再过一段时间，这10个人点头时，这个市场就已

经开始饱和了！多数人不了解时叫“机会”；多数人都认可时叫“行业”；永远不认可的叫“消费者”，也叫“贫困户”。

第一批下海经商的人——富了，第一批买原始股的人——富了，第一批买地皮的人——富了。他们富了，因为他们敢于在大多数人还在犹豫不决的时候就做出了实际行动。先行一步，抢得商机，占领了市场。今天，面对某些新生事物，在很多人还不了解的时候，你开始行动，便抢得了商机，占领了市场的制高点。不要再等下去了，要想改变现状，就马上行动，你就会获得成功。

勇气有时就是咬咬牙

自卑与怯懦永远无法开启成功的大门。

你觉得人生没有希望了吗？当我们在习惯性地发完牢骚以后，试想一下，我们能从中得到些什么呢？

有位哲人说过：“什么是路？就是从没路的地方践踏出来的，从只有荆棘的地方开辟出来的。”既然人生如此不如意，那就鼓起你的勇气，去开辟一条道路。不要把勇气想得多伟大、多高尚，其实，现实生活中的勇气有时就在于你是否能够咬咬牙。

听说英国皇家学院张榜公开为大名鼎鼎的教授甘布士选拔科研助手，这让年轻的书籍装订工人法拉第激动不已，他赶忙到选拔委员会报了名。但在选拔考试的前一天，法拉第被意外通知，取消他的考试资格，因为他只是一个普通工人。

法拉第愣了，他气愤地赶到选拔委员会。但委员们傲慢地嘲笑说：“没有办法，一个普通的装订工人想到皇家学院来，除非你能得到甘布士教授的同意！”

法拉第犹豫了。如果不能见到甘布士教授，自己就没有机会参加选拔考试。但一个普通的书籍装订工人要想拜见大名鼎鼎的皇家学院教授，他会理睬吗？

法拉第顾虑重重，但为了自己的人生梦想，他还是鼓足勇气站到了甘布士教授家的大门口。教授家的门紧闭着，法拉第在教授家门前徘徊了很久。终于，教授家的大门被一颗胆怯的心叩响了。

屋里没有声响，当法拉第准备再次叩门的时候，门却“吱呀”一声开了。一位面色红润、须发皆白、精神矍铄的老者正注视着法拉第。“门没有闩，请你进来。”老者微笑着对法拉第说。

“教授家的大门整天都不闩吗？”法拉第疑惑地问。

“为什么要闩上呢？”老者笑着说，“当你把别人闩在门外的时候，也把自己闩在了屋里。我才不当这样的傻瓜呢！”他就是甘布士教授。他将法拉第带到屋里坐下，聆听了这个年轻人的诉说和要求后，写了一张纸条递给法拉第：“年轻人，你带着这张纸条去告诉委员会的那帮人，说甘布士老头儿同意了。”

经过严格而激烈的选拔考试，书籍装订工法拉第出人意料地成了甘布士教授的科研助手，走进了英国皇家学院那高贵而华美的大门。

就像很多成功的人一样，法拉第之所以能够从一位书籍装订工一跃而成为甘布士教授的助手，就在于他在机会的门前鼓起了勇气，敲响了大门。而那勇气，也就是他在想放弃的一瞬间咬了咬牙。

我们常常因为自己的出身、境遇而深感自卑，认为机会不可能垂青我们，始终没有勇气与命运抗争。然而，勇气使人强大，充满勇气的人敢于坚持自己的人生梦想，自信自强，意志坚定，最终能叩响成功之门。

做自己命运的主宰

做自己命运的主宰，才能真正把握自己的人生，并将胜利的天平向自己倾斜。

我们应该做命运的主人，而不应由命运来折磨摆布我们。西方哲学家蓝姆·达斯曾讲过一个真实的故事。一个因病而仅剩下数周生命的妇人，一直将所有的精力都用来思考和谈论死亡有多恐怖。

以安慰垂死之人著称的蓝姆·达斯当时便直截了当地对她说："你是不是可以不要花那么多时间去想死，而把这些时间用来活呢？"

他刚对她这么说时，那妇人觉得非常不快。但当她看出蓝姆·达斯眼中的真诚时，便慢慢地领悟到他话中的含义。

"说得对！"她说，"我一直忙着想死，完全忘了该怎么活了。"

一个星期之后，那妇人还是过世了。她在死前充满感激地对蓝姆·达斯说：“过去一个星期，我活得要比前一阵子丰富多了。”

你为什么要把命运交给别人掌控呢？自己去掌舵，生命才会更精彩。

在某大学入学教育的第一堂课上，年近花甲的老教授向学生们提了这样一个问题：“请问在座的各位，你们从千里之外考到这所院校，独自一人到学校报名的同学请举手。”举手者寥寥无几，且大多都是从农村来的。教授接着说：“由父母亲自送到学校接待点的请举手。”大教室里近百双手齐刷刷地举了起来。教授摇摇头，笑了笑，给学生们讲了这样一个故事。

一个中国留学生，以优异的成绩考入了美国的一所著名大学，由于人生地不熟，思乡心切加上饮食生活等诸多的不习惯，入学不久便病倒了。更为严重的是由于生活费用不够，他的生活甚为窘迫，濒临退学。给餐馆打工一小时可以挣几美元，他嫌累不干，几个月下来他所带的费用所剩无几，学校放假时他准备退学回家。回到故乡后在机场迎接他的是他年近花甲的父亲。当他走下飞机扶梯的时候，立刻看到自己久违的父亲，便兴高采烈地向他跑去，父亲脸上堆满了笑容，张开双臂准备拥抱儿子。可就在儿子搂到父亲脖子的那一刹那，这位父亲却突然快速地向后退了一步，孩子扑了个空，一个趔趄摔倒在地。他对父亲的举动深为不解。父亲拉起倒在地上已经开始抽泣的孩子深情地对他说：“孩子，这个世界上没有任何人可以做你的靠山、当你的支点。你若想在生活中立于不败之地，任何时候都不能丧失那个叫自立、自信、自强的生命支点，一切全靠你自己！”说完父亲塞给孩子一张返程机票。这位学生没跨进家门直接登上了返校的航班，返校不久他获得了学院里的最高奖学金，且有数篇论文发表在有国际影响力的刊物上。

教授讲完后，学生们急于知道这个父亲是谁时，老教授说：“这世界上每一个人出生在什么样的家庭、有多少财产、有什么样的父亲、什么样的地位、怎样的亲朋好友并不重要，重要的是我们不能将希望寄托于他人，必要时要给自己一个趔趄，只要不轻言放弃，自立、自信、自强，就没有什么实现不了的事。”

教授这样说完后，全场鸦雀无声，同学们似乎一下子长大了许多。

亨利曾经说过：“我是命运的主人，我主宰我的心灵。”做人应该做自己的主人；应该主宰自己的命运，不能把自己交付给别人。然而，生活中有的人却不能主宰自己。有的人把自己交付给了金钱，成为金钱的奴隶；有的人为了权力，成了权力的俘虏；有的人经不住生活中各种挫折与困难的考验，把自己交给了上帝；有的人经历一次失败后便迷失了自己，向命运低

头，从此一蹶不振。

每个人都要努力做命运的主人，不能任由命运摆布我们。像莫扎特、凡·高这些历史上的名人，都是我们的榜样：他们生前都没有受到命运的公平待遇，但他们没有屈服于命运，没有向命运低头，他们向命运发起了挑战，最终战胜了命运，成了自己的主人，成了命运的主宰。

一个不想改变自己命运的人，是可悲的；一个不能靠自己的能力改变命运的人，是不幸的。一个人的成功要经过无数的考验，而一个经受不住考验的人是绝对不能干出一番大事的。很多人之所以不能成就大事，关键就在于无法激发挑战命运的勇气和决心，不善于在现实中寻找答案。古今中外的成功者，无不凭借自己的努力奋斗，掌控命运之舟，在波峰浪谷中破浪扬帆。

“敢做”有时比会做更重要

一个没有勇气的人，一定不会取得任何成就。有时候，你一定要鼓足勇气，做一个“敢做”的人。

任何时候，都不要失去勇气，即使一件事你没有十足的把握，你也要把勇气放在心头。一个有勇气的人，有时比一个能工巧匠更能获得成功。

1956年，58岁的哈默购买了西方石油公司，开始大做石油生意。石油是最能赚大钱的行业，也正因为最能赚钱，所以竞争尤为激烈。初涉石油领域的哈默要建立起自己的石油王国，无疑面临着极大的竞争风险。

首先碰到的是油源问题。1960年石油产量占美国总产量38%的得克萨斯州，已被几家大石油公司垄断，哈默无法插手；沙特阿拉伯是美国埃克森石油公司的天下，哈默难以染指。如何解决油源问题呢？1960年，当花费了1000万美元勘探资金而毫无结果时，哈默再一次冒险地接受了一位青年地质学家的建议：旧金山以东一片被德士古石油公司放弃的地区，可能蕴藏着丰富的天然气，并建议哈默的西方石油公司把它租下来。哈默又千方百计从各方面筹集了一大笔钱，进行了这一冒险的投资。当钻到860英尺（约262米）深时，终于钻出了加利福尼亚州的第二大天然气田，估计价值在2亿美元以上。

哈默成功的事实告诉我们：风险和利润的大小是成正比的，巨大的风险能带来巨大的效益。

与其不尝试而失败，不如尝试了再失败，不战而败如同运动员在竞赛时弃权，是一种极端怯懦的行为。作为一个成功的经营者，就必须具备坚强的毅力，以及“即使失败也要试试看”的勇气和胆略。当然，冒风险也并非铤而走险，敢冒风险的勇气和胆略是建立在对客观现实的科学分析的基础之上的。顺应客观规律，加上主观努力，力争从风险中获得效益，是成功者必备的心理素质，这就是人们常说的“应当胆识结合”。

PART 03

让自己变得卓越不凡

追求卓越才能成为核心人物

在人生历程中，每个人都迫切希望自己能成为众人中的焦点，成为聚光灯的中心。事实上，这并不是什么困难的事，只要你拥有一颗追求卓越的心。

比尔·盖茨曾对他的员工说：“工作本身就没有贵贱之分，对待工作的态度却有高低之别。”公司所有的员工都是从基层的工作做起的，只有那些追求卓越，以积极态度对待工作的人，才能步步高升为公司的核心人物。

推销员戴尔做了一年半的业务，看到许多比他后进公司的人都晋升了职位，而且薪水也比他高许多，他百思不得其解。想想自己来了这么长时间了，客户也没少联系，薪水也还凑合着能应付自己开支，可就是没有大的订单让他在业务上有起色。

有一天，戴尔像往常一样下班就打开电视若无其事地看起来，突然有一个名为“如何使生命增值”的专家专题采访的栏目引起了他的关注。

心理学专家回答记者说："我们无法控制生命的长度，但我们完全可以把握生命的深度！其实每个人都拥有超出自己想象10倍以上的力量。要使生命增值，唯一的方法就是在职业领域中努力地追求卓越！"

戴尔听完这段话后，信心大增，他立即关掉电视，拿出纸和笔，严格地制订了半年内的工作计划，并落实到每一天的工作中……

两个月后，戴尔的业绩大幅增加；9个月后，他已为公司赚取了2500万美元的利润；年底他就当上了公司的销售总监。

如今戴尔已拥有了自己的公司。他每次培训员工时，都不忘记说："我相信你们会一天比一天更优秀，因为你们拥有这样的能力！"于是员工们信心倍增，公司的利润也飞速递增。

戴尔的事例说明了这样一个道理：追求卓越是每个人的生命要求，追求卓越也是每个人改变自己命运的基本要素。

追求卓越、取得成功是每个人的愿望。在人类文明的发展过程中，追求卓越始终是人们持久的动力和永恒的目标。

有什么样的目标，

就有什么样的人生；有什么样的追求，就能达到什么样的人生高度。勤奋地工作，超越平庸，主动进取，才能取得职场上的成功，才会拥有精彩卓越的人生。

有一个人在19岁那年，独自一人带着6个窝窝头，骑着一辆破自行车，从小山村到离家80公里外的城里去谋生。

他好不容易在建筑工地上找到了一份打杂的活。一天的工钱是17元，这对他而言只够吃饭，但他还是想尽办法每天省下1元钱接济家人。

尽管生活十分艰难，但他还是不断地鼓励自己，为此他付出了比别人更多的努力。两个月后，他被提升为材料员，每天的工资加了1元钱。

靠比别人多付出，他初步站稳了脚跟。之后，他想继续寻求新的发展。他认为：要在新单位站稳脚跟，就得更多地得到大家的认可，甚至成为单位不可缺少的人。那么，怎样才能做到这点呢？

冥思苦想之后，他终于想到了一个小点子：工地的生活十分枯燥，能不能让大家的业余生活过得丰富一点呢？想到这儿，他拿出自己省下来的一点钱，买了《三国演义》《水浒传》等名著，将故事背下来，讲给大家听。这样一来，晚饭后的时间，总是大家最开心的时候，每天工地上都洋溢着工友们欢快的笑声。

一天，老板来工地检查工作，发现他有非常好的口才，于是决定将他提升为公关业务员。

一个小点子付诸实践后就能有这样的效果，他极受鼓舞。

于是，他便将自己的特长运用到工作的各个方面。对工地上的所有问题，他都抱着一种是自己的事的心态去处理。夜班工友有随地小便的习惯，怎么说都没有用，他想尽办法让大家文明如厕；一个工友性格暴躁，喝酒后要与承包方拼命，他想办法平息矛盾，做到使双方都满意……

别看这些都是小事，但领导都看在眼里。慢慢地，他成了领导的左膀右臂。

由于他经常主动思考，终于等来了一个创业的良机。有一天，工地领导告诉他，公司本来承包了一个工程，但由于某些原因，决定放弃。

作为一个凡事都爱想办法的人，他力劝领导别放弃。领导看着他充满热情，突然说了一句话："这个项目我没有把握做好，如果你看得准，可以由你牵头来做，我可以为你提供帮助。"

他几乎不敢相信自己的耳朵：这不是给自己提供了一个可以自行创业的绝好机会吗？他毫不犹豫地接下了这个项目，然后信心百倍地干了起来。

这位年轻人用不懈的进取精神不断地想办法解决难题，终于出色地完成了这个项目。他现在不仅拥有当地最大的建筑队，还是内蒙古最大的草业经营者之一，每年有 1 万多户农民给他的企业提供玉米、草等饲料。拥有了巨额财富的他，在贫困的家乡建起了一个全世界最大的金霉素生产厂，其生产量占全球的1/4，很多父老乡亲跟着他走上了脱贫致富的道路。

这位创造了奇迹的人叫王东晓，是内蒙古金河集团的董事长。

追求卓越、拒绝平庸是每个人必备的品质之一。不要满足于一般的工作表现，要做就做最好，要成为老板不可缺少的人物。拿破仑曾鼓励士兵："不想当将军的士兵不是好士兵。"

为什么我们可以选择更好生活的时候，却总是选择了平庸呢？为什么我们可在职场中纵横驰骋的时候，却总是原地踏步、徘徊不前呢？

因为追求卓越的理念还没有深入我们的内心，只有将追求的理念时刻放在心头，你才能披荆斩棘，走向成功的殿堂。

定位决定人生

一个人的心态在某种程度上取决于自己对自己的评价，这种评价有一个通俗的名词——定位。在心中你给自己定位什么，你就是什么，因为定位能决定人生，定位能改变人生。

条条大路通罗马，但你只能选择一条。人生亦如此，成功的路有很多条，但你需要做的是选择最适合自己的那一条路，然后坚定不移地走下去。

一个人怎样给自己定位，将决定其一生成就的大小。志在顶峰的人不会落在平地，甘心做奴隶的人永远也不会成为主人。

你可以长时间卖力工作，创意十足、聪明睿智、才华横溢、屡有洞见，甚至好运连连——可是，如果你无法在创造过程中给自己正确定位，不知道自己的方向是什么，一切都会徒劳无功。

所以说，你给自己定位是什么，你就是什么，定位能改变

人生。

一个乞丐站在路旁卖橘子，一名商人路过，向乞丐面前的纸盒里投入几枚硬币后，就匆匆忙忙地赶路了。

过了一会儿，商人回来取橘子，说："对不起，我忘了拿橘子，因为你我毕竟都是商人。"

几年后，这位商人参加一次高级酒会，遇见了一位衣冠楚楚的先生向他敬酒致谢，并告诉他：他就是当初卖橘子的乞丐。而他生活的改变，完全得益于商人的那句话——你我都是商人。

这个故事告诉我们：你定位于乞丐，你就是乞丐；当你定位于商人，你就是商人。

定位决定人生，定位改变人生。

汽车大王福特从小就在头脑中构想能够在路上行走的机

器，用来代替牲口和人力。全家人都要他在农场做助手，但福特坚信自己可以成为一名机械师。于是他用一年的时间完成了别人要三年才能完成的机械师培训，随后他花两年多时间研究蒸汽机，试图实现自己的梦想，但没有成功。随后他又投入到汽油机研究上来，每天都梦想制造一部汽车。他的创意被发明家爱迪生所赏识，邀请他到底特律公司担任工程师。经过十年努力，他成功地制造了第一部汽车引擎。福特的成功，完全归功于他的正确定位和不懈努力。

迈克尔在从商以前，曾是一家酒店的服务生，替客人搬行李、擦车。有一天，一辆豪华的劳斯莱斯轿车停在酒店门口，车主吩咐道："把车洗洗。"迈克尔那时刚刚中学毕业，从未见过这么漂亮的车子，不免有几分惊喜。他边洗边欣赏这辆车，擦完后，忍不住拉开车门，想上去享受一番。这时，正巧领班走了出来。"你在干什么？"领班训斥道，"你不知道自己的身份和地位吗？你这种人一辈子也不配坐劳斯莱斯！"受辱的迈克尔从此发誓："我不但要坐上劳斯莱斯，还要拥有自己的劳斯莱斯！"这成了他人生的奋斗目标。许多年以后，当他事业有成时，就为自己买了一部劳斯莱斯轿车。如果迈克尔也像领班一样认定自己的命运，那么，也许今天他还在替人擦车、搬行李，最多做一个领班。人生的目标对一个人是何等重要啊！

在现实中，总有这样一些人：他们或因受宿命论的影响，凡事听天由命；或因性格懦弱，习惯依赖他人；或因责任心太差，不敢承担责任；或因惰性太强，好逸恶劳；或因缺乏理想，混日子为生……总之，他们做事马虎，遇事逃避，不敢为人之先，不敢转变思路，而被一种消极心态所支配，甚至走向极端。

也许，成功的含义对每个人都有所不同，但无论你怎样看待成功，你必须有自己的定位。

把自己的定位再提高一些

定位不仅能改变你的目标，更能改变你对人生的看法，对生活的态度。把自己的定位再提高一些，你将收获别样的人生。

生活中的你一定不能因为暂时的困境而萎靡不振，你需要在困顿中明确自己的定位，因为定位不仅能改变你的人生目标，更能改变你对人生的看法和对生活的态度。把你的定位再提高一些，你的人生就会有所不同。

重量级拳王吉姆·柯伯特在跑步时，看见一个人在河边钓鱼，一条接着一条，收获颇丰。奇怪的是，柯伯特注意到那个人钓到大鱼就把它放回河里，小鱼才装进鱼篓里去。柯伯特很好奇，他就走过去问那个钓鱼的人为什么要那么做。钓鱼翁答道："老兄，你以为我喜欢这么做吗？我也是没办法，我只有一个小煎锅，煎不下大鱼啊。"

很多时候，我们有一番雄心壮志时，就习惯性地告诉自己："算了吧。我想得未免也太远了，我只有一个小锅，煮不了大鱼。"我们甚至会进一步找借口来劝退自己："更何况，如果这真是个好主意，别人一定早就想过了。我的胃口没有那么大，还是挑容易一点儿的事情做就行了，别累坏了自己。"

戴高乐说："眼睛所到之处，是成功到达的地方，唯有伟大的人才能成就伟大的事，他们之所以伟大，是因为决心要做出伟大的事。"教田径的老师会告诉你："跳远的时候，眼睛要看着远处，你才会跳得更远。"

一个人要想成就一番大的事业，必须树立远大的理想和抱负，有广阔的视野，不追求一朝一夕的成功，耐得住寂寞和清贫，按照既定的目标，始终坚持下去，到最后，他一定会获得成功。

有一次，任国的公子决心要钓一条大鱼，他做了一个特大的钩，用很粗的黑丝绳做钓线，用一头牛做钓饵。一切准备完后，他蹲在会稽山上，开始了等待。整整一年过去了，他却一条鱼也没有钓到。但他并不泄气，每天照旧耐心地等待。

终于有一天，一条大鱼吞了他的鱼饵，大鱼很快牵着鱼线沉入水底。过了不大一会儿，又摆脊蹿出水面。几天几夜后，大鱼停止了挣扎，他把大鱼切成许多块，让南岭以北的许多人都尝到了大鱼的肉。

那些成天在小沟小河旁边，眼睛只看见小鱼小虾的人，怎么也想不通他是如何钓到大鱼的……

有一句话这样说："取乎上，得其中；取乎中，得其下。"就是说，假如目标定得很高，取乎上，往往会得其中；而当你把定位定得很一般，很容易完成，取乎中，就只能得其下了。由此，我们不妨把自己的定位定得高一些，因为意愿所产生的力量更容易让人在每天清晨醒来时，不再迷恋自己的床榻，而会抱着十足的信心和动力去面对新的挑战。

人生随时都可以重新开始

只要你有一颗追求卓越的心，你的人生随时都能重新开始。

这个世界上不会有人一生都毫无转机，穷人可能会腾达为富人，富人也可能沦落为穷人。很多事情都是发生在一瞬间。富有或贫穷，胜利或失败，光荣与耻辱，所有的改变都会在一瞬间发生。

比如，一个人要戒烟，如果他总认为戒烟是一个渐进的、缓慢的过程，要逐渐地戒，那他永远也戒不了烟；他只有在某天突然感觉到再抽下去会得癌症，肺会完全烂掉，才会痛下决断，马上采取戒烟措施，才有可能戒掉烟。

CNN的老板特德·特纳，年轻时是一个典型的花花公子，从不安分守己，他的父亲也拿他没办法。他曾两次被布朗大学除名。不久，他的父亲因企业债务问题而自杀，他因此受到了很大的触动。他想到父亲含辛茹苦地为家庭打拼，他却在胡作非为，不仅不能帮助父亲，反而为父亲添了无数麻烦。他决定改变自己的行为，要把父亲留给他的公司打理好。从此他像变了一个人，成了一个工作狂，而且不断寻找机会，壮大父亲遗留的企业，最终将CNN从一个小企业变成了世界级的大公司。

其实，人的改变就在一瞬间，只要我们思想上有了一种强烈的要改变的意识，并下定决心，改变就会出现。一瞬间的改变可以成就一个人的一生，也可以毁灭一个人的一生，所以我们不能忽视一瞬间的力量。

鲁迅认为中国落后是因为中国人的体格不行，被称作“东亚病夫”，于是他去日本学习医学。但一次在课间看电影的时候，他看到日本军人挥刀砍杀中国人，而围观的中国人却一脸麻木，当时其他的日本同学大声地议论：“只要看中国人的样子，就可以断定中国必然灭亡。”鲁迅在思想上突然发生了改变，他说：“因此我觉得医学并非一件紧要事，凡是愚弱的国民，即使体格如何健全、如何茁壮，也只能做毫无意义的示众的材料和看客，病死多少是不必以为不幸的，所以我的第一要素是改变他们的精神，而善于改变精神的，我那时以为当然要推文艺，于是想提倡文艺运动了。”从此，鲁迅决定弃医从文，以笔为枪，去唤醒沉睡中的中国，中国也多了一位伟大的思想家和文学家。

禅宗讲求顿悟，认为人的得道在于顿悟，在于一刹那的开悟。其实人生也是这样，人思想的改变就在一瞬间。当我们顿悟后，我们就能洞察生命的本性，从被奴役的生活而走向自由的道路，将蕴藏在内心中的仁慈和潜能都充分地发挥出来。

一个人想要达到成功的巅峰，也需要顿悟，从你的内心深处升起的那份对卓越的渴望，将会在瞬间改变你的一生。

如果你还在昏昏沉沉地过日子，那就不妨试试看。

勤奋是到达卓越的阶梯

勤奋的道理每一个人都懂，但是却不是每一个人都能做到，而那些真正能做到的人，就会获得成功。

想成为一个卓越者，除了工作质量和拥有胜出意识外，还要有辛苦打拼的心理准备。工作事半功倍的人运气似乎总是特别好，因为他们特别容易遇到更多有价值、报酬高的工作机会，胜出的可能性也就更大。

在公司中，晋升到重要职位的人，通常都是最努力工作、最投入的人。所以，想得到胜出的机会，除了为自己建立好的自我意识外，最快、最有效的做法莫过于勤奋工作。

不幸的是，生活中，大多数人都好逸恶劳，只求做好分内的工作，不被开除就好。

根据罗伯哈福国际公司调查，一般人拿了薪水，却只花了50％的时间在工作。管理阶层的人甚至在私下接受访问时也承认，大概有整整50％的上班时间，根本是在处理与工作甚至与公司完全无关的私事。根据调查，上班族每天有37%的上班时间浪费在和同事无聊的闲聊上，另外22%则是浪费在迟到、早退上。有些则是浪费在休息和延长午餐时间上，又有些时间是因为私事和打私人电话而消耗掉了。

如果这些被浪费的时间能够被利用到工作中去，那么一个人的工作效率和工作成果会有多大的提升，其结果就可想而知了。

美国著名作家杰克·伦敦在19岁以前，还从来没有进过正规中学。但他非常勤奋，通过不懈的努力，使自己从小混混成了一个文学巨匠。

杰克·伦敦的童年生活充满了贫困与艰难，他整天像发了疯一样跟着一群恶棍在旧金山海湾附近游荡。说起学校，他不屑一顾，并把大部分的时间都花在偷盗等勾当上。不过有一天，他漫不经心地走进一家公共图书馆内开始读起名著《鲁滨逊漂流记》时，他看得如痴如醉，并受到了深深的感动。在看这本书时饥肠辘辘的他，竟然舍不得中途停下来回家吃饭。第二天，他又跑到图书馆去看别的，另一个新的世界展现在他的面前——一个如同《天方夜谭》中巴格达一样奇异美妙的世界。从这以后，一种酷爱读书的情绪便不可抑制地左右了他。一天中，他读书的时间达到了10～15小时，从荷马到莎士比亚，从赫伯特·斯宾基到马克思等人的所有著作，他都如饥似渴地读着。19岁时，他决定停止以前靠体力劳动吃饭的生涯，改成以脑力谋生。他厌倦了流浪的生活，他不愿再挨警察无情的拳头，他也不甘心让铁路的工头用灯按他的脑袋。

于是，就在他19岁时，他进入加利福尼亚州的奥克德中学。他不分昼夜地用功，从来就没有好好地睡过一觉。天道酬勤，他也因此有了显著的进步，他只用了3个月的时间就把4年的课程念完了，通过考试后，他进入了加州大学。

他渴望成为一名伟大的作家，在这一雄心的驱使下，他一遍又一遍地读《金银岛》《基督山恩仇记》《双城记》等书，之后就拼命地写作。他每天写5000字，这也就是说，他可以用20天的时间完成一部长篇小说。他有时会一口气给编辑们寄出30篇小说，但它们统统被退了回来。

后来，他写了一篇名为《日本海岸外的飓风》的小说，这篇小说获得了《旧金山呼声》杂志所举办的征文比赛一等奖，

但他只得到了20美元的稿费。5年后的1903年，他有6部长篇以及125篇短篇小说问世，他成了美国文艺界最为知名的人物之一。

杰克·伦敦的经历一点儿都不让我们感到惊讶，一个人的成就和他的勤奋程度永远是成正比的。试想，如果杰克·伦敦不是那么勤奋，对写作那样如饥似渴，他绝对不会取得日后的成就。

勤奋是到达卓越的阶梯。如果你是一名懒惰者，那么，你就永远不会和卓越者有任何关系。

成功是靠自己去追求的

成功不会随随便便就落到你的手上，就像那些枝头的花一样，是经过含辛茹苦地生长才能开放的。

很多人都想找一个成功的诀窍，借诀窍的力量而平步青云，这是多么愚蠢的想法啊。

如果想要成功，你就必须付出努力拼搏、追求，成功是靠自己追求的。若你依然在寻找成功的捷径，那到头来你有可能一事无成。

很久很久以前，一位有钱人要出门远行，临行前他把仆人们叫到一起并把财产委托他们保管。依据他们每个人的能力，他给了第一个仆人10两银子，第二个仆人5两银子，第三个仆人2两银子。拿到10两银子的仆人把它用于经商并且又赚了10两银子；同样，拿到5两银子的仆人也赚了5两银子；但是拿到2两银子的仆人却把它埋在了土里。

过了一年时间，他们的主人回来与他们结算。拿到10两银子的仆人带着另外10两银子来了。主人说：“做得好，你是一个对很多事情都充满自信的人，我会让你掌管更多的事情。现在就去享受你的奖赏吧。”

同样，拿到5两银子的仆人带着他另外的5两银子来了。主人说：“做得好，你是一个对一些事情充满自信的人，我会让你掌管很多事情。现在就去享受你的奖赏吧。”

最后，拿到2两银子的仆人来了，他说：“主人，我知道你想成为一个强人，收获没有播种的土地。我很害怕，于是把钱埋在了地下。”主人回答道：“你是个又懒又缺德的人，你既然知道我想收获没有播种的土地，那么你就应该把钱存到银行家那里，以便我回来时能拿到我的那份利息。”

这个仆人原以为自己会得到主人的赞赏，因为他没丢失主人给的那2两银子。在他看来，虽然没有使金钱增值，但也没丢失，就算是完成主人交代的任务了。然而他的主人却不这么认为，他不想让自己的仆人在等待中虚度年华，而是希望他们主动去追求，从而变得更成功。

从这个故事中，我们明白了，努力寻找方法去创造的人，才会得到更多的回报，而那些不想追求、被动地生活和工作的人，只能与平庸为伍。

只有勇于追求才可以改变命运，这是万古不变的道理。只想安于现状，那你的生命只会是死水一潭，而死水永远都不会成为浩瀚的大海。

成功与否就在于你想不想要成功

一个人若要取得成功，关键还在于你想成功，心想事才能成。有时候，欲望的作用是无价的。

成功的人都拥有相同的特质，他们都拥有强烈的成功欲望。如果说梦想是迈向成功的方向，那么欲望就是迈向成功的燃料。欲望越强，产生的动能越强，就越能克服困难，获得成功。

生活中很多人也有成功的愿望，但愿望和欲望不一样。愿望只是静态的，“我希望成功，希望富有，希望很有成就……”而欲望则是动态的，“我要获得成功、要创造财富、要获得成就……”因此拥有欲望的不仅有愿望，还要付诸行动，真正去追求渴望获得的一切。因此，如果你想要成功，就必须要有成功的欲望。

原籍中国广东的泰国华侨、亚洲最大的富翁之一、泰国的头号大亨、泰国盘谷银行的董事长陈弼臣，其父亲只是泰国曼谷某商业机构的一名普通秘书。陈弼臣儿时被父亲送回中国接受教育，17岁那年因家境贫困被迫辍学。返回曼谷后，陈弼臣做过搬运夫、售货小贩以及厨师，同时还做过两家木材公司的会计，日子就在他精打细算的盘算中度过。4年之后，陈弼臣终于从一家建筑公司职位低微的秘书，晋升为部门经理。后来，在几位朋友的赞助下，他集资创办了一家五金木材行，自任经理。经过艰苦的奋斗，攒了一些钱后，陈弼臣又接连开了3家公司，致力于木材、五金、药物、罐头食品以及大米的外销业务。当时，泰国被日本占领，陈弼臣的生意之艰难可想而知。但是，陈弼臣一边抗日，一边做生意，生意在他的努力下渐渐兴隆。

1944年年底，陈弼臣与其他10个泰国商人集资20万美元创立了盘谷银行，职员仅仅23人。银行正式营业后，陈弼臣经常与那些受尽了列强凌辱、被外国大银行拒之于门外的华裔小商人来往。尽管那些贫穷的小商人时常突如其来地闯进陈弼臣的家中，但仍然受到陈弼臣的礼遇。

关于这一点，陈弼臣后来说："在亚洲开银行是做生意，不是只做金融业务。当我判断一笔生意是否可做时，只观察这个顾客本人，他的过去和他的家庭状况。"

陈弼臣最初负责银行的出口贸易，因此与亚洲各地的华人商业团体建立了广泛的联系，并且积累了丰富的业务知识和经验，大大推进了盘谷银行的出口业务。在他出任盘谷银行的总裁后，一直是这家银行的中流砥柱。

经过多年的艰苦奋斗，陈弼臣已跨进亚洲的大富翁之列。

陈弼臣的成功史，其实是一部白手起家的创业史。他没有继承祖业，也没有飞来的横财，他经过苦苦地寻觅，一直不甘落后，渴望成功，终于找到了属于自己的那一片蓝天、自己的那一方土地，找到了属于自己的发展机遇。这一切都是他不任由命运摆布的结果。

一个人能否成功，关键还在于你是否想成功和你成功的欲望有多大。在人生的道路上，充满了各种困难和障碍，若你没有强烈的欲望，你就不可能战胜困难、越过障碍，只能陷于平庸。

PART
04
突破你心中的瓶颈

突破你心中的瓶颈

当我们身处阴影之中，破茧而出并不困难。只要自己不倒，什么力量也不能把你击倒；最重要的是在内心深处把阳光锁定，时刻保持一颗健康明亮之心，让内心充满阳光。

曾经有人做过这样一个实验：用纸做一条长龙，长龙腹腔的空隙仅仅只能容纳几只蝗虫，投放进去，它们都在里面死了，无一幸免！而把几只同样大小的青虫从龙头放进去，然后关上龙头，观察者就会看到：仅仅几分钟，小青虫们就一一地从龙尾爬了出来。

原因很简单，蝗虫性子太急躁，除了挣扎，它们没想过用嘴巴去咬破长龙，也不知道一直向前就可以从另一端爬出来。因而，尽管它们有铁钳般的嘴壳和锯齿般的大腿，也无济于事。

命运往往也是如此。许多人走不出人生各个不同阶段或大或小的阴影，并非因为他们天生的个人条件比别人要差多少，而是因为他们没有想到要将阴暗的纸龙咬破，也没有耐心慢慢地找准一个方向，一步步地向前，直到眼前出现新的洞天。

人生随时会遇到各种各样的“纸龙”，你只有突破心中的瓶颈，驱除内心的阴影，才能走出人生的“纸龙”。

一对靠捡破烂为生的夫妻，每天一早出门，拖着一部破车到处捡拾破铜烂铁，等到太阳下山时才回家。他们回到家的时候，就在门口的院子里摆上一盆水，搬一张凳子把双脚浸在盆中，然后拉弦唱歌，唱到明月正当空、浑身凉爽的时候他们才进房睡觉，日子过得非常逍遥自在。

他们对面住了一位很有钱的富翁，他每天都坐在桌前打算盘，算算哪家的租金还没收，哪家还欠账，每天总是很烦。他看对面的夫妻每天快快乐乐地出门，晚上轻轻松松地唱歌，非常羡慕，也非常奇怪，于是问他的伙计说：“为什么我这么有钱却不快乐，而对面那对穷夫妻却会如此的快乐呢？”

伙计听了就问富翁说：“老爷，你想要他们忧愁吗？”

富翁回答道：“我看他们不会忧愁的。”

伙计说：“只要你给我一贯钱，我把钱送到他们家，保证他们明天不会拉弦唱歌。”

富翁说：“给他钱他一定会更

快乐，怎么说不会再唱歌了呢？”

伙计说：“你尽管给他钱就是了。”

富翁把钱交给伙计，当伙计把钱送到穷人家时，这对夫妻拿到钱真的很烦恼，那天晚上竟然睡不着觉了。想要把钱放在家中，门又没法关严；要藏在墙壁里面，墙用手一扒就会开；要把它放在枕头下又怕丢掉；要……他们一整晚都为这贯钱操心，一会儿躺上床，一会儿又爬起来，整夜就这样反复折腾，无法成眠。

妻子看着丈夫坐立不安，也被惹烦了，就说：“现在你已经有钱了，你又在烦恼什么呢？”

丈夫说：“有了这些钱，我们该怎样处理呢？把钱放在家中又怕丢了，现在我满脑子都是烦恼。”

隔天一早他把钱带出门，在整条街上绕来绕去，不知道要做什么好，绕到太阳下山，月亮上来了，他又把钱带回家，垂头丧气的不知如何是好。想做小生意不甘愿，要做大生意钱又不够，他向妻子说：“这些钱说少，却也不少，说多又做不了大生意，真是伤脑筋啊！”

那天晚上富翁站在对面，果然听不到拉弦和唱歌了，因此就到他家去问他们怎么了。这对夫妻说：“员外啊！我看我们把钱还给你好了。我们宁可每天一大早出去捡破烂，也比有了这些钱轻松啊！”这时候富翁突然恍然大悟，原来，有钱不知布施，也是一种负担。

人要想获得快乐和成功，就必须突破自己心中的瓶颈，跳出那种束缚的圈套，才能真正享受自由和快乐的感觉。

恐惧会使你沦为生活的奴隶

任何时候都不要心存恐惧，因为恐惧会遮住你的视线，阻挡你的行程。

恐惧对人的影响至关重要：恐惧使创新精神陷于麻木；恐惧毁灭自信，导致优柔寡断；恐惧使我们动摇，不敢做任何事情；恐惧还使我们怀疑和犹豫；恐惧是能力上的一个大漏洞。而事实上，有许多人把他们一半以上的宝贵精力浪费在毫无益处的恐惧和焦虑上面了。

恐惧虽然阻碍着人们力量的发挥和生活质量的提高，但它并非不可战胜。只要我们能够积极地行动起来，在行动中有意识地纠正自己的恐惧心理，那它就不会再成为我们的威胁。

在《做最好的自己》一书中，李开复讲述了这样一个故事：

20世纪70年代，中国科技大学的“少年班”全国闻名。在当年那些出类拔萃的“神童”里面，就有今天的微软全球副总裁、IEEE最年轻的院士张亚勤。但在当时，全国大多数人都只知道有一个叫宁铂的孩子。20年过去了，宁铂悄悄地从公众的视野里消失了，而当年并不知名的张亚勤却享誉海内外。这是为什么呢？

张亚勤和宁铂的区别，主要在于他们对待挑战的态度不同。张亚勤在挑战面前勇于进取，不怕失败；而宁铂则因为自己身上寄托了人们太多的期望，反而觉得无法承受，甚至没有勇气去争取自己渴望的东西。

大学毕业后，宁铂在内心里强烈地希望报考研究生，但是他一而再、再而三地放弃了自己的希望。第一次是在报名之后，第二次是在体检之后，第三次则是在走进考场前的那一刻。

张亚勤后来谈到自己的同学时，异常惋惜地说：

“我相信宁铂就是在考研究生这件事情上走错了一步。他如果向前迈一步，走进考场，是一定能够通过考试的，因为他的智商很高，成绩也很优秀，可惜他没有进考场。这不是一个聪明不聪明的问题，而是一念之差的事情。就像我那一年高考，当时我正生病住在医院里，完全可以不去参加高考，可是我就少了一些顾虑，多了一点自信和勇气，所以做了一个很简单的选择。而宁铂就是多了一些顾虑，少了一点自信和勇气，做了一个错误的判断，结果智慧不能发挥，真是很可惜。那些敢于去尝试的人一定是聪明人，他们不会输。因为他们会想，‘即使不成功，我也能从中得到教训。’

“你看看周围形形色色的人，就会发现：有些人比你更杰出，那不是因为他们得天独厚，事实上你和他们一样优秀。如果你今天的处境与他们不一样，只是因为你的精神状态和他们不一样。在同样一件事情面前，你的想法和反应与他们不一样。他们比你更加自信，更有勇气。仅仅是这一点，就决定了事情的成败以及完全不同的成长之路。”

勇敢的思想和坚定的信念是治疗恐惧的天然药物，勇敢和信心能够中和恐惧，如同在酸溶液里加一点碱，就可以破坏酸的腐蚀力一样。

对此问题，我们不妨多加了解一下。

有一个文艺作家对创作抱着极大野心，期望自己成为大文豪。美梦未成真前，他说：“因为心存恐惧，我是眼看一天过去了，一星期、一年也过去了，仍然不敢轻易下笔。”

另有一位作家说：“我很注意如何使我的心力有技巧、有效率地发挥。在没有一点灵感时，也要坐在书桌前奋笔疾书，像机器一样不停地动笔。不管写出的句子如何杂乱无章，只要手在动就好了，因为手到能带动心到，会慢慢地将文思引出来。”

初学游泳的人，站在高高的水池边要往下跳时，都会心生恐惧，如果壮着胆子，勇敢地跳下去，恐惧感就会慢慢消失，反复练习后，恐惧心理就不复存在了。

倘若很神经质地怀着完美主义的想法，进步的速度就会受到限制。如果一个人恐惧时总是这样想：“等到没有恐惧心理时再来跳水吧，我得先把害怕退缩的心态赶走才可以。”这样做的结果往往是把精神全浪费在消除恐惧感上了。

这样做的人一定会失败，为什么呢？人类心生恐惧是自然现象，只有亲身行动，才能将恐惧之心消除。不实际体验，只是坐待恐惧之心离你远去，自然是徒劳无功的事。

在不安、恐惧的心态下仍勇于作为，是克服神经紧张的处方，它能使人在行动之中，渐渐忘却恐惧心理。只要不畏缩，有了初步行动，就能带动第二次、第三次的出发，如此一来，心理与行动都会渐渐走上正确的轨道。

恐惧并不可怕，可怕的是你陷入恐惧之中不能自拔。如果你有成功的愿望，那就快点摆脱恐惧的困扰，前进吧！

不要被贫困压倒

人在贫困的处境当中，只要能抱着坚定的信念，努力上进，就能跨越贫困，走向成功。其关键还需要身处贫困环境的你，不要被贫困压倒才行。

有些人生下来就身处贫困之家，有些人生在富贵豪门，这是先天的差距，贫困的孩子必须付出成倍的努力，才能获得成功。这是每一个被贫困困扰着的心灵所不得不面对的现实。

但，我们必须坚信这样一句话："你可以贫困，但不能贫困一生。"人处在贫困的环境之中，更应该奋发上进，努力去追求成功，这样的成功也更弥足珍贵。

美国前总统亨利·威尔逊出生在一个贫苦的家庭，当他还在摇篮里牙牙学语的时候，贫穷就已经冲击着这个家庭了。威尔逊10岁的时候就离开了家，在外面当了11年的学徒工。这期间，他每年只能有一个月时间到学校去接受教育。

在经过11年的艰辛工作之后，他终于得到了一头牛和六只绵羊作为报酬。他把它们换成了84美元。他知道钱来得很难，所以绝不浪费，他从来没有在玩乐上花过一块钱，每个美分都要精打细算才花出去。

在他21岁之前，他已经设法读了1000本书——这对一个农场里的学徒来说，是多么艰巨的任务呀！在离开农场之后，他徒步到150公里之外的马萨诸塞州的内蒂克去学习皮匠手艺。他风尘仆仆地经过了波士顿，在那里他看了邦克希尔纪念碑和其他历史名胜。整个旅行他只花了1美元6美分。

他在度过了21岁生日后的第一个月，就带着一队人马进入了人迹罕至的大森林，在那里采伐原木。威尔逊每天都是在东方刚刚翻起鱼肚白之前起床，然后就一直辛勤地工作到星星出来为止。在一个月夜以继日的辛劳努力之后，他获得了6美元的报酬。

在这样的穷途困境中，威尔逊下定决心，不让任何一个发展自我、提升自我的机会溜走。很少有人像他一样深刻地理解闲暇时光的价值，他像抓住黄金一样紧紧地抓住了零星的时间，不让一分一秒无所作为地从指缝间白白流走。

12年之后，这个从小在穷困中长大的孩子在政界脱颖而出，进入了国会，开始了他的政治生涯。

出身贫困并不可怕，只要像威尔逊那样面对困境不抱怨不低头，勤奋自强，就能获得成功。很多在贫困中长大的人往往自甘堕落，他们认为自己生命该如此，再怎么奋斗也是徒劳，于是只能一生受穷，惶惶度日，更有一些人因心理极端不平衡而走上犯罪之路。

生命的贫富从某种意义上来说只能由你自己来决定。身处贫困若能不被贫困所累，奋发向上，积极奋斗，照样可以有一个富足的人生；相反，如果自甘堕落，即使生在富豪之家，也可能在中年以后陷入贫困之中。

能不能突破贫困的瓶颈，关键还要看你自己。

世上没有绝对的完美

偏执地追寻世间完美的生活，希望事事都尽如人意，最终只能在寻觅中迷失自我。

人生不可能事事都如意，也不可能事事都完美。追求完美固然是一种积极的人生态度，但如果过分追求完美，而又达不到完美，就必然会产生浮躁。过分追求完美往往不但得不偿失，反而会变得毫无完美可言。

在古时候，有户人家有两个儿子。当两兄弟都成年以后，他们的父亲把他们叫到面前说："在群山深处有绝世美玉，你们都成年了，应该做探险家，去寻求那绝世之宝，找不到就不要回来。"

两兄弟次日就离家出发去了山中。

大哥是一个注重实际、不好高骛远的人。有时候，发现的是一块有残缺的玉，或者是一块成色一般的玉，甚至是奇异的石头，他都统统装进行囊。过了几年，到了他和弟弟约定的会合回家的时间。此时他的行囊已经满满的了，尽管没有父亲所说的绝世完美之玉，但造型各异、成色不等的众多玉石，在他看来也可以令父亲满意了。

后来弟弟来了，两手空空一无所得。弟弟说："你这些东西都不过是一般的珍宝，不是父亲要我们找的绝世珍品，拿回去父亲也不会满意的。"

弟弟接着说："我不回去，父亲说过，找不到绝世珍宝就不能回家，我要继续去更远更险的山中探寻，我一定要找到绝世美玉。"

哥哥带着他的那些东西回到了家中。父亲说："你可以开一个玉石馆或一个奇石馆，那些玉石稍一加工，都是稀世之品，那些奇石也是一笔巨大的财富。"

短短几年，哥哥的玉石馆已经享誉八方，他寻找的玉石中，有一块经过加工成为不可多得的美玉，被国王御用作为传国玉玺，哥哥因此也成了巨富大贾。

在哥哥回来的时候，父亲听了他介绍弟弟探宝的经历后说："你弟弟不会回来了，他是一个不合格的探险家。他如果幸运，能中途所悟，明白至美是不存在的这个道理，是他的福气。如果他不能早悟，便只能以付出一生为代价了。"

很多年以后，父亲的生命已经快走到尽头，奄奄一息时，哥哥对父亲说要派人去把弟弟找回来。

父亲说，不要去找，如果经过了这么长的时间都不能顿悟，这样的人即便回来又能做成什么事情呢？世间没有完美的玉，没有完美的人，没有绝对的事物，为追求这种东西而耗费生命的人，何其愚蠢啊！

追求完美，是人类自身在渐渐成长过程中的一种心理特点或者说一种天性。应该说，这没有什么不好。人类正是在这种追求中，不断完善着自己，使得自身脱去了以树叶遮羞的衣服，变得越来越漂亮，成为这个世界中的万物之灵。如果人只满足于现状，而失去了这种追求，那么人大概现在还只能在森林中爬行。

但是，世界上根本就不存在任何一个完美的事物。为了心中的一个梦而偏执地去追求，却全然不顾你的梦是否现实、是否可行，从而浪费掉许许多多的时间和精力，最终只能在光阴蹉跎中悔恨。世界并不完美，人生当有不足。没有遗憾的过去无法链接人生。对于每个人来讲，不完美的生活是客观存在的，无须怨天尤人。不要再继续偏执了，给自己的心留一条退路，生活会更美好。

PART

05

失败往往是成功的开始

失败往往是成功的开始

错误既然已经发生了，就不要再斤斤计较错误的过程，你需要做的，就是从错误中找到成功的契机，继续前进。

曾经有人做过分析后指出，成功者成功的原因，其中一条很重要的就是“随时矫正自己的错误”。

一位老农场主把他的农场交给一位外号叫错错的雇工管理。

农场里有位堆草高手心里很不服气，因为他从来都没有把错错放在眼里。他想，全农场哪个能够像我那样，一举挑杆子，草垛便像中了魔似的不偏不倚地落到了预想的位置上？回想错错刚进农场那会儿，连杆子都拿不稳，掉得满地都是草，有的甚至还砸在自己的头上，非常搞笑。等他学会了堆草垛，又去学割草，留下歪歪斜斜、高高低低的一片；别人睡觉了，他半夜里去了马房，观察一匹病马，说是要学学怎样给马治病。为了这些古怪的念头，错错出尽了洋相，不然怎么叫他

“错错”呢？

老农场主知道堆草高手的心思，邀请他到家里喝茶聊天。“你可爱的宝宝还好吗？平时都由他们的妈妈照顾吧？”高手点点头，看得出来他很喜欢他的孩子。老人又说：“如果孩子的妈妈有事离开，孩子又哭又闹怎么办呢？”“当然得由我来管他们啦。孩子刚出生那阵子真是手忙脚乱，不过现在好多了。”高手说。

老人叹了一口气，说：“当父母可不易啊。随着孩子的渐渐长大，你需要考虑的事情还很多很多，不管你愿意不愿意，因为你是父亲。对我来说，这个农场也就是我的孩子，早年我也是什么都不懂，但我可以学，也经过了很多次的失败，就像错错那样，经常遭到别人的嘲笑。”

话说到这个节骨眼儿上，高手似乎领会了老人的用意，神情中露出愧色。

“优胜劣汰”成为一种必然，但现在人们开始认同另一种说法：成功，就是无数个“错误”的堆积。

错误是这个世界的一部分，与错误共生是人类不得不接受的命运。

但错误并不总是坏事，从错误中汲取经验教训，再一步步走向成功的例子也比比皆是。

因此，当出现错误时，我们应该像有创造力的思考者一样了解错误的潜在价值，然后把这个错误当作垫脚石，从而产生新的创意。事实上，人类的发明史、发现史上到处充满了错误假设和失败观念。哥伦布以为他发现了一条通往印度的捷径；

开普勒偶然间得到行星间引力的概念，他这个正确假设正是从错误中得到的；再说爱迪生还知道上万种不能制造电灯泡的方法呢。

错误还有一个好用途，它能告诉我们什么时候该转变方向。比如你现在可能不会想到你的膝盖，因为你的膝盖是好的；假如你断了一条腿，你就会立刻注意到你以前能做且认为理所当然的事，现在都没法做了。假如我们每次都对，那么我们就不需要改变方向，只要继续沿着目前的方向前进，直到结束，结果也许就永远没有改变方向、尝试另一条道路的机会了。

泥泞的路才有脚印

在人生路途中，不要害怕失败，人生本来就需要风雨来洗礼，因为泥泞的路才能有脚印。

曾担任过联合国秘书长的瑞典政治家哈马舍尔德曾说：“我们无从选择命运的框架，但我们放进去的东西却是我们自己的。”人不能选择命运，却可以选择自己生命的道路。你选择艰苦的道路，你的脚印就会印在上面，被人们记住。

鉴真和尚刚遁入空门时，寺里的住持让他做了寺里谁都不愿做的行脚僧。

有一天，日上三竿了，鉴真依旧大睡不起。住持很奇怪，推开鉴真的房门，见床边堆了一大堆破破烂烂的芒鞋。住持叫醒鉴真问："你今天不外出化缘，堆这么一堆破芒鞋做什么？"

鉴真打了个哈欠说："别人一年一双芒鞋都穿不破，我刚剃度一年多，就穿烂了这么多的鞋子，我是不是该为庙里节省些鞋子？"

住持一听就明白了，微微一笑说："昨天夜里下了一场雨，你随我到寺前的路上走走看看吧。"

寺前是一座黄土坡，由于刚下过雨，路面泥泞不堪。

住持拍着鉴真的肩膀说："你是愿意做一天和尚撞一天钟，还是想做一个能光大佛法的名僧？"

鉴真说："我当然希望能

光大佛法，做一代名僧。”

住持捻须一笑：“你昨天是否在这条路上走过？”

鉴真说：“当然。”

住持问：“你能看到自己的脚印吗？”

鉴真不解地说：“昨天这路又坦又硬，小僧哪能看到自己的脚印？”

住持又笑笑说：“今天我俩在这路上走一遭，你能找到你的脚印吗？”

鉴真说：“当然能了。”

住持听了，微笑着拍拍鉴真的肩说：“泥泞的路才能留下脚印，世上芸芸众生莫不如此啊。那些一生碌碌无为的人，不经风不沐雨，没有起也没有伏，就像一双脚踩在又坦又硬的大路上，脚步抬起，什么也没有留下；而那些经风沐雨的人，他们在苦难中跋涉不停，就像一双脚行走在泥泞里，他们走远了，但脚印却印证着他们行走的价值。”

鉴真惭愧地低下了头。

选择泥泞的路才能留下脚印，不经历风雨，终究不会有任何的收获。只可惜，许多人只知道放弃，而不懂得坚持。

在失败的河流中泅渡

失败就像一条河，只有不怕河中的滔天巨浪，不怕在渡河中淹死，才可能游到成功的彼岸。人们常赞美游到彼岸的成功英雄，却容易忘记在失败的大河中泅渡的必要。

在人生的旅途上，我们必须以乐观的态度来面对失败，因为在人生之路上，一帆风顺者少，曲折坎坷者多，成功是由无数次失败构成的。

尽管我们说成败孰知谁为英雄，还说失败乃成功之母，许多道理都是成败并举，但着眼都是成功，讲得更多的是成功，甚至整部“成功学”关注更多的也是成功。然而，从一种过程而言，从一种思维方式、一种实事求是的态度而言，充分地关注失败更有意义。

就英雄而言，许多杰出的人物、许多名垂青史的成功者，并不是得益于旗开得胜的顺畅、马到成功的得意，反而是失败造就了他们。这正如孟子所说：“天将降大任于是人也，必先苦其心志，劳其筋骨，饿其体肤，空乏其身，行拂乱其所为，所以动心忍性，曾（增）益其所不能。”孟子说的这番话，重点就是：一个人要有所成，有所大成，就必须忍受失败的折磨，在失败中锻炼自己、丰富自己、完善自己，使自己更强大、更稳健，这样，才可以水到渠成地走向成功。

《圣经》上说：“上帝关了这扇窗，必会为你开启另一道门。”的确，天无绝人之路，上天总会给有心人一个反败为胜的机会。

不要被困难吓倒

每个人心中都应有两盏灯光，一盏是希望的灯光，一盏是勇气的灯光。有了这两盏灯光，我们就不怕海上的黑暗和波涛的险恶了。

如果你要选择成功，那么，你同时要选择坚强。因为一次成功总是伴随着许多失败，而这些失败从不怜惜弱者。没有铁一般的意志，你就不会看到成功的曙光。生活告诉我们，怯懦者往往被灾难打垮、吓退，坚强者则大步向前。

据说有一个英国人，生来就没有手和脚，竟能如常人一般生活。有一个人因为好奇，特地拜访他，看他怎样行动、怎样吃东西。那个英国人睿智的思想、动人的谈吐，使那个客人十分惊异，甚至完全忘掉了他是个残疾人了。

巴尔扎克曾说过："挫折和不幸是人的晋身之阶。"悲惨的事情和痛苦的境况是一所培养成功者的学校，它可以使人神志清醒，遇事慎重，改变举止轻浮、冒失逞能的恶习。

上帝之所以将如此之多的苦难降临到世上，就是想让苦难成为智慧的训练场、耐力的磨炼所、桂冠的代价和荣耀的通道。

所以，苦难是人生的试金石。要想取得巨大的成功，就要先懂得承受苦难。在你承受得住无数的苦难相加的重量之后，才能承受成功的重量。

当你碰到困难时，不要把它想象成不可克服的障碍。因为，在这个世界上没有任何困难是不可克服的，只要你敢于扼住命运的咽喉。贝多芬28岁便失去了听觉，耳朵聋到听不见一个音节的程度，但他为世界留下了雄壮的《第九交响曲》。托马斯·爱迪生是聋子，他要听到自己发明的留声机唱片的声音，只能用牙齿咬住留声机盒子的边缘，使头盖骨骨头受到震动而感觉到声响。

不屈不挠的美国科学家弗罗斯特教授奋斗25年，硬是用数学方法推算出太空星群以及银河系的活动变化。他是个盲人，看不见他热爱了终生的天空。塞缪尔·约翰生的视力衰弱，但他顽强地编纂了全世界第一本真正伟大的《英语词典》。达尔文被病魔缠身40年，可是他从未间断过对改变了整个世界观念的科学预想的探索。爱默生一生多病，但是他留下了美国文学第一流的诗文集。

如果上帝已经开始用苦难磨砺你，那么，能否通过这次考验，就看你是不是能扼住命运的咽喉，走出一条绚丽的人生之路了。

与苦难搏击，会激发你身上无穷的潜力，锻炼你的胆识，磨炼你的意志。也许，身处苦难之时你会倍感痛苦与无奈，但当你走过困苦之后，你会更加深刻地明白：正是那份苦难给了你人格上的成熟和伟岸，给了你面对一切无所畏惧的勇气。

挫折是强者的起点

挫折是弱者的绊脚石，却是强者成功的起点。要想成功，就必须做生命的强者。

连遭厄运的人应当牢记：不论在生活中碰到怎样的厄运，都不意味着你命里注定永无出头之日。只要你顺势而为，运气时时都会光临，不间断地连遭厄运毕竟比较少见。生活中的机遇并非一成不变地向我们走来，它们像脉冲一样有起有伏，有得有失。每当人们坐在一起相互安慰时总是说黑暗过后必有黎明，这才是隐匿在生活中的真谛。一个生命的强者，会把各种挫折和厄运当作另一个起点。

生活一次又一次表明，只要一个人全力以赴、奋斗不息，与霉运的屠刀拼死相搏，时运终究会逆转，他终究会抵达安全的彼岸。莎士比亚说："与其责难机遇，不如责难自己。"这就是人生的基本课程。我们只要仔细回顾一下生活中坏运变为好运的大量实例，就会发现挫折和厄运仅仅是强者成功的起点罢了。

在某个地方有一家很大的农户，其户主被称为耶路撒冷附近最慈善的农夫。每年神父都会到他家访问，而每次他都毫不吝惜地捐献财物。

这个农夫经营着一块很大的农田。可是有一年，先是受到风暴的袭击，整个果园被破坏了。随后，又遇上一阵传染病，他饲养的牛、羊、马全部死光了。债主们蜂拥而至，把他所有的财产扣押了起来。最后，他只剩下一块小小的土地。

这位农夫的太太却对丈夫说："我们时常为教师建造学校，维持教堂，为穷人和老人捐献钱，今年拿不出钱来捐献，实在遗憾。"

夫妇俩觉得让神父们空跑一趟，于心不安，便决定把最后剩下的那块地卖掉一半，捐献给教堂。神父非常惊讶在这样的状况下，还能收到他们的捐款。

有一天，农夫在剩下的半块土地上犁地，耕牛突然滑倒了，他手忙脚乱地扶起耕牛时，却在牛脚下挖出个宝物。他把宝物卖了之后，又可以和过去一样经营果园农田了。

第二年，神父们再次来到这里，他们以为这个农夫还和以前一样贫穷，所以又找到这块地上来。附近的人告诉他们："他已经不住在这里了，前面那所高大的房子，就是他的家。"

神父们走进大房子，农夫向他们说明了自己在这一年所发生的事，并总结道："只要不惧怕困难，并保持感恩的心，必定会赢得一切的。"

这位农夫的经历告诉我们，面对挫折，绝不能害怕、胆怯。去做那些你害怕的事情，害怕自然会消失。狼如果因为遭遇过挫折而胆怯害怕，这个种群就不可能继续生存下去。

人生如行船，有顺风顺水的时候，自然也有逆风大浪的时候。这就要看掌舵的船夫是不是高明了，高明的船夫会巧妙地利用逆风，将逆风也作为行船的动力。

人生、事业的发展也一样。如果你能始终以一种积极的心态去对待你人生中可能遇到的“逆风大浪”，并对其加以合理的利用，将被动转化为主动，那么，你就是人生征途上高明的舵手。

把失败当作一块踏脚石

美国舌战大师丹诺在他的自传里曾写过这样一句话：“一个人要做一番非凡的事业，就不应该贪图眼前的享受，应具备不折不挠的意志，并且坚信总会有苦尽甘来的成功之日。”

要想实现自己的人生价值，每个人都不可避免地会遭遇各种各样的失败。在面临失败时，人绝不能被失败打倒，相反，人要将失败踩在脚下，把失败当作自己走向成功之路的踏脚石。

倪萍曾是中国中央电视台当家主持人之一，但是，倪萍在刚刚“出道”时，遭遇过一次重大的挫折。

在电视台举办的各种现场直播节目过程中，主持人遇到的最大困难是很多情况无法预料，因此就会出现各种束手无策的情况，那种尴尬、那种无奈真是令主持人难堪。

1993年9月，中央电视台专门为几对金婚的老年朋友举办一期《综艺大观》，他们都是我国各行各业卓有成就的科学家，其中有一位是我国第一代气象专家。

在直播现场，当主持人倪萍把话筒递到这位老科学家面前时，他顺势就接了过去。

对于直播中的主持人来说，如果把手中的话筒交给采访对象，就意味着失职，因为你手中没有了话筒，现场的局面你就无法控制、无法掌握了。更严重的是，对方如果说了不应该说的话，你就更加被动！但那时众目睽睽，她根本无法把话筒再要回来。

"我首先感谢今天能来到你们中央气象台！"这位老专家第一句话就说错了，全场观众大笑。倪萍伸出手去，想把话筒接回来，但老专家躲开了。后来倪萍又两次伸出手去，但老专家还是没给。于是，舞台上出现了倪萍和老专家来回夺话筒的情况。台下的导演急得老打手势，倪萍更是浑身出汗。

那时候，《综艺大观》是中央电视台的王牌节目之一，节目的收视率很高，所以，直播结束后，不少观众来信批评倪萍："你不应该和老科学家抢话筒，要懂得尊重别人……"

倪萍认真地检讨了自己，她知道这是她作为节目主持人的失职。面对上亿观众，她绝对不应该抢话筒，更不应该随便打断别人的讲话，更何况是年轻人对长者。但观众们可能并不知道，直播节目的时间一分一秒都是事先经过周密安排的，如果这位长者占了太长的时间，后面的节目就没法连接了。

事情发生后，倪萍没有刻意去推脱责任，反而主动承担了这次失误。这对于刚进台不久的她来说，该需要怎样的勇气啊！接着，她仔细回忆了当时的情景，试图从中找出失败的原因。人不怕犯错误，就怕接连犯相同的错误。经过反复的思考和总结，倪萍得出了这样的体会：如果自己在直播前，能和这位长者多交流交流，了解他的个性，掌握他的说话方式，那天就不会出现尴尬的场面。

电视的迅速普及，使得观众对电视节目主持人的要求和批评也随之而增多，倪萍对此都能正确地对待。她知道，只有接受批评，然后再丰富自己、勇于突破，她的艺术生命才会越来越长。相反，如果害怕批评，裹足不前，那么作为主持人，在失去观众的同时，最终也失去了自己，也就不会是一个成功者。

倪萍后来的成功，充分地说明了这一点。

“成功只属于生活的强者！”而要做生活的强者，获得事业上的成功，必须战胜人生道路上的艰难险阻，克服各种各样的挫折与失败。

人的一生绝不可能是一帆风顺的，有成功的喜悦，也有扰人的烦恼；会经历波澜不惊的坦途，更有布满荆棘的坎坷与险阻。在挫折和磨难面前，畏缩不前的是懦夫，奋而前行的是勇者，攻而克之的是英雄。唯有与挫折作不懈抗争的人，才有希望看见成功女神高擎着的橄榄枝。

挫折是一片惊涛骇浪的大海，你可能会在那里锻炼

胆识，磨炼意志，获取宝藏，也有可能因胆怯而后退，甚至被吞没。鲁迅说：“伟大的心胸，应该表现出这样的气概——用笑脸来迎接厄运。”

把失败看得轻一些、低一些，当作一块踏脚石，你以后就会走得更高、看得更远。

学会从失去中获取

在失去不可避免的时候，你需要做的不是空怀惆怅，而是多思考一下，从失去中获取所得。

在人的一生中，许多事都不是自己所能够把握的，我们不要苛求自己能做到完美。在生命中，每时每刻都会有所失，在这个时候，我们必须学会多从失去中获取。

有个叫阿巴格的人生活在内蒙古草原上。有一次，年少的阿巴格和他爸爸在草原上迷了路，阿巴格又累又怕，到最后快走不动了，爸爸就从兜里掏出 5 枚硬币，把一枚硬币埋在草地里，把其余 4 枚放在阿巴格的手上，说：“人生有 5 枚金币，童年、少年、青年、中年、老年各有一枚，你现在才用了一枚，就是埋在草地里的那一枚，你不能把 5 枚都扔在草原里，你要一点点地用，每一次都用出不同来。当你失去一枚金币，你就要有所得，这样才不枉人生一世。今天我们一定要走出草原，你将来也一定要走出草原。世界很大，人活着，就要多走些地方，多看看，不要让你的金币没有用就扔掉。”在父亲的鼓励下，那天阿巴格走出了草原。长大后，阿巴格离开了家乡，成了一名优秀的船长。

人赤条条地来到这个世界，又两手空空地离去。人的一生不可能永久地拥有什么，一个人获得生命后，先是童年，接着是青年、壮年、老年。然而这一切又都在不断地失去，在你得到一些东西的同时，你其实也在失去另一些东西。所以说，人生获得的本身就是一种失去。人生在世，有得有失，有盈有亏。我们每个人如果认真地思考一下自己的得与失，就会发现，在得到的过程中也确实不同程度地经历了失去。整个人生就是一个不断地得而复失的过程。谁违背这个过程，谁也会像贪婪的吝啬鬼，累倒在地，爬不起来。

要知道失去是不可避免的，但你一定要学会从失去中获取，懂得从失去中获取的人，不论生活中出现什么样的恶劣状况，他都能从容应对，他的生命一定会更充实。

PART

06

依赖别人，不如期待自己

自卑和自信仅一步之遥

其实自卑和自信往往就在一念之间，去除自卑，自信就会从心底应运而生。

世上大部分不能走出生存困境的人都是因为对自己信心不足，他们就像一棵脆弱的小草一样，毫无信心去经历风雨，这就是一种可怕的自卑心理。所谓自卑，就是轻视自己，自己看不起自己。自卑心理严重的人，并不一定是其本身具有某些缺陷或短处，而是不能悦纳自己，总是自惭形秽，常把自己放在一个低人一等、不被自我喜欢、进而演绎成别人也看不起自己的位置，并由此陷入不能自拔的痛苦境地，心灵笼罩着永不消散的愁云。

有一位大学生，毕业后被分配在一个偏远闭塞的小镇任教。看着昔日的同窗有的分配到大城市，有的分配到大企业，有的投身商海。而他充满梦想的象牙塔坍塌了，烦琐的现实令他好似从天堂掉进了地狱。自卑和不平衡油然而生，从此他不愿与同学或朋友见面，不参加公开的社交活动。为了改变自己的现实处境，他寄希望于报考研究生，并将此看作唯一的出路。但是，强烈的自卑与自尊交织的心理让他无法平静，在路上或商店偶然遇到一个同学，都会好几天无法安心，他痛苦极了。为了考试，为了将来，他每每捧起书本，却又因极度的厌倦而毫无成效。据他自己说："一看到书就头痛，一个英语单词记不住两分钟；读完一篇文章，头脑仍是一片空白。最后连一些学过的常识也记不住了。我的智力已经不行了，这可恶的环境让我无法安心，我恨我自己，我恨每一个人。"

几次失败以后他停止努力，荒废了学业，当年的同学再遇到他，他已因过度酗酒而让人认不出了。他彻底崩溃了，短短的几年却成了他一生的终结。

一个怀有自卑情结的人，往往坐失良机。当大好的人生机遇出现在眼前时，自卑者往往不敢伸手一抓，不敢奋力一搏。未战心先怯，白白贻误良机。

更重要的是，具有自卑情结，会造成人格和心理的卑怯，不敢面对挑战，不敢以火热的激情拥抱生活，而是卑怯地自怨自艾。久而久之，积卑成"病"，失去应有的雄心和志气。

我们如何克服自卑，建立真正的自信？一定要根据自身的条件，横扫身上的一切自卑情结。这是非常重要的。任何人都有自卑情结，或轻或重，包括任何一个伟大的人在内，每个人都有。如何对待自卑情结才是成功者和失败者、人生完整者和不完整者的区别。

自卑情结有的时候可以转化为巨大的动力，有的时候可能转化为巨大的消极因素，关键看你如何对待它。这种转化就是把自卑转化为自信。

观念一旦转变，自卑就变成自信了。

一切靠自己打天下，谋身立命，创建生活，这是一个多么骄人的品格。当你有了一个成功的人生时，这是你值得回顾的一个人生体验。对于一个有点心理障碍、有点缺陷就自卑的人，可以告诉他：不必自卑。当你战胜了这些心理障碍，你肯定比别人富有。因为你对心理的体验能力绝对要比其他人更深刻，你有了解自己心理和了解别人心理的能力，消除了自卑，缺陷反而促成了你的成功。

依赖别人，不如期待自己

在遇到困难的时候，依赖别人不如依赖自己，因为只有自己最清楚自己的境遇，只有自己最了解自己。

很多人处于不利的困境，总期待借助别人的力量去改变现状。殊不知在这个世界上，最可靠的人不是别人，而是你自己。你想着依赖别人，怎么不想着依赖自己呢？

美国总统约翰·肯尼迪的父亲从小就注意对儿子独立性格

和精神状态的培养。有一次他赶着马车带儿子出去游玩，在一个拐弯处，因为马车速度很快，猛地把小肯尼迪甩了出去。当马车停住时，儿子以为父亲会下来把他扶起来，但父亲却坐在车上悠闲地掏出烟吸起来。

儿子叫道："爸爸，快来扶我。"

"你摔痛了吗？"

"是的，我感觉自己已站不起来了。"儿子带着哭腔说。

"那也要坚持站起来，重新爬上马车。"

儿子挣扎着自己站了起来，摇摇晃晃地走近马车，艰难地爬了上来。

父亲摇动着鞭子问："你知道为什么让你这么做吗？"

儿子摇了摇头。

父亲接着说："人生就是这样，跌倒、爬起来、奔跑，再跌倒、再爬起来、再奔跑。在任何时候都要靠自己，没人会去扶你的。"

从那时起，父亲就更加注重对儿子的培养，如经常带着他参加一些大的社交活动，教他如何向客人打招呼、道别，与不同身份的客人应该怎样交谈，如何展示自己的精神风貌、气质和风度，如何坚定自己的信仰，等等。有人问他："你每天要做的事情那么多，怎么有耐心教孩子做这些鸡毛蒜皮的小事？"

谁料约翰·肯尼迪的父亲一语惊人："我是在训练他做总统。"

每个人对别人都有一种依赖性，在家依赖父母、依赖爱人，在外依赖朋友、依赖同事。然而，生活中最大的危险，就是依赖他人来保障自己。将希望寄托于他人的帮助，便会形成惰性，失去独立思考和行动的能力；将希望寄托于某种强大的外力上，意志力就会被无情地吞噬掉。

最优秀的人是你自己

你是否看到别人很顺利地做成了某件事就羡慕别人的才能？如果让你去寻找这个世界上最优秀的人，你会到哪里寻找？其实，在这个世界上，你时刻都要坚信这一点：最优秀的人就是你自己。

相信自己，才能做自己命运的主宰。

风烛残年之际，亚里士多德知道自己时日不多了，就想考验和点化一下他的那位平时看来很不错的助手。他把助手叫到床前说："我需要一位最优秀的传承者，他不但要有相当的智慧，还必须有充分的信心和非凡的勇气……这样的人选直到目前我还未见到，你帮我寻找和发掘一位好吗？"

"好的，好的。"助手很温顺、很诚恳地说，"我一定竭尽全力地去寻找，以不辜负您的栽培和信任。"

那位忠诚而勤奋的助手，不辞辛劳地通过各种渠道开始四处寻找了。可他领来一位又一位，都被亚里士多德一一婉言谢绝了。有一次，病入膏肓的亚里士多德硬撑着坐起来，抚着那位助手的肩膀说："真是辛苦你了，不过，你找来的那些人，其实还不如你……"

半年之后，亚里士多德眼看就要告别人世，最优秀的人选

还是没有眉目。助手非常惭愧，泪流满面地坐在病床边，语气沉重地说："我真对不起您，令您失望了！"

"失望的是我，对不起的却是你自己，"亚里士多德说到这里，很失望地闭上眼睛，停顿了许久，又不无哀怨地说，"本来，最优秀的人就是你自己，只是你不敢相信自己，才把自己给忽略、给耽误、给丢失了……其实，每个人都是最优秀的，差别就在于如何认识自己、如何发掘和重用自己……"话没说完，一代哲人就永远离开了这个世界。

那位助手非常后悔，甚至整个后半生都在自责。

"相信自己，我就是主宰。"这是成功人士的座右铭。我们现在可能不是想象中的某种"人才"，但也要相信自己有潜力成为那样的人。自卑于现状裹足而行的，永远不可能成就自己。只有自信者，才会努力塑造自己，向着成功迈进。

做你自己的上帝

人要勇敢地做自己的上帝，在这个世界上，你的命运只能由你自己来主宰。

人生总是会遇到不顺的现状，因此在遇到折磨之时，千万不要气馁。

在被流放的途中，悲痛异常的但丁曾以这句话来激励自己："能够使我飘浮于人生的泥沼中而不致陷污的，是我的信心。"

在这个世界上，你要勇敢地做你自己的上帝，因为，你的命运只能由你自己来主宰。

美国从事个性分析的专家罗伯特·菲利浦有一次在办公室接待了一个因自己开办的企业倒闭、负债累累、离开妻女到处为家的流浪者。那人进门打招呼说："我来这儿，是想见见这本书的作者。"说着，他从口袋中拿出一本名为《自信心》的书，那是罗伯特许多年前写的。流浪者继续说："一定是命运之神在昨天下午把这本书放入我的口袋中的，因为我当时决定跳到密歇根湖，了此残生。我已经看破一

切，认为一切已经绝望，所有的人（包括上帝在内）已经抛弃了我。但还好，我看到了这本书，使我产生了新的看法，为我带来了勇气及希望，并支持我度过昨天晚上。我已下定决心，只要我能见到这本书的作者，他一定能协助我再度站起来。现在，我来了，我想知道你能替我这样的人做些什么。”

在他说话的时候，罗伯特从头到脚打量这位流浪者，发现他眼神茫然、神态紧张，一切都显示，他已经无可救药了。但罗伯特不忍心对他这样说，因此请他坐下，要他把他的故事完完整整地说出来。

听完流浪汉的故事，罗伯特想了想，说：“虽然我没有办法帮助你，但如果你愿意的话，我可以介绍你去见本大楼的一个人，他可以帮助你赚回你所损失的钱，并且协助你东山再起。”罗伯特刚说完，流浪汉立刻跳了起来，抓住他的手，说道：“看在上天的分上，请带我去见这个人。”

他会为了“上天的分上”而提此要求，显示他心中仍然存在着一丝希望。所以，罗伯特拉着他的手，引导他来到从事个性分析的心理实验室里，和他一起站在一块窗帘布之前。罗伯特把窗帘布拉开，露出一面高大的镜子，罗伯特指着镜子里的流浪汉说：“就是这个人。在这世界上，只有一个人能够使你东山再起，除非你坐下来，彻底认识这个人——当作你之前并未认识他——否则，你只能跳到密歇根湖里。因为在你对这个人未做充分的认识之前，对于你自己或这个世界来说，你都将是一个没有任何价值的废物。”

流浪汉朝着镜子走了几步，用手摸摸他长满胡须的脸孔，对着镜子里的人从头到脚打量了几分钟，然后后退几步，低下头，开始哭泣起来。过了一会儿后，罗伯特领他走出电梯间，送他离去。

几个月以后，罗伯特在街上又碰到了这个人。他不再是一个流浪汉形象，他西装革履，步伐轻快有力，头抬得高高的，原来那种衰老、不安、紧张的姿态已经消失不见。他说，感谢罗伯特先生让他找回了自己，并很快找到了工作。

后来，那个人真的东山再起，成为芝加哥有名的富翁。

人要勇敢地做自己的上帝，因为真正能够主宰自己命运的人就是自己，当你相信自己的力量之后，你的脚步就会变得轻快，你就会离成功的目标越来越近。

只有做你自己的上帝，你才能充分发挥你自身的潜能。如果你还在等待别人的帮助，那就在这一刻改变吧。

要保有一颗**积极进取的心**

自己失去了进取心，就算机会放在你身边，你也抓不住它。

拿破仑·希尔博士说："成也积极，败也积极，进也积极，退也积极，永远积极。"只有拥有积极进取的心，你才有可能抓住稍纵即逝的机会。如果你一味消极避世，怨天尤人，那么就算机会放在你的手边，你也抓不住它，又何谈改变不顺的现状呢？

有一天，约翰去拜访毕业多年未见的老师。老师见了约翰

很高兴，就询问他的近况。

这一问，引发了约翰一肚子的委屈。约翰说：“我对现在做的工作一点儿都不喜欢，与我学的专业也不相符，整天无所事事，工资也很低，只能维持基本的生活。”

老师吃惊地问：“你的工资如此低，怎么还无所事事呢？”

“我没有什么事情可做，又找不到更好的发展机会。”约翰无可奈何地说。

“其实并没有人束缚你，你不过是被自己的思想抑制住了。明明知道自己不适合现在的位置，为什么不去再多学习其他的知识，找机会自己跳出去呢？”老师劝告约翰。

约翰沉默了一会儿说：“我运气不好，什么样的好运都不会降临到我头上的。”

“你天天在梦想好运，而你却不知道机遇都被那些勤奋和跑在最前面的人抢走了，你永远躲在阴影里走不出来，哪里还会有什么好运。”老师郑重其事地说，“一个没有进取心的人，永远不会得到成功的机会。”

约翰之所以碌碌无为，就在于他把积极的心放在了别处。如果他能把积极进取常放心头，他的人生怎么会如此平庸？

一块有磁性的金属，可以吸起比它重一倍的物体，但是如果你除去这块金属的磁性，它甚至连轻如羽毛的东西都吸不起来。同样地，人也有两类：一类是有磁性的人，他们充满了信心和信仰，知道自己天生就是个胜利者、成功者；另外一类是没有磁性的人，他们充满了畏惧和怀疑，机会来时，他们却说：“我可能会失败，我可能会失去我的钱，人们会耻笑我。”这一类人在生活中不可能会有成就，因为他们害怕前进，他们就只能停留在原地。

生活中，拥有一颗积极进取的心，比什么都重要。

自信会使你的生命得到升华

自信是成功之源，只要你能时刻都充满自信地去面对任何情况，你就能化解任何障碍，解决各种困难，你的生命也会得到升华。

爱默生说：“这世界只为两种人开辟大路：一种是有坚定意志的人；另一种是不畏惧阻碍的人。”

他又说：“那些‘紧驱他的四轮车到星球上去’的人，倒比在泥泞道上追踪蜗牛行迹的人，更容易达到他的目的呢！”

的确，一个意志坚定的人，是不会恐惧艰难的。尽管前面有阻挡他前进的障碍物，也不能阻止住他。意志坚定的人会排除这个障碍物，然后继续前进。尽管路上有使人跌倒的滑石，但它只能使他人跌倒，意志坚定的人行进时脚底步步踏实，滑石也奈何不得他。

自信是成功之源！只要我们有自信，便能充分发挥才能，使精力加倍。

一个人的自信力，能够控制他自己的生命，并能将他的“信念”坚强地运行下去。这不愧是一个有能力的人，能够担负起艰巨的责任，这样的人才是可靠的。

如果一个人能够了解坚定的力量，能够把他所希望的东西在心里牢牢地把握住，然后向着这理想目标艰苦不懈地努力，那么，他一定可以排除种种的不幸与困难，达到理想中的最高峰。

乔丹，全世界最威名远扬的篮球巨星，他以无与伦比的球艺树立起了世界级篮球艺术大师的形象。每周至少有1000多封洋溢着火热之情的信件飞往乔丹的家中。乔丹这个名字如同一个真实的神话，成为全世界青年人津津乐道的话题。

乔丹为什么能折服全世界那么多的人呢？那就是他变幻莫测、精彩绝伦的技艺，临场表现出的那份果敢与自信。换个角度说，是他非凡的自信心、超人的勇气以及果断的个性，使得他每一场球都打得变幻莫测、精彩绝伦。

1982年，异军突起的北卡罗来纳大学与老牌劲旅乔治敦队进行全美大学生篮球联赛（NCAA）冠亚军决赛。那天晚上，新奥尔良“超顶”体育馆内坐满了61000名观众。上半场，有些紧张的乔丹表现平平。下半场，乔丹犹如苏醒的睡狮，成为全场的焦点。在北卡罗来纳大学队最后投中的5个球中，乔丹一人投中3个，还有2个球是他从对手手上“偷”来的。在离比赛结束还剩32秒时，北卡罗来纳大学队落后一分，乔治敦队以密集防守将北卡罗来纳大学队堵在外围。教练决定将这个胜负的机会交给乔丹。在几番倒手后，乔丹面前出现一个空当，在离篮板17英尺（约5.18米）的地方，乔丹果断地射出了手中的篮球，球像一道彩虹一样越过了对手的头顶上方，飞进篮网。那一夜，迈克尔·乔丹这个名字飞向全美，乔丹开始迅速走红。

乔丹说：“如果有一次你猝不及防地跳起投篮，结果球应声入网，那么你就能一直这样打下去。你有了信心，因为你成功过。”

在1997年的一次比赛中，乔丹当时正处在令人难以忍受的38℃高烧中，他没有顾及这一点，果断地做出决定：上场，并且充满自信地上场。这次，他忍受着38℃高烧，仍以自身完美无瑕的篮球技艺征服了观众，取得最后一刻的胜利，上演了篮球史上最辉煌的一幕。这最后一刻，犹如没有对手的表演，更像是上苍的安排，那么精彩绝伦，

那么完美无缺，充满自信地一球定乾坤，连好莱坞导演都无法做到。

乔丹所到之处都是人潮如涌，一位看不到球场而只能看到大屏幕的球迷说："我毫无怨言，我回去以后可以坦坦荡荡地对别人说，乔丹打球时我也在场。"这就是飞人乔丹的魅力。

无论到哪里，碰上什么样的对手，也无论在每场比赛中处于什么样的处境，乔丹本人十分有意使自己随时保持一种自信的状态，在每一次比赛前他的准备几乎一成不变：寻找自信心，积蓄自信心。

我们不能说乔丹的成功完全取决于他的自信，但无疑，自信使他的球技更出神入化，使他的灵魂更加伟大。

一个人可以没有资本，可以没有地位，但他不能没有信心。如果连信心都没有，无论如何，这个人都不会有大成就；相反，如果拥有坚强的信心，即使现在身陷低位，也只是暂时的，坚强的信心终究会为他带来成功。

相信自己，才能超越自己

只要有信心，你就能移动一座山；只要坚信自己会成功，你就能成功。

你觉得自己的人生没有希望了吗？当你经常性地对生活和人生发牢骚的时候，你是否能够这样想：从现在开始，相信我自己吧！如果你真的从心底这样想，你就能发现自己的生命潜能，发现自己的不平凡。

宋朝，有一段时期战争频频，边患不断，大将军狄青带领人马杀赴疆场，不料自己的军队势单力薄，寡不敌众，被困在小山顶上，眼看将被敌军消灭。就在士气大减，甚至将要缴械投降之际，大将军狄青站在大家面前说：“士兵们，看样子我们的实力是不如人家了，可我却一直都相信天意，老天让我们赢，我们就一定能赢。我这里有一百枚铜钱，向苍天祈求保佑我们冲出重围。我把这一百枚铜钱撒在地上，如果都是正面，一定是老天保佑我们；如果不全是正面的话，那肯定是老天告诉我们冲不出去，我就投降。”

此时，士兵们闭上了眼睛，跪在地上，烧香拜天祈求苍天保佑。这时狄青摇晃着铜钱，一把撒向空中，落在了地上，开始士兵们不敢看，谁会相信一百枚铜钱都是正面呢！可突然一声尖叫：“快看，都是正面。”大家都睁开了眼睛往地上一看，果真都是正面。士兵们跳了起来，把狄青高高举起，喊道：“我们一定会赢，老天保佑我们了！”

狄青拾起铜钱说：“那好，既然有苍天的保佑，我们还等什么？我们一定会冲出去的，各位鼓起勇气，我们冲啊！”

就这样，一小队人马竟然奇迹般战胜了强大的敌人，突出重围，保住了有生力量。过了些时候，将士们谈起了铜钱的事情，还说：“如果那天没有上天保佑我们，我们就没有办法出来了！”

这时候狄青从口袋掏出了那一百枚铜钱，大家竟惊奇地发现这些铜钱的两面都是正面的！

虽然只是一百枚两面都是正面的铜钱，却让这一小队人马的命运因此而改变。细细体味故事时，我们能够领悟到，战斗胜利的根源其实是在于——信心。

信心使人充满前进的动力，它可以改变险恶的现状，造成令人难以相信的圆满结果。充满信心的人永远击不倒，他们是真正的强者。通过这个故事，我们可以感受到：信心的力量在成功者的足迹中起着决定性的作用，要想事业有成，无坚不摧的信念是不可或缺的。

自信比金钱、势力、出身、亲友更有力量，是人们从事任何事业最可靠的资本。自信能排除各种障碍、克服种种困难，能使事业获得圆满的成功。有的人最初对自己有一个恰当的估计，自信能够处处胜利，但是一经挫折，他们却又半途而废，这是因为他们自信心不坚定的缘故。所以，树立了自信心，还要使自信心变得坚定，这样即使遇到挫折，也能不屈不挠、向前进取，绝不会因为一时的困难而放弃。

自信是一盏生命的明灯，如果一个人没有自信，就只能脆弱地活着。反过来讲，信心的力量是惊人的，充满信心的人永远都不会被击倒，他们是自己命运的主人。有方向感的信心，可令我们每一个意念都充满力量。如果你有强大的自信心去推动你的事业车轮，你必将能超越自己，赢得人生的辉煌。

PART 07

找到那片属于你自己的天空

不要与自己对抗

生活中，一些人被困难击败的主要原因之一就是他们自认为可以被打败。而克服困难的一个最大的诀窍，就是要学会相信自己可以击败困难，在得到上帝的帮助之后，便可以征服任何困难，为了做到这一点，你的心理及精神就要不断地成长。成长是你可以做得到的事。你可以在心灵方面茁壮成长，战胜任何难题。换句话说，你必须比所遇到的困难更高、更壮才行。

如果你可以因为成长而克服困难，则困难就是激励你成长的要素。俄罗斯有一句谚语说：“铁锤能打破玻璃，更能铸造精钢。”如果你像钢铁一样，有足够的坚强作为打造的品质，去克服人生中的困难，那么这些困难正好可以磨炼你的意志和力量。

很多杰出的人都遵循这条人生哲学。

艾森豪威尔曾把自己的母亲看作是最明智的人，她的明智来源于她的信仰。她在家庭里制造出这种神奇的力量，而她就是这种力量的中心。

艾森豪威尔在回忆录中说，有一天晚上一家人玩牌，他埋怨自己手气不好。母亲突然停下，告诉他玩牌的时候要接受自己抓来的牌，并说生活也是这样，上帝为每个人发牌，而你只能尽自己最大努力玩好自己的牌。

艾森豪威尔说他从来没有忘记过这条教诲，并且一直遵循它。

发明家爱迪生也是奉行这个法则的伟人，他同时是一个坚毅、积极的思考者。

1914年12月9日的晚上，西橘城规模庞大的爱迪生工厂遭大火，工厂几乎全毁了。那一晚，老爱迪生损失了200万美元，他许多精心的研究也付之一炬。更令人伤痛的是，他的工厂保险投资很少，每一块钱只保了一角钱，因为那些厂房是钢筋水泥

所造，当时人们认为那是可以防火的。

查尔斯·爱迪生当时24岁，他的父亲已经67岁。当小爱迪生紧张地跑来跑去找他的父亲时，他发现父亲站在火场附近，满面通红，满头白发在寒风中飘扬。查尔斯说："我的心情很悲痛，他已经不再年轻，所有的心血却毁于一旦。可是他一看到我却大叫：'查尔斯，你妈呢？'我说：'我不知道。'他又在叫：'快去找她，立刻找她来，她这一生不可能再看到这种场面了。'"

第二天一早，老爱迪生走过火场，看着所有的希望和梦想毁于一旦，却说："这场火灾绝对有价值。我们所有的过错，都随着火灾而毁灭。感谢上帝，我们可以从头做起。"3周后，也就是那场大火之后的第21天，他制造了世界上第一部留声机。

积极心态伟大的功效之一，就是教导人们停止与自己对抗。事实上，很多人需要练习如何战胜自己。因为他们坚信自己无法处理自己的困境，他们已经被自己的心灵击败了。

拒绝跟自己对抗，如果你可以因为成长而克服困难，则困难就是激励你成长的要素。

找到那片属于你自己的天空

不被他人的评论所左右，找到那片属于你自己的天空，才能活出真正的自我，才能在充满坎坷的人生道路上走得更踏实。

很多时候，我们在通向成功的奋斗之路上常常会被一些人和事所干扰，最终失去了真实的自我，在歧路上越走越远，找不到回头的道路。

其实，生命是属于你自己的，每个人都有一片属于自己的独特的天空。你所要做的只是不要被别人的言论所左右，找到那片属于你自己的天空，这样你就能创造出一片属于你自己的精彩。

白云守端禅师有一次和他的师父杨岐方会禅师对坐，杨岐问：“听说你从前的师父茶陵郁和尚大悟时说了一首偈，你还记得吗？”

“记得，记得。”白云答道，“那首偈是：‘我有明珠一颗，久被尘劳关锁，一朝尘尽光生，照破山河万朵。’”语气中免不了有几分得意。

杨岐一听，大笑数声，一言不发地走了。

白云怔在当场，不知道师父为什么笑，心里很烦，整天都在思索师父的笑，怎么也找不出他大笑的原因。

那天晚上，他辗转反侧，怎么也睡不着，第二天实在忍不住了，大清早去问师父为什么笑。

杨岐禅师笑得更开心，对着失眠而眼眶发黑的弟子说：“原来你还比不上一个小丑，小丑不怕人笑，你却怕人笑。”白云听了，豁然开朗。

是啊，身为一个凡人，我们有时还比不上一个小丑。很多时候我们就是陷于别人给我们的评论之中而迷失了真实的自己。别人的语气、眼神、手势……都可能搅扰我们的心，摧毁我们往前迈进的勇气，甚至成天沉迷在白云式的愁烦中不得解脱，在前进的道路上迷失自我。放开自己，挣脱别人对我们的束缚，找到那片属于你自己的天空，你才能活得更洒脱，才能在充满坎坷的人生道路上走得更踏实。

懂得珍惜自己

每一个人都是无价之宝，我们要有足够的自信肯定自己的价值。

每个人都有自己的独特个性，也都有自己的作用和能力，就像一个小螺母、一个小贝壳，放在正确的地方就是无价之宝。

永远都不要自暴自弃，要相信你是造物主所创造的一个最独特的个体，世间没有人和你相同，只要把你放到合适的地方，你就会创造属于你的价值。

一个孤儿院的男孩，常常悲观地问院长："像我这样没有人要的孩子，活着究竟有什么意思呢？"院长总是笑眯眯地对他说："孩子，别灰心，谁说没有人要你呢？"

有一天，院长亲手交给男孩一块普通的石头，说道："明天早上，你拿着这块石头到市场去卖，但不是真卖。记住，无论别人出多少钱，绝对不能卖。”

男孩一脸迷惑地接下了这块石头。

第二天，他忐忑不安地蹲在市场的一个角落里叫卖石头。出人意料，竟然有许多人要向他买那块石头，而且一个比一个价钱出得高。男孩记着院长的话，没有卖掉。回到孤儿院后，他兴奋地向院长报告，院长笑笑，要他明天拿着这块石头到黄金市场去叫卖。在黄金市场，竟然有人出比昨天高出10倍的价钱要买那块石头，男孩拒绝了。

最后，院长让男孩把那块普通的石头拿到宝石市场上去展示。结果，石头的身价比昨天又涨了10倍。由于男孩怎么都不卖，这块石头被人传成“稀世珍宝”，参观者纷至沓来。

男孩兴冲冲地捧着石头回到孤儿院，他眉开眼笑地将一切情景禀报给院长。院长亲切地望着男孩，徐徐地说道：

“生命的价值就像这块石头一样，在不同的环境下就会有不同的意义。一块不起眼的石头，由于你的珍惜、惜售而提升了它的价值，被说成是稀世珍宝。你不就像这块石头一样吗？只要自己看重自己，懂得珍惜自己，生命就有意义、有价值。”

一块石头也自有它的价值，关键在于你将它放在什么地方，人生也是这样。

人生最大的损失，除丧失人格之外，就要算失掉自信心了。当一个人没有自信心时，那么他做任何事情都不会成功，就像没有脊椎骨的人永远站不起来一样。学会在小的事物中体会成功的愉悦，找回失去已久的自信心，在自信中提升自我的价值，是很多成功人士的一大秘诀。

学会赞美自己

每个人都需要赞美，特别是当你身处逆境的时候，赞美自己可以使你更加自信。

尼采说："每个人距自己是最远的。"这句话的意思是说，人类最不了解的是自己，最容易疏忽的也是自己。

有人说，演员必须有人赞美，如果好长时间没人赞美，他就应自己赞美自己，这样才能使自己经常保持舞台上的激情。员工需要老板的褒奖，学生需要老师的表扬，孩子需要父母的肯定，都是一个道理。人们的心灵是脆弱的，需要经常激励与抚慰，常常自我激励、自我表扬，会使自己的心灵快乐无比，时常存有自信的感觉。

一个人只有时刻保持自信和快乐的感觉，才会使自己在不顺心的生活中更加热爱生命、热爱生活。只有快乐、愉悦的心情，才能催动人的创造力和人生动力。只有不断给自己创造快乐，才能远离痛苦与烦恼，才能拥有快乐的人生。

一个喜欢棒球的小男孩，生日时得到一个新球棒。他激动万分地冲出屋子，大喊道："我是世界上最好的棒球手！"他把球高高地扔向天空，举棒击球，结果没中。他毫不犹豫地第二次拿起了球，挑战似的喊道："我是世界上最好的棒球手！"这次他打得更带劲，但又没击中，反而跌了一跤，擦破了皮。男孩第三次站了起来，再次击球，这一次准头更差，连球也丢了。他望了望球棒道："嘿，你知道吗？我是世界上最伟大的击球手！"

后来，这个男孩果然成了棒球史上罕见的神击手，是自己的赞美给了他力量，是赞美成就了小男孩的梦想。也许有一天，我们能像小男孩一样登上成功的顶峰，那时再回首今天，我们会看见通往凯旋门的大道上，除了脚印、汗水、泪水外，还有一个个驿站，那便是自己的赞美。

这种对自我的赞美，正是一颗深深地植根于自己灵魂中的种子，最后一定会在现实生活中结出无数颗能展示生命之美的果实。

自我赞美，会成为创造奇迹的动力。当年拿破仑在奥斯特里茨不得不面临着与数倍于自己的强敌决战时，拿破仑对即将投入战斗的将士们说："……我的兄弟们，请你们记住：我们法兰西的战士，是世界上最优秀的战士，是永远都不可战胜的英雄！当你冲向敌人的时候，我希望你们能高喊着：我是最优秀的战士，我是不可战胜的英雄！"战斗中，法国将士高喊着"我是最优秀的战士，我是不可战胜的英雄"的口号，他们以一当十，摧枯拉朽地大败奥、俄军队。

赞美自己，你就可从中获得不可战胜的力量；赞美自己，你就可使自己自信的阳光融化心中的任何胆怯和懦弱；赞美自己，你就可以唤醒自己生命里沉睡的智慧和能力，从而推动自

己事业的蓬勃发展；赞美自己，你的灵魂从此将不再迷失在绝望的黑暗里……

渴望得到别人的赞美毕竟不如自己赞美自己来得容易。既然我们需要赞美，既然赞美可以让我们更上一层楼，催我们奋进，那么我们为什么不时常赞美自己几句呢？赞美自己几句，为自己喝彩，为自己叫好，你就能体会到拥有成功的喜悦。

执着不一定是好事

学会变通是做人的一大准则，如果你做事不知道变通，只会导致一意孤行，品尝失败的苦果。

执着是一种很好的品质，但有的时候并不一定是好事。无论是做人，还是做事，都要学会变通。因为，只有变通才会找到方法，才会获得一条捷径。

变通，就是以变化自己为途径，通向成功。哲学家讲："你改变不了过去，但你可以改变现在；你想要改变环境，就必须改变自己。"

种子落在土里长成树苗后最好不要轻易移动，一动就很难成活。而人就不同了，人有脑子，遇到了问题可以灵活地处理，这个方法不成就换一个方法，总有一个方法是对的。做人做事要学会变通，不能太死板，要具体问题具体分析。前面已经是悬崖了，难道你还要跳下去吗？不要被经验束缚了头脑，要冲出习惯性思维的樊篱。执着很重要，但盲目地执着是不可取的。

有这样一则寓言故事：

战国时期，秦国有个人叫孙阳，精通相马，无论什么样的马，他一眼就能分出优劣。他常常被人请去识马、选马，人们都称他为伯乐。

有一天，孙阳外出打猎，一匹拖着盐车的老马突然向他走来，在他面前停下后，冲他叫个不停。孙阳摸了摸马背，断定是匹千里马，只是年龄稍大了点。老马专注地看着孙阳，眼神充满了期待和无奈。孙阳觉得太委屈这匹千里马了，它本是可以奔跑于战场的宝马良驹，现在却因为没有遇到伯乐而默默无闻地拖着盐车，慢慢地消耗着它的锐气和体力，实在可惜！孙阳想到这里，难过得落下泪来。

这次事件之后孙阳深有感触，他想：这世间到底还有多少千里马被庸人所埋没呢？为了让更多的人学会相马，孙阳把自己多年积累的相马经验和知识写成了一本书，配上各种马的形态图，书名叫《相马经》，目的是使真正的千里马能够被人发现，尽其所才，也为了自己一身的相马技术能够流传后世。

孙阳的儿子看了父亲写的《相马经》后，以为相马很容易。他想，有了这本书，还愁找不到好马吗？于是，就拿着这本书到处找好马。他按照书上所画的图形去找，没有找到。又按书中所写的特征去找，最后在野外发现一只癞蛤蟆，与父亲在书中写的千里马的特征非常像，便兴奋地把癞蛤蟆带回家，对父亲说："我找到一匹千里马，只是马蹄短了些。"父亲一看，气不打一处来，没想到儿子竟如此愚蠢，悲伤地感叹道："所谓按图索骥也。"

这个故事出自明朝杨慎的《艺林伐山》，也是成语“按图索骥”的由来。这个寓言有两层寓意：一是比喻按照某种线索去寻找事物；二是讽刺那些本本主义的人，机械地照书本办事，不知变通。

记载商鞅思想言论的《商君书》中有一段名言：“聪明的人创造法度，而愚昧的人受法度的制裁；贤人改革礼制，而庸人受礼制的约束。”是的，圣人创造“规矩”，开创未来；常人遵从“规矩”，重复历史。为什么孔子是圣人，而他的三千弟子不是？道理就在于思想是否解放，是否敢于创新，是否敢于自主地、实事求是地思考分析问题。

许多成功人士一生不败，关键就在于用绝了为人处世的变通之道，进退之时，俯仰之间，都超人一等，让左右暗自佩服，以之为师。

学会为人处世的变通之道不是“空头支票”，而是决定你能否从人群中挺立起来的第一关键；反之，凡不知为人处世的变通之道者，一定会在许多重要时刻碰得头破血流，跌入失败之境。

学会变通，是做人做事之诀窍。尤其是当你身处困境时，灵活变通的能力能为你带来成功的机会。

幸福就是做自己喜欢做的事

做自己喜欢做的事，本身就是一种最大的幸福。

工作不需要每天每时都其乐无穷，但是快乐的日子应该多于消沉的日子。如果你真的讨厌自己的工作，最好放弃这份工作。

有一个青年的父亲是位受人尊敬的会计师，在父亲的影响下，他也为了考取会计师资格夜以继日地读书，但是考了几次都没有通过，他非常苦恼。实际上，该青年并不喜欢当会计，每次学习时都心不在焉。他喜欢从事富有创意性的工作，因此他接受了别人给予他的建议：试着转换人生的方向。

后来，这个青年以园林建筑师的身份进入了一家园林公司，不到一年的时间，他的设计就在比赛中获了奖。

现在他已成为一名出色的园林设计师，备受公司的器重，事业蒸蒸日上。

做自己喜欢做的事情，就会特别卖力，特别有激情；而被迫做事，则无法产生干劲，更不会有创造性。因此，选择自己喜爱的职业，心情愉快地去工作，你才会把工作做得更有品质，才会早日实现自己的目标。

PART

08

抱怨生活之前，先认清你自己

有自知之明的人才接近完美

人需要有自知之明。特别是在身处困境、地位低下的时候，一个人更应该反省自身，多思考一下自己的缺陷和不足，才能找到差距，才能找到奋斗的方向，迎来成功的那一天。

看清你自己是你成功的必然，你不能因为境况的不如意而迷迷糊糊、浑浑噩噩地度日。只有正确地认识自己、评价自己，找到不足和差距，你才能不断取得进步，走出困境，走向成功。

多年前的一个傍晚，一位叫亨利的青年移民，站在河边发呆。那天是他30岁生日，可他不知道自己是否还有活下去的必要。因为亨利从小在福利院长大，身材矮小，长相也不好看，讲话又带着浓重的法国乡下口音。所以他一直很瞧不起自己，认为自己是一个既丑又笨的乡巴佬，连最普通的工作都不敢去应聘，没有工作，也没有家。

就在亨利徘徊于生死之间的时候，与他一起在福利院长大的好朋友约翰兴冲冲地跑过来对他说："亨利，告诉你一个好消息！"

"好消息从来不属于我。"亨利一脸悲戚。

"不，我刚刚从收音机里听到一则消息。拿破仑曾经丢失了一个孙子，播音员描述的相貌特征与你丝毫不差！"

"真的吗，我竟然是拿破仑的孙子？"亨利一下子精神大振。联想到爷爷曾经以矮小的身材指挥着千军万马，用带着泥土芳香的法语发出威严的命令，他顿时感到自己矮小的身材同样充满力量，讲话时的法国口音也带着几分高贵和威严。

第二天一大早，亨利便满怀自信地来到一家大公司应聘，他竟然应聘成功了。

20年后，已成为这家公司总裁的亨利，查证自己并非拿破仑的孙子，但这早已不重要了。

人贵有自知之明，难得真正了解自己、战胜自己，驾驭自己。自以为自知与真正自知不同，自以为了解自己是大多数人容易犯的毛病，真正了解自己是少数人的明智。人生如秤：对自己的评价称轻了容易自卑，称重了又容易自大；只有称准了，才能实事求是、恰如其分地感知自我、完善自我，对自己了然于心，知道自己能吃几碗干饭、有几许价值，才能做到有自知之明。可现实中人们常常称重自己，过于自信和自重，总觉得高人一等，办事忽左忽右，不知轻重，而造成不必要的失败。当然也有称轻自己的人，其表现为往往自轻和自贱，多萎靡少进取，总以为自己不如人，而经常处于无限的悲苦之中。

古人云："吾日三省吾身。"就是说，自知之明来源于自我修养和自我慎独。因为自省才能自制自律，自律才能自尊自重，自重才能自信自立。自尊为气节，自知为智慧，自制为修养。人具备了自知之明的胸臆和襟怀，其人格顶天立地，其行为不卑不亢，其品德上下称道，其事业左右逢源。在人生道路上，就能经常解剖自己，自勉自励，改正缺点，量知而思，量力而行，及时把握机遇，不断创造人生的辉煌。

自知之明与自知不明只一字之差，却是两种结果。自知不明的人往往昏昏然、飘飘然，忘乎所以，看不到问题，摆不正位置，找不准人生的支点，驾驭不好人生命运之舟。自知之明关键在“明”字，对自己明察秋毫，了如指掌，因而遇事能审时度势，善于趋利避害，很少有挫折感，其预期值就会更高。

在遭遇挫折的时候，不要妄自菲薄，也不要自视过高，正确地衡量自己、读懂自己，发现不足，弥补缺陷，你就能改变现状，获得成功。

不要太看重生活中的得失

不要因为外物的得与失而影响自己的心情。

很多人因为生活中的得失而备受折磨，其实有得必有失，一时的得失不会影响人生的进程。如果你总是把一时的得失挂在心头，不能自释，生命的水流可能就会在那一刻徘徊不前。

有一位金代禅师非常喜爱兰花，在平日弘法讲经之余，花费了许多时间栽种兰花。有一天，他要外出云游一段时间，临行前交代弟子要好好照顾寺里的兰花。在这段时间里，弟子们

总是细心照顾兰花，但有一天在浇水时却不小心将兰花架碰倒了，所有的兰花盆都打碎了，兰花撒了满地。因此弟子们都非常恐慌，打算等师父回来后，向师父赔罪领罚。金代禅师回来了，闻知此事，便召集弟子，不但没有责怪他们，反而说道：“我种兰花，一来是希望用来供佛，二来也是为了美化寺庙环境，不是为了生气而种兰花的。”

金代禅师说得好：“不是为了生气而种兰花的。”禅师之所以能如此，是因为他虽然喜欢兰花，但心中却无兰花这个障碍，因此，兰花的得失并不影响他心中的喜怒。

养兰花是为了娱情，如果因失去兰花而失去心理的平衡，那就不如不种兰花。

在日常生活中，因为我们牵挂得太多，我们太在意得失，所以我们的情绪起伏不定，我们不快乐。在生气之际，我们如能多想想“我不是为了生气而学习的”“我不是为了生气而工作的”“我不是为了生气而交朋友的”“我不是为了生气而恋爱的”“我不是为了生气而打球的”，那么我们就会为我们的心情开辟出另一番天地。

抱怨只会让生活更不如意

抱怨不如行动，与其在抱怨中感叹命运，不如在奋斗中改写命运。

只是一味地去抱怨自身的处境，对于改善处境没有丝毫益处，只有先静下心来分析自己，并下定决心去改变它，付诸行动，它才能向你所希望的方向发展。一分耕耘一分收获，不要企望在抱怨或感叹中取得进步，事情的进展是你的行为直接作用的结果。事在人为，只要你去努力争取，梦想终能成真。

画家列宾和他的朋友在雪后去散步，他的朋友瞥见路边有一片污渍，显然是狗留下来的尿迹，就顺便用靴尖挑起雪和泥土把它覆盖了，没想到列宾发现时却生气了，他说：“几天来我总是到这来欣赏这一片美丽的琥珀色。”在生活中，当我们老是埋怨别人给我们带来不快，或抱怨生活不如意时，想想那片狗留下的尿迹，其实，它是“污渍”还是“一片美丽的琥珀色”，都取决于你自己的心态。

不要抱怨你的专业不好，不要抱怨你的学校不好，不要抱怨你住在破宿舍里，不要抱怨你的男人穷或你的女人丑，不要抱怨你没有一个好爸爸，不要抱怨你的工作差、工资少，不要抱怨你空怀一身绝技没人赏识你……现实有太多的不如意，就算生活给你的是垃圾，你同样要把垃圾踩在脚底下，登上世界之巅。

孔雀向王后朱诺抱怨。她说："王后陛下，我不是无理取闹来诉说，您赐给我的歌喉，没有任何人喜欢听，可您看那黄莺小精灵，唱出的歌声婉转，它独占春光，风头出尽。"朱诺听到如此言语，严厉地批评道："你赶紧住嘴，嫉妒的鸟儿。你看你脖子四周，如一条七彩丝带。当你行走时，舒展的华丽羽毛，出现在人们面前，就好像色彩斑斓的珠宝。你是如此美丽，你难道好意思去嫉妒黄莺的歌声吗？和你相比，这世界上没有任何一种鸟能像你这样受到别人的喜爱。一种动物不可能具备世界上所有动物的优点。我赐给大家不同的天赋，有的天生长得高大威猛；有的如鹰一样勇敢，鹊一样敏捷；乌鸦则可以预告未来之声。大家彼此相融，各司其职。所以我奉劝你去除抱怨，不然的话，作为惩罚，你将失去你美丽的羽毛。"

抱怨对事情没有一点儿帮助，与其不停地抱怨，不如把力气用于行动。

抱怨的人不见得不善良，但常不受人欢迎。抱怨的人认为自己经历了世上最大的不平，但他忘记了听他抱怨的人也可能同样经历了这些，只是心态不同、感受不同。

宽容地讲，抱怨实属人之常情。然而抱怨之所以不可取在于：抱怨等于往自己的鞋里倒水，只会使以后的路更难走。抱怨的人在抱怨之后不仅让别人感到难过，自己的心情也往往更糟，心头的怨气不但没有减少，反而更多了。常言道：放下就是快乐。与其抱怨，不如将其放下，用超然豁达的心态去面对一切，这样迎来的将是另一番新的景象。

天下有很多东西是毫无价值的，抱怨就是其中一种，所以，我们要学会拒绝抱怨。

抱怨生活之前，先认清你自己

生活中总有这样那样的困难和不顺，在你抱怨生活之前，先问问自己：你认清你自己了吗？

一个女孩对父亲抱怨她的生活，抱怨事事都那么艰难。她不知该如何应付生活，想要自暴自弃了。她已厌倦抗争和奋斗，好像一个问题刚解决，新的问题就又出现了。

女孩的父亲是位厨师，他把她带进厨房。他先往三只锅里倒入一些水，然后把它们放在旺火上烧。不久锅里的水烧开了，他往一只锅里放些胡萝卜，第二只锅里放入鸡蛋，最后一只锅里放入碾成粉状的咖啡豆。他将它们浸入开水中煮，一句话也没说。

女孩咂咂嘴，不耐烦地等待着，纳闷父亲在做什么。大约20分钟后，他把火关了，把胡萝卜捞出来放入一个碗内，把鸡蛋捞出来放入另一个碗内，然后又把咖啡舀到一个杯子里。做完这些后，他才转过身问女儿："亲爱的，你看见什么了？"

"胡萝卜、鸡蛋、咖啡。"她回答。

他让她靠近些，并让她用手摸摸胡萝卜。她摸了摸，注意到它们变软了。

父亲又让女儿拿一只鸡蛋并打破它。将壳剥掉后，她看到的是只煮熟的鸡蛋。

最后，父亲让她啜饮咖啡。品尝到香浓的咖啡，女儿笑了。她怯声问道："父亲，这意味着什么？"

父亲解释说，这三样东西面临同样的逆境——煮沸的开水，但其反应各不相同。

胡萝卜入锅之前是强壮的、结实的，但进入开水后，它变软了、变弱了。

鸡蛋原来是易碎的，它薄薄的外壳保护着它呈液体的内部，但是经开水一煮，它的壳变硬了，里面熟了，成为食物了。

而粉状咖啡豆则很独特，进入沸水后，它们倒改变成饮品了。

父亲的教导方法是高明的。一个人总会在生活中遇到不顺，心灵受到折磨。这个时候，如果你一味选择抱怨，也许只会让生活变得更糟。因此，在抱怨之前，先认清自己吧！或许，你就能找到改变境遇的答案。

人生没有借口

要成功，就不要给自己寻找借口。

不要总给自己找借口，借口让人活得心安理得，也让人活得虚无缥缈。不要总给自己找借口，借口不是生活的必需品，坦诚直率的人不需要它。也许某日，我们为搪塞什么事、为了不失面子而被它击溃。可是，你想过吗？我们因此失去了良心一角。

一个漆黑、凉爽的夜晚，坦桑尼亚的奥运马拉松选手艾克瓦里吃力地跑进了墨西哥市奥运体育场，他是最后一名抵达终点的选手。

这场比赛的优胜者早就领取了奖杯，庆祝胜利的典礼也早已结束，因此，艾克瓦里一个人孤零零地抵达体育场时，整个体育场已经空荡荡的。艾克瓦里的双腿沾满血污，绑着绷带，他努力地绕完体育场一圈，跑到终点。在体育场的一个角落，著名的纪录片制作人格林斯潘远远看着这一切。接着，在好奇心的驱使下，格林斯潘走了过去，问艾克瓦里为什么这么吃力地跑至终点。这位来自坦桑尼亚的年轻人轻声地回答说：“我的国家从两万多公里之外送我来这里，不是仅仅叫我在这场比赛中起跑的，而是派我来完成这场比赛的。”

没有任何借口，没有任何抱怨，职责就是他一切行动的准则。

不找任何借口看似冷漠，缺乏人情味，但它可以激发一个人最大的潜能。无论你是谁，在人生中，无须找任何借口，失败了也罢，做错了也罢，再妙的借口对于事情本身也没有用处。

要成功，就不要给自己寻找借口，不要抱怨外在的一些条件，当我们抱怨的时候，实际上是在为自己找借口。而找借口的唯一好处就是安慰自己：我做不到是可以原谅的。但这种安慰是有害的，它暗示我们：我克服不了这个客观条件造成的困难。在这种心理暗示的引导下，我们就不再去思考克服困难、完成任务的方法，哪怕是只要改变一下角度就可以轻易达到目的。

不寻找借口，就是永不放弃；不寻找借口，就是锐意进取……要成功，就要保持一颗积极、绝不轻易放弃的心，尽量发掘出周围人或事物最好的一面，从中寻求正面的看法，让自己能有向前走的力量。即使最终失败了，也能汲取教训，把失败视为向目标前进的踏脚石，而不要让借口成为我们成功路上的绊脚石。所以，千万不要找借口，把寻找借口的时间和精力用到努力学习中，成功属于那些不寻找借口的人！

要改变命运，先改变自己

命运就掌握在你自己手中，要想改变你的命运，必须先改变你自己。

生活不如意的人，总会认为自己的命不好。其实，命运就掌握在你自己手中，你的命运只有你自己才能改变。

是改变你的世界，还是让世界改变你？

年轻人经常谈论这个问题，如果你想改变你的世界，首先就应该改变你自己。如果你是正确的，你的世界也会是正确的。这就是积极态度所谈及和强调的主要问题。

绿草如茵的草地上，住着一群羊，还住着一群狼。对这群羊来说，狼吃羊是天经地义的事，每隔几天总有些羊被吃掉。日子就这样过下去。

直到有一天，一只叫奥托的羊想：为什么羊要被狼吃掉？羊可不可以不被狼吃？于是它去问其他羊。第一只羊说：“自古以来就是这样。”第二只羊说：“因为狼比我们聪明。”第三只羊说："因为狼比我们跑得快，也比我们合群。"第四只羊说："狼比我们学得快，也学得好，我们永远不可能超过它们。"

经过不断地询问、收集资料以及深入思索研究，奥托终于明白，只要羊学得比狼快、比狼好，羊就不会被吃掉，而且这是经过努力可以做得到的。于是，它召开羊群大会，告诉所有的羊群它的梦想。

后来，它们共同行动，努力学习，尽可能快跑，还根据每到雨季狼不来吃羊的现象，找出狼不会游水的特性，又在居住地周围挖出一条护城河，筑起堤坝。现在，在绿草如茵的家园，这群羊过着幸福快乐的日子。

人生不如意事十之八九，这时很多人都会慨叹命运不公，同时感叹那些有车有房者命真好。其实，命运何尝厚此薄彼，每个人的命运都掌握在自己手中。你只要充分发挥自己的主观能动性，主动改变自己，那么你的命运也会随之改变。

从现在起，就做出改变

在做一件事情的时候，你是否问过自己："我做过的事情，是否让我自己满意？"如果目前你能做的事情、你所处的位置连你自己都不满意，那说明你还没有做到卓越。

如果一个人满足于现状，满足于给别人打江山，那么，他就永远只能是一个打工仔。要想改变自己受人"折磨"的现状，必须改变你自己。

年轻时的李嘉诚在一家塑胶公司业绩优秀、步步高升，前途一片光明，如果是一般人，也应该心满意足了。然而，此时的李嘉诚，虽然年纪很轻，但通过自己不懈地努力，在他所经历的各行各业中都有一种如鱼得水之感。他的信心一点一点地开始增加起来，他觉得这个世界在他面前已小了许多，他渴望到更广阔的世界里去闯荡一番，渴望能够拥有自己的企业，闯出自己的天下。

于是，李嘉诚不再满足于现状，也不愿意享受安逸。正干得顺利的他准备再一次跳槽，重新投入竞争的洪流，以自己的聪明才智开始新的奋斗目标。

他的老板自然舍不得放他离去，再三挽留。但李嘉诚去意已决，老板见挽留不住李嘉诚，并未责怪他“不记栽培器重之

恩”，反而约李嘉诚到酒楼，设宴为他饯行，这令李嘉诚十分感动。

席间，李嘉诚不好意思再加隐瞒，老老实实地向老板坦白了自己的计划：“我离开你的塑胶公司，是打算自己也办一家塑胶厂，我难免会使用在你手下学到的技术，大概也会开发一些同样的产品。现在塑胶厂遍地开花，我不这样做，别人也会这样做。不过我绝不会把客户带走，不会向你的客户销售我的产品，我会另外开辟销售渠道。”

李嘉诚怀着愧疚之情离开塑胶公司——他不得不走这一步，要赚大钱，只有靠自己创业。这是他人生中的一次重大转折，他从此就迈上了充满艰辛与希望的创业之路。

正是要求改变现状的欲望改变了李嘉诚的一生。你是否有改变自己的强烈欲望？你是否有做富人的雄心大志？

人都有一种思想和生活的习惯，就是害怕自己的环境改变和思想变化。人们喜欢做大家经常做的事情，不喜欢做需要自己变化的事情。所以，很多时候，我们没有抓住机会，并不是因为我们没有能力，也不是因为我们不愿意抓住机会，而是因为我们恐惧改变。人一旦形成了习惯的思维定式，就会习惯地顺着定式的思维思考问题，不愿也不会转个方向、换个角度想问题，这是很多人的一种愚顽的“难治之症”。比如说看魔术表演，不是魔术师有什么特别高明之处，而是我们大伙儿思维过于因循守旧，想不开。想不通，所以“上当”了。让一个工人辞职去开一个餐厅，让一位教师去经商，他们不愿意的概率大于70%，因为他们担心改变原来的生活和工作的状态。

如果勇敢地主动变化，很大程度上是超越了自己，也比较容易获得成功。比尔·盖茨就是一个活生生的例子，他还是一名学生的时候，在学校过着非常舒适的大学生活，如果走出校园去创业，就是一个很大的变化，但是比尔·盖茨毅然决定改变现状，他凭着自己的才华和毅力终于成为世界上首屈一指的富翁。

在生活的旅途中，我们总是经年累月地按照一种既定的模式运行，从未尝试走别的路，这就容易衍生出消极厌世、疲惫乏味之感。所以，不换思路，不思改变，生活也就很乏味。很多人走不出思维定式，所以他们走不出宿命般的贫穷结局；而一旦走出了思维定式，也许可以看到许多别样的人生风景，甚至可以创造新的奇迹。因此，从舞剑可以悟到书法之道，从飞鸟可以造出飞机，从蝙蝠可以联想到电波，从苹果落地可悟出万有引力……常爬山的应该去涉水，常跳高的应该去打打球，常划船的应该去驾驾车。换个位置，换个角度，换个思路，寻求改变，也许你的命运就会在一瞬间得到改变。

从现在起，就做出改变吧！

一定要从“小钱”起步

有时候“小钱”的数量看起来小，但世上无论数目多大的钱都是由小钱累积起来的。最关键的一点是，从小钱起步，更能磨炼你的扎实心态和忍耐精神。

现在社会上的一些年轻人，心态往往都很浮躁，他们看不起“小钱”，他们都认为那种指点江山、激扬文字的大手笔才是一个成功者的形象。

其实，很多成功者和富翁都是从“小钱”开始起家的，小钱才能累积出大钱来。

美国佛罗里达州的一名13岁学生萨科特，曾经替人照看婴儿以赚取零用钱。留意到家务繁重的母亲经常要紧急上街购买纸尿片，于是他灵机一动，决定创办打电话送尿片公司，只收取15%的服务费，便会送上纸尿片、婴儿药物或小件的玩具等东西。他最初给附近的家庭服务，很快便受到左邻右舍的欢迎，于是他印了一些卡片四处分送。很快业务迅速发展，生意奇佳，而他又只能在课余时间用单车送货，于是他用每小时6美元的薪金雇用了一些大学生帮助他。现在他已拥有多家规模庞

大的公司。

2006年被美国《财富》杂志评为美国第二大富豪的巴菲特，被公认为股票投资之神。他也是以“小钱”起家的典型。巴菲特在11岁就开始投资第一只股票，把他自己和姐姐的一点小钱都投入股市。刚开始一直赔钱，他的姐姐一直骂他，而他坚持认为持有三四年才会赚钱。结果，姐姐把股票卖掉，而他则继续持有，最后事实证明了他的想法是正确的。

巴菲特20岁时，在哥伦比亚大学就读。在那一段日子里，跟他年纪相仿的年轻人都只会游玩，或是阅读一些休闲的书籍，而他却大啃金融学的书籍，并跑去翻阅各种保险业的统计资料。当时他的本钱不够，又不喜欢借钱，但是他的钱还是越赚越多。

1954年，巴菲特如愿以偿到葛莱姆教授的顾问公司任职，两年后他向亲戚朋友集资10万美元，成立了自己的顾问公司，该公司的资产增值

30倍以后。1969年，他解散公司，退还合伙人的钱，把精力集中在自己的投资上。

巴菲特从11岁就开始投资股市，历经几十年坚持不懈的奋斗。他认为，他今天之所以能靠投资理财创造出巨大财富，完全是靠近60年的岁月，慢慢地创造出来的。

比尔·盖茨强调，千万别自大地认为你是个“做大事，赚大钱”的人，而不屑去做小事、赚小钱。要知道，连小事也做不好、连小钱也不愿意赚或赚不来的人，别人是不会相信你能做大事、赚大钱的！如果你抱着这种只想“做大事，赚大钱”的心态去投资做生意，那么失败的可能性很高！

一个人一生的时间其实很短，如果你把这很短的时间都用在等待那所谓的“大钱”身上，时间很快就会过去，只能在老之将至时徒留后悔。

恐怕现在的年轻人都不愿听“先做小事、赚小钱”这句话，因为他们大都雄心万丈，一踏入社会就想做大事、赚大钱。

当然，“做大事，赚大钱”的志向并没什么错，有了这个志向，你就可以不断向前奋进。但说老实话，社会上真能“做大事，赚大钱”的人并不多，更别说一踏入社会就想“做大事，赚大钱”了。

事实上，很多成大事、赚大钱者并不是一走上社会就取得如此业绩，很多大企业家是从伙计当起，很多政治家是从小职员当起，很多将军是从小兵当起，人们很少遇到一走上社会就真正“做大事，赚大钱”的人！所以，当你的条件普通，又没有良好的家庭背景时，那么“先做小事，先赚小钱”绝对没错！你绝不能拿机遇赌，因为机遇是看不着抓不到、难以预测的！

“先做小事，先赚小钱”可以使你在低风险的情况之下积累工作经验，同时也可以借此了解自己的能力。当你做小事得心应手时，就可以做大一点儿的事。赚小钱既然没问题，那么赚大钱就不会太难！何况小钱赚久了，也可累积成“大钱”！

此外，“先做小事，先赚小钱”还可培养自己踏实的做事态度和金钱观念，这对日后“做大事，赚大钱”以及自己一生都有莫大的助益！

PART

09

大胆地去实践你的梦想

行动永远是第一位的

即使你绝顶聪明，如果你不去行动，你也成就不了事业。

一个人被生活的困苦折磨久了，于是有了一个想要改变的梦想，那他已经走出了第一步。但是若想看见成功的大海，只走一步又有什么用呢？

因此，你有了梦想，就需要行动起来，最终才能摆脱受折磨的命运。

连绵秋雨已经下了几天，在一个大院子里，有一个年轻人浑身淋得透湿，但他似乎毫无觉察，满腔怒气地指着天空，高声大骂着：

“你这该千刀万剐的老天呀！我要让你下十八层地狱！你已经连续下了几天雨了，弄得我屋也漏了，粮食也霉了，柴火也湿了，衣服也没得换了，你让我怎么活呀！我要骂你、咒你，让你不得好死……”

年轻人骂得越来越起劲，火气越来越大，但雨依旧淅淅沥沥，毫不停歇。

这时，一位智者对年轻人说：

“你湿淋淋地站在雨中骂天，过两天，下雨的龙王一定会被你气死，再也不敢下雨了。”

“哼！它才不会生气呢，它根本听不见我在骂它，我骂它其实也没什么用！”年轻人气呼呼地说。

“既然明知没有用，为什么还在这里做蠢事呢？”

年轻人无言以对。

“与其浪费力气骂天，不如为自己撑起一把雨伞。自己动手去把屋顶修好，去邻家借些干柴，把衣服烘干、粮食烘干，

好好吃上一顿饭。”智者说。

“与其浪费力气在这里骂天，不如为自己撑起一把雨伞。”智者的话对身处逆境的我们来说，不失为一句“醒世恒言”。在困境中与其抱怨命运不公，为什么不把这些精力用在改变困境的行动上呢？

坐着不动是永远也改变不了现状的，同样，坐着不动也是永远做不成事业的。只有傻瓜才寄希望于天上掉馅饼。俗话说“一分耕耘，一分收获”，没有耕耘，就没有行动，那就自然不会有收获。不论是运用你的大脑，还是运用你的体力，你一定要“动”起来才行。

日本一家公司的训导口号说：“如果你有智慧，请拿出智慧；如果你缺少智慧，请你流汗；如果你既缺少智慧又不愿意流汗，那么请你离开本公司。”人生在世，的确是需要“动”起来的。不是说“生命在于运动”吗？其实事业更在于“运动”——运用你的智慧，运用你的体力，才能创造你事业的辉煌。否则，成功对于你来说永远都是海市蜃楼。

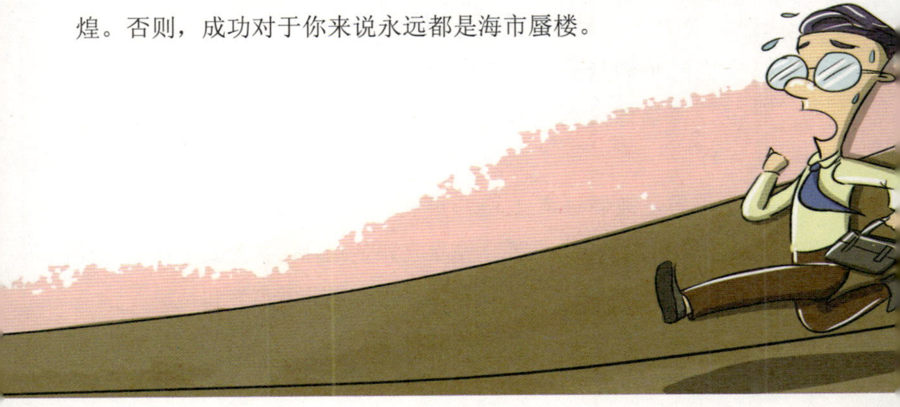

别让焦虑影响你的行程

焦虑的情绪不仅会影响你的身体健康，更会影响你前进的行程。不把焦虑放在心上，你才会心无挂碍，走得更踏实、更有力。

一个身处逆境的人一定要保持心灵的放松，如果你时刻把焦虑放在心头，那你只会因焦虑而犯错，无法集中精力去做好该做的事，你的境况也会越来越差。

球王贝利十几岁时就被巴西著名球会桑托斯队选中了。一种前所未有的怀疑和恐惧，使贝利整夜未眠，忧虑和自卑侵蚀着他的心。

贝利终究要到桑托斯足球队来面对一切，但是紧张和恐惧的情绪，他始终无法完全克服。

本来，他以为刚进球队，教练应该只会让他做一些盘球、传球等基本练习，或者就是准备当板凳队员。但是，没想到第一场比赛，教练就让他上场踢主力中锋。

当时贝利紧张得还没回过神来，双脚就像长在别人身上似的，每当球滚到他身边，他都觉得是别人的拳头要朝他攻击一样。

几乎是被硬逼着上场的贝利，不顾一切地在场上奔跑之后，开始慢慢地投入，忘了是谁在跟他踢球，甚至到了浑然忘我的境界，每一个接球、盘球和传球都变得非常自然和畅快。

等到比赛快要结束时，他甚至已经忘了自己是桑托斯球员，以为仍在故乡的球场上练球一样。而那些让他充满畏惧的足球明星们，没有一个人轻视他，反而对他相当友善。

这时，贝利才明白，如果自信心能强一点，那么自己也不必受那么多的精神煎熬了。

看，焦虑的情绪对贝利产生了多么大的影响，等他消除了这种情绪之后，他才知道其实自己有多么出色。

的确如此，无论境况如何，我们都不能让焦虑占据我们的心田，只有这样，我们的实力才能得以发挥，很快我们就会看到自身所能取得的进步，而这些进步，绝非焦虑所能带来。

行动是改变现状的捷径

放弃舒适的固有生活，做一种人生的改变，人人都可以做到，但未必人人愿意行动。

一位哲人曾这样说过：“我们生活在行动中，而不是生活在岁月里。”要改变你的生活，你首先要行动起来，只有行动才是改变你现状的捷径。

曾亲眼看到两位老友因车祸去世而患上抑郁症的美国男子沃特，在无节制地暴饮暴食后，体重迅速膨胀到了无法自抑的地步，直线逼近200千克。当逛一次超市就足以让沃特气喘吁吁缓不过劲儿时，沃特意识到自己已经到了绝境。绝望之中的沃特再也无法平静，他决定做点什么。

打开年轻时的相册，里面的自己是一个多么英俊的小伙子啊。深受刺激的沃特决定开始减肥之旅——徒步美国，沃特迅速收拾好行囊，带着接近200千克的庞大身躯出发了。他穿越了加利福尼亚的山脉，走过了新墨西哥的沙漠，踏过了都市乡村、旷野郊外……整整一年时间，沃特都在路上。他住廉价旅馆，或者就在路边野营。他曾数次遇到危险，一次在新墨西哥州，他险些被一条剧毒的眼镜蛇咬伤，幸亏及时开枪将之打死。至于小的伤痛简直就是家常便饭，但是他坚持走过了这一年，一年后，他步行到了纽约。

他的事情被媒体曝光后，深深触动了美国人的神经。这个立志减肥、徒步行走的中年男子，被《华盛顿邮报》《纽约时报》等媒体誉为“美国英雄”，他的故事感动了美国。不计其数的美国人成为沃特的支持者，他们从四面八方赶来，为的就是能和这个胖男人一起走上一段路。每到一个地方，就会有沃特的支持者在那里迎接他。

当他被美国收视率最高的节目之一《奥普拉·温弗利秀》请到现场时，全场掌声雷动，为这个执着的男人欢呼。出版商邀请他写自传，电视台找他拍摄专辑……更不可思议的是，他的体重成功减去了50千克，这是一个多么惊人的数字！

许多美国人称：沃特的故事使他们深受激励，原来只要行动，生活就可以过得如此潇洒。沃特说这一切让他感到意外：“人们都把我看作是一个美国英雄式的人物，但我只是一个普通人，现在我意识到，这是一次精神的旅行，而不仅仅是肉体。”他的个人网站“行走中的胖子”，吸引了无数访问者，很多慵懒的胖子开始反问自己：“沃特可以，为什么我不可以？”

徒步行走这一年，沃特的生活发生了巨变。从一个行动迟缓的胖子到一个堪比“现代阿甘”的传奇式人物，沃特用了一年时间，他收获的绝不仅仅是减肥成功这么简单。放弃舒适的固有生活，做一种人生的改变，人人都可以做到，但未必人人愿意行动。所以，沃特成功了。

你也是，只要付诸行动，没有什么不可以。勇敢行动起来，创造自己生命的奇迹吧！

计划是成功者的锦囊

成功，是每一个奋斗者的企盼和向往，是每一个奋斗者为之倾心的夙愿。在计划的推动下，人就能够被激励、被鞭策，处于一种昂扬、激奋的状态，就会去积极进取、创造，并向着美好的未来挺进。

作为年轻人，应当志存高远，但计划也必须是符合内心的渴望并切合实际的。如果你只是含含糊糊地给自己确定一个大概的计划，希望在行动的过程中再加以调整或更改，那么，即便你的计划再远大宏伟，也只能如海市蜃楼般虚无缥缈。

有些人的计划用笼统的词句表达，比如说：“当一名成功的医师。”有的则比较具体，如：“要发明能有效治疗胃痛或头痛的药物。”广泛的事业计划也有用，因为它们有整体的观点，可以解放想象力，帮助我们探究所有可能的选择。但是，广泛的计划却不能使我们确定自己所要做的是什么。因为这个现象，我们需要更具体的事业计划。

如果暂时无法达到计划的目标，不妨设定一个较小、较易达到的计划，并竭力努力直到完成计划。举例来说，找出更快、更有效率的方法来完成每天的例行工作，或者是趁自己精力旺盛的时候就先选做最难的工作，简单的则稍后解决。许多小的成功终会引来更大的成就。

俗语说得好："罗马不是一天建成的。"既然一天建不成辉煌的罗马，那就让我们专注于建造罗马的每一天。这样，把每一天连起来，终将会建成一个美丽辉煌的罗马。

美国有个84岁的老太太昆丝汀·基顿，1960年曾轰动了美国。这位高龄的老太太，竟然徒步走遍了整个美国。人们为她的成就感到惊奇，也感到不可思议。

有位记者问她："你是怎么完成徒步走遍美国这个宏伟计划的呢？"

老太太的回答是："我的计划只是前面那个小镇。"

基顿老太太的话很有道理，其实，人生亦是如此。我们每个人都希望发现自己的人生计划，并为实现这个计划而生活和工作。如果你能把你的人生计划清楚地表达出来，这样就能帮助你随时集中精力，发挥出你人生进取的最高效率。只是，一定要记住，你在表达你的人生计划时，一定要以你的梦想和个人的信念作为基础。因为这有助于你把自己的计划制订得具体，且具有现实可行性。

计划必须是具体的，是可以实现的，这一点很重要。如果计划不具体——无法衡量是否实现了——这会降低你的积极性。因为向计划迈进是动力的源泉，如果无法知道自己的计划前进了多少，你准会泄气，甩手不干了。

人生计划绝非一蹴而就，它是一个不断积累的过程。而一个个量化的具体计划，就是人生成功旅途上的里程碑、停靠站。每一个“站点”都是一次评估、一次安慰、一次鼓励、一次加油。

总之一句话，计划要量化，才能对成功有益。能否量化，是计划与空想的分水岭。

计划必须实在，而且不要太遥不可及，应该是在达得到的范围内，千万不要错以为自己应该或能够在一天里建造一座罗马城。如果你今年无法达到你的最终计划，那就先定一个短期的计划吧！

成功人士和平庸之辈的区别，就在于前者为生命计划，决定一生的方向，往前推定10年、5年、3年计划，最接近此刻的长期计划是一年，最后是一个月、一周、一天。

不断创新，成功迟早会降临到你头上

一个没有创新能力的人是可悲的人；一个没有创新意识的人是没有任何希望的人。一个人若想改变当前的境遇，必须不断创新。只有锐意创新，成功才会降临到你头上。

你是否毕业多年还在一家小公司做一名小职员？如果是，

那你是否想过改变现状？

不断创新，成功才会降临到你的身上。如果你一直守成不变，那你就永远也不可能成功。

日本有一家高科技公司，公司高层发现员工一个个萎靡不振，面带菜色。他们在经过调查后得知是缺乏锻炼的原因，经咨询多方专家后，他们采纳了一个简单而别致的治疗方法——在公司后院中用约800个圆滑光润的小石子铺成一条石子小道。每天上午和下午分别抽出15分钟时间，让员工脱掉鞋在石子小道上如做工间操般随意行走散步。起初，员工们觉得很好笑，更有许多人觉得在众人面前赤足很难为情，但时间一久，人们便发现了它的好处，原来这是极符合医学原理的物理疗法，起到了一种按摩的作用。

好创意自身就是财富。一个年轻人看了这则故事，便开始创业。他经专业人士指点，选取了一种略带弹性的塑胶垫，将其截成长方形，然后带着它回到老家。老家的小河滩上全是光洁漂亮的小石子，他在石料厂将这些拣选好的小石子一分为二，一粒粒稀疏有致地粘满胶垫，干透后，他先上去反复试验感觉，反复修改了好几次后，确定了样品，然后就因地制宜地在家乡开始批量生产。后来，他又把它们确定为好几个规格，产品一生产出来，他便尽快将产品鉴定书等手续一应办齐，并在一周之内就把能代销的商店全部上了货。将产品送进商店只完成了销售工作的一半，另一半则是要把这些产品送到顾客面前。随后的半个月内，他每天都派人去做免费推介员。商店的代销稳定后，他又开拓了一项上门服务：为大型公司在后院中铺设石子小道；为幼儿园、小学的操场边铺设石子乐园；为家庭装修铺室内石子过道、石子浴室地板、石子健身阳台等。一块本不起眼的地方，一经装饰便成了一个小小的乐园。

紧接着，他将单一的石子变换为多种多样的材料，如七彩的塑料、珍贵的玉石，以满足不同人士的需要。

不起眼的小石子就此铺就了一个人的一条赚钱之路。

不要担心自己没有创新能力，惠能禅师说："下下人有上上智。"创新能力与其他能力一样，是可以通过教育、训练而激发出来，并在实践中不断得到提高的。它是人类共有的可开发的财富，是取之不尽、用之不竭的"能源"，并非为哪个人、哪个民族、哪个国家所专有。

因此，人人都能创新。

你现在需要做的就是不断激发自己的创新能力，多一些想法，多一些创造，那么成功迟早会来临。

踏实跨出你的每一步

很多人都想在生活中寻找一条成功的捷径，其实成功的捷径很简单，那就是勤于积累、脚踏实地。

很多身陷贫穷、没有取得成功的人常常都想通过买彩票、买股票等投机方法去获得成功，但往往通过这种方式成功的人却没有几个。

这些人的想法和做法其实离成功的方法很远很远。那成功的捷径到底是什么呢？答案其实很简单，那就是一步一个脚印地前进。

在一本有关泰国文化的书里曾读到这样一个故事。

在很久以前，泰国有个叫奈哈松的人，一心想成为一个富翁。他觉得成为富翁的最短捷径便是学会炼金之术。

此后他把全部的时间、金钱和精力都用在了炼金术的实验中了。不久以后他花光了自己的全部积蓄，家中变得一贫如洗，连饭都没得吃了。妻子无奈，跑到父亲那里诉苦。她父亲决定帮女婿改掉恶习。

他让奈哈松前来见他，并对他说：“我已经掌握了炼金之术，只是现在还缺少一样炼金的东西……”

“快告诉我还缺少什么？”奈哈松急切问道。

“那好吧，我可以让你知道这个秘密：我需要3千克香蕉叶下的白色绒毛，这些绒毛必须是你自己种的香蕉树上的。等到收齐绒毛后，我便告诉你炼金的方法。”

奈哈松回家后立刻将已荒废多年的田地种上了香蕉。为了尽快凑齐绒毛，他除了种以前自家就有的田地外，还开垦了大量的荒地。当香蕉长熟后，他便小心地从每张香蕉叶下收刮白绒毛，而他的妻子和儿女则抬着一串串香蕉到市场上去卖。就这样，10年过去了，奈哈松终于收集够了3千克绒毛。这天，他一脸兴奋地拿着绒毛来到岳父的家里，向岳父讨要炼金之术。

岳父指着院中的一间房子说："现在，你把那边的房门打开看看。"

奈哈松打开了那扇门，立即看到满屋金光，竟全是黄金，他的妻子、儿女都站在屋中。妻子告诉他，这些金子都是他这10年里所种的香蕉换来的。面对着满屋实实在在的黄金，奈哈松恍然大悟。

事情往往是这样，那些心存侥幸、渴望点石成金的人往往会一无所获、双手空空；而那些看似没有多少进步的人，积累一段时间以后，就会获得成功。因此，生活中的有心人必须记住：踏实跨出你的每一步，你就能积少成多，获得成功。

成功就是做一些"小事"

很多时候，成功就是做一些在常人眼中看起来是"小事"的事，这些小事往往太唾手可得，大多数人不屑一顾，而与成功擦肩而过。

许多深具"成功迹象"的东西也许就隐藏在"唾手可得"的小事中，可以帮助你成功的路径就活生生地摆在我们的眼皮底下！而我们却漠视它，昂首阔步地从它面前走过，我们以为我们重任在身，我们总是习惯抬头远望。

反过来说，“成功迹象”也会装扮成圣诞老人，来考验一些既得利益者，看着你捡了芝麻，然后捧出西瓜。

有一个年轻人，他的父亲是一名油漆工，贫困的家庭使他念完高中就面临着辍学的危险，虽然他已经考取了美国最好的大学——耶鲁大学。于是，他决定利用假期，像父亲一样外出做油漆工，以期挣够学费。他到处揽活，终于让他接到了为一栋房子刷漆的任务。尽管主人是个很挑剔的人，不过他给的价钱不低，不但能够缴清一学期的学费，甚至连生活费也都有了着落。

这天，眼看着即将完工了。他将拆下来的橱门板，最后再刷一遍油漆。橱门板刷好后，再支起来晾干即可。但就在这时，门铃突然响了，他赶忙去开门，不想却被一把扫帚给绊倒了，绊倒了的扫帚又碰倒了一块橱门板，而这块橱门板又正好倒在了昨天刚刚粉刷好的一面雪白的墙壁上，墙上立即有了一道清晰可见的漆印。他立即动手把这条漆印用切刀切掉，又调了些涂料补上。等一切被风干后，他左看右看，总觉得应该将这面墙再重新粉刷一遍。

终于，他累死累活地干完了，可第二天一进门，他又发现昨天新刷的墙壁与相邻的墙壁之间的颜色出现了一些色差，而且越是细看越明显。最后，他决定将所有的墙壁再次重刷……

虽然主人很挑剔，但是对他的工作很满意，如约付足了报酬。但由于他买了几次涂料，这些钱已经不够学费了。

屋主了解事情的原委后很是感动，许诺赞助他上完大学。大学毕业后，这个年轻人走进了屋主所拥有的公司。十几年后，他成为这家公司的董事长。他就是拥有沃尔玛零售超市的

萨姆·沃尔顿。

生活中，很多人都不注重小事，认为那些鸡毛蒜皮的事老是由自己去关注，岂不是太“掉价”了？殊不知，“麻雀虽小，五脏俱全”，小事中也蕴含着做人做事的大道理，如果这些小事你都不能认真对待，又怎么去做大事呢？况且大事其实也是由小事累积而成的，就像物体是由原子、分子组成的一样。如果一个物体的原子、分子损坏了，那这个物体也会腐败、破损。

因此，想成功就必须做好“小事”。

空谈不如行动

万事说起来容易做起来难，与其坐在那里空谈，倒不如赶紧行动起来，做一些实事，早一日成功。

许多人习惯于玩嘴皮子功夫，遇事总是说说而已，毫无行动，这种人最终会浑浑噩噩，一事无成。曾有人这样计算，人生如果以70年寿命来算，除去少不更事和老不方便的10年，也不过两万余天，再除去睡眠的1/4～1/3时间，剩下的时间真可说是寸阴寸金。所以还是把那些有意义的事抓紧列出来，赶快去做，而不只是停留在嘴皮子上。

有一部名为《小领袖》的小说，里面描写了一个凡事都迟疑不决的人，他嘴里一直在念叨着非把那棵阻碍交通的树砍去不可，但一直没有动手去砍，任凭那棵树渐渐长大。直到他须发斑白时，那棵大树依然屹立在那儿。最后他还说：“我已经老了，应该去找一把斧头来！”

世上任何事情，如果不下决心去做，就永远没有成功的希望。要想获得成功，就非得打定主意专心致志地去做不可。

斯通作为一家公司销售执行委员会的7位执行委员之一，曾走访过亚洲和太平洋地区的很多国家。在一个星期二的上午，斯通给某市的推销人员做了一次励志性的交流。当天晚上，斯通接到一个电话，是一家推销金属柜的公司的推销员伊斯特打来的。伊斯特很激动地说：“我记住了你给我们的自我发动警句——不要空谈，想到就做！我就去看我的卡片记录，分析了10笔死账。我准备提前兑现这些账，这在先前可能是一件相当棘手的事。我重复了‘想做就做’这句话好几次，并用积极的心态去访问这10个客户。结果我做了一笔大买卖！”

你或许也懂得“想做就做”的道理，但是你可能并没有把这个原则应用到你自己的经历中。伊斯特做到了这一点，所以你也能做到。

天下最可悲的一句话就是：“我当时真应该那么做，但我没有。”经常会听到有人说：“如果我当年就开始做那笔生意，早就发财了！”一个好的创意胎死腹中，真的会叫人叹息不已，永远不能忘怀。如果真的彻底施行，当然有可能带来收获。

你现在已经想到一个好创意了吗？如果有，马上行动。

你一定要制定一个人生的目标，并认真制定各个时期的目标。但如果你不行动，你就像这样的一个人：此人一直想到巴黎旅游，于是设计了一个旅行计划。他花了几个月阅读能找到的各种资料——巴黎的艺术、历史、哲学、文化。他研究了巴黎地图，订了飞机票，并制定了详细的日程表。他标出了要去观光的每一个地点，连每个小时去哪里都定好了。有人说，行动是化目标为现实的关键步骤。有个朋友知道了此人对这次旅游的安排，到他家做客时问他：“巴黎怎么样？”

“我想，”这人回答，“巴黎是不错的，可我没去。”

朋友惊讶地问道：“什么？你花了那么多时间做准备，出什么事啦？”“我是喜欢定旅行计划，但我不愿坐飞机，受不了，所以待在家里没去。”苦思冥想，谋划如何有所成就，无论如何都不能代替身体力行去实践。没有行动的人只是在做白日梦。

要成功，光有梦想是不够的，还必须拥有一定要成功的决心，配合确切的行动，支持到底，方能成功。

只有下定一个不可更改的决心，历经学习、奋斗、成长这些不断的行动，才有资格摘下成功的甜美果实。

缺乏决心与实际行动的梦想将会慢慢开始萎缩，种种消极与不可能的思想衍生，甚至于就此不敢再存任何梦想，过着随遇而安、乐天知命的平庸生活。

梦想是成功的起跑线，决心则是起跑时的枪声。行动犹如跑步者全力的奔驰，唯有坚持到最后一秒的人，方能获得成功的锦标。

如果此刻你已经拥有了梦想，还是少说几句，把精力用在行动上，这样你就会早日成功。

成功有时就需要你**敢于冒险**

任何事情的成功都需要冒点险，如果事事都要等“东风”吹来再去做，那可能早就贻误“战机”了。

生活过得一塌糊涂，自己也找不到什么好的出路。这时候，你就应该反思反思：你有没有想过要为争取更好的生活而冒冒险呢？

生活中很多成功人士都是敢于冒险的人，不敢冒险的人大多都不会取得成功。

敢于挑战困难的人总是具有不按常理出牌的冒险精神。

其实，所有人或多或少都具有冒险特质，而关键是，是否敢冒不按常理出牌的险。敢于冒险，对锻炼人格也大有助益。人生不如意事十之八九，平时刻意让自己去应付一些难题，这样可以让你练习如何去面对突发的状况。如果你从不冒险一试，那你的一生也不过是随波逐流，随时等着大浪头把你打下去。

而且，对许多人来说，平平淡淡的生活简直乏味无聊，偶尔不按常理出牌，可为生活增添新意。

然而成千上万的人努力工作，兢兢业业，尽管他们一生辛劳，但却只能默默无闻。原因之一就是他们害怕脱离正统，只按理出牌。他们把自己局限在所熟悉的规则中，遵循传统框架，拒绝冒险，因而他们与成功总是无缘。

美国石油巨商、亿万富翁保罗·格蒂，一生充满神秘而传奇的冒险经历，称之为“冒险之神”一点儿也不为过。

格蒂是一个神秘的冒险家。

1957年，当《财经》杂志把他列为全美第一号大富之后不久，他写过一篇直言不讳的自述，题目就叫“我如何赚进第一个10亿美元”。在这篇文章里，他以自己的亲身感受追述了他是如何在冒险中创立起自己的事业王国的。

有人说，格蒂有一位富有的父亲，他是用他父亲的遗产进行投资，才获得成功的。其实，1930年他父亲去世时，虽然为他留下了50万美元的遗产，但在他父亲逝世之前，格蒂本人就已经赚了几百万美元。

1893年，格蒂出生于美国的加利福尼亚州，父亲是一位商人。他小时候很调皮，被人称为“顽皮的孩子”。他读书的成绩还算不错，后来进入英国的牛津大学就读。1914年毕业返回美国后，他最初的意愿是想进入美国外交界，但很快又改变了主意。

他为什么改变了主意呢？因为当时美国石油工业已进入方兴未艾的年代，一种兴致勃勃的创业精神鼓舞着年轻的格蒂到石油界去冒险，他想成为一个独立的石油经营者。于是，他向父亲提出，希望到外面去闯一闯。

但他父亲提出一个条件，投资后所得的利润，格蒂得30％，他本人得70％。作为父子之间，这个条件也许太苛刻了，但格蒂爽快地答应了。他有他自己的打算。他向父亲借了一笔款项之后，便径自走出家门，独自来到俄克拉荷马州，第一次进行他的冒险事业。1916年春，格蒂领着一支钻探队，来到一个叫马斯科吉郡石壁村的地方，以500美元的代价租借了一块地产，决定在这里试钻油井。工作开始后，他夜以继日地奋战在工地上。经过一个多月的艰苦奋战，终于打出了第一个油井，每天产油720桶。格蒂说：“我最初的成功，多少是靠运气。”因为他打第一口井就打出油来了，而有许多的石油冒险家曾经倾家荡产都未得到一滴石油。不管怎么样，格蒂从此进入了石油界。就在这年5月，他和他父亲合伙成立了“格蒂石油公司”。不过，虽说是合伙，他仍得遵循他父亲原先提出的条件，只能收取这个公司30％的收益。即使如此，他的腰包里也依然财源滚滚。就在这一年，他赚取了第一个百万美元，而他当时仅有23岁。

创业之初，格蒂很有点儿不畏艰苦的精神。他穿着油腻的工作服，和钻井工人一起在油田里战斗。他说，这也是他成功的一条经验。他认为，一个公司的负责人能与工人们一起奋斗，结为伙伴，士气必然大涨，成功才会有望。有一次，他发觉自己实在承受不了那种过分的神经紧张，而逃回了简陋的住所，但他连口水都顾不上喝，就又跑回了工地。

1919年，格蒂以更富冒险的精神，转到加利福尼亚州南部，进行他新的冒险计划。但最初的努力失败了，在这里打的第一口井竟是个“干洞”，未见一滴油。但他不甘失败，在一块还未被别人发现的小田地里取得了租用权，决心继续再钻。然而这块小田地实在太小了，不过比一间小小的房屋的面积略大一点，而且只有一条狭窄的通路可进入此地，载运物资与设备的卡车根本无法开进去。他采纳了一个工人的建议，决定采用小型钻井设备。他和工人们一起，从老远的地方把物资和设备一件件扛到这块狭窄的土地上，然后再用手把钻机重新组合起来。办公室就设在泥染灰封的汽车上，奋战了一个多月，终于在这里打出了石油。

1925年，他移至洛杉矶南郊，进行新的钻探工作。这是一次更大的冒险，因为购买土地、添置设备以及其他准备工作，已花去了大笔资金，如果在这里不成功，那么他已赚取到的财富将会毁于一旦。他亲自担任钻井监督，每天在钻井台上战斗十几个小时。打入3000米，未见有油，打入4000米，仍未见有油，当打入4350米时，终于打出油来了。不久，又完成了第二口井的钻探工作。仅这两口油井，就为他赚取了40多万美元的纯利润。

格蒂的冒险一次次地获得成功，促使他去冒更大的险。1927年，他在克利夫兰同时开4个钻井，又获得成功，收入又增加了80万美元。这时，他建立了自己的储油库和炼油厂。1930年，当他父亲去世时，他个人手头已积攒下数百万美元了。随后的岁月，机遇也常伴格蒂身边。他所买的油田，十之八九都会钻出油来。而且，他的事业也一直顺风满帆，直到他成为世界驰名的富豪。

一个想追求成功、改变现状的人，必须时不时地冒点险，这样才能够快捷、及时地抓住成功的机遇，从而到达梦想的彼岸。

勇于突破，才能成功

确立创业意识的过程，就是自我定位的过程。在这个社会，所需要的正是那些勇于突破时代和历史的精英。

勇于突破、敢为天下先的精神是人类社会进步的巨大推动力。没有突破，事情绝对不会发生任何变化。只有勇于突破，才有可能创造奇迹。

在人们心中，价廉物美是最佳的搭配。人们希望买便宜的商品，而某皮革厂却反其道而行之，专产高档皮衣，每件上万元，从原料到做工上看，这种皮衣并无特别之处，关键在于它的品牌以高档名贵著称。就这样，作为炫耀性消费品，购者如云。

当王波在成都最繁华的地段挂出“剪报服务公司”的牌

子时，朋友亲戚都说他笨。剪报只是人的兴趣爱好，学生、知识分子等人在闲暇时以剪报打发时间。但剪报公司就让人费解了，难道那些收集剪报的人还会购买剪报吗？事实表明，剪报公司走了一条正确的道路。现在商场竞争日趋激烈，商场如战场，《孙子兵法》说“知己知彼，百战百胜”，收集信息已成了很多大公司大企业工作的一部分。如果只是坐井观天，把自己限制在一个小范围内，迟早会落后于时代，在竞争中处于劣势。而专门派人负责收集信息又太没必要。剪报公司的出现，使他们发出“及时雨”的感叹。于是，公司开张3个月后，经营状况良好，信息员由最初的5名猛增至20名，他们具有较强的专业素质和高度的责任心，能够按客户的需求提供尽可能周到的服务。

心有多大，舞台就有多大。如果一个人毫无突破前人的野心，那他的心只会囿于现有的视野，不能立在更高、更新、更奇的角度去观察。只有敢于突破现有的状况，哪怕你多想一点点，你也会比别人多一分优势，多一分成功的可能。

坐而言不如起而行

行动是最有力的成功武器。一个人与其坐在那里夸夸其谈，不如把力气用在起身行动上。

动动嘴发发牢骚，对折磨来一通抱怨，对前程来一番憧憬，这些谁都能做到。但是，说得再好，如果不去行动，又有什么用呢？

有一位名叫特蕾西的美国女孩，她的父亲是芝加哥有名的牙科医生，母亲在一个声誉很高的大学担任教授。她的家庭对她有很大的帮助和支持，她完全有机会实现自己的理想。她从念中学的时候起，就一直梦寐以求地想当电视节目主持人。她觉得自己具有这方面的天赋，因为每当她和别人相处时，即使是陌生人也都愿意亲近她并和她长谈。她知道怎样从人家嘴里“掏出心里话”，她的朋友称她是“亲密的随身心理医生”。她自己常说：“只要有人愿给我一次上电视主持节目的机会，我相信自己一定能成功。”

但是，她为实现这个理想做了些什么呢？什么也没有！她在等待奇迹出现，希望一下子就当上电视节目的主持人。

特蕾西不切实际地期待着，结果什么奇迹也没有出现。

谁也不会请一个毫无经验的人去担任电视节目主持人，而且节目主管也没有兴趣跑到外面去搜寻“天才”，都是别人去找他们。

另一个名叫露丝的女孩却实现了特蕾西的理想，成了著名的电视节目主持人。露丝之所以会成功，就是因为她知道“天下没有免费的午餐”，一切成功都要靠自己的努力去争取。她不像特蕾西那样有可靠的经济来源，所以没有白白地等待机会出现。她白天去做工，晚上在大学的舞台艺术系上夜校。毕业之后，她开始谋职，跑遍了芝加哥每一个广播电台和电视台。但是，每个地方的经理对她的答复都差不多：“不是已经有几年经验的人，我们一般是不会雇用的。”

但是，她不愿意退缩，也没有等待机会，而是继续走出去寻找机会。她一连几个月仔细阅读广播电视方面的杂志，最后终于看到一则招聘广告：北达科他州有一家很小的电视台招聘一名预报天气的女孩子。

露丝是阿肯色州人，不喜欢北方。但是即使工作只是预报有没有阳光、是不是下雨都没有关系，她希望找到一份和电视有关的职业，干什么都行！她抓住这个工作机会，动身到了北达科他州。

露丝在那里工作了两年，最后又在洛杉矶的电视台找到了一个工作。又过了5年，她终于成为她梦想已久的节目主持人。

在我们的一生中，永远有机遇在前方等着我们，但它们总是躲在一些角落里需要我们用积极的心态去寻找、去发现，而不是在那儿守株待兔。

因此，要想改变身处困境的状况，不能靠说，只能靠做。只有行动起来，才能改变目前的一切。

PART 10

你的人生取决于你的态度

态度决定命运

态度是一种神奇的力量，一个拥有积极态度的人一定比态度消极的人更有成就。

为什么有些人就是比其他的人更成功，赚更多的钱，拥有不错的工作、良好的人际关系、健康的身体，整天快快乐乐，拥有高品质生活；而另一些人忙忙碌碌却只能维持生计？

人与人之间并没有多大的区别。但为什么有许多人能够获得成功，能够克服万难去建功立业，有些人却不行？

心理学家发现，这个秘密就是人的“态度”。

一位哲人说：“你的态度就是你真正的主人。”

一位伟人说：“要么你去驾驭生命，要么是生命驾驭你。你的态度决定谁是坐骑、谁是骑手。”

大概是40年前，南非一个贫穷的村子里住着兄弟两人。和许多人一样，他们不安于穷困的环境，便想离开家乡，于是他们偷渡到了国外。

大哥幸运些，来到了富庶的旧金山；弟弟却去了当时极为贫穷的菲律宾。

40年后，兄弟俩又幸运地聚在一起。这时的他们，已今非昔比了。

做哥哥的，当了旧金山的侨领，拥有两间餐馆、两间洗衣店和一间杂货铺，而且子孙满堂。

弟弟呢？居然成了一位享誉金融界的银行家，还拥有许多的山林和橡胶园。

经过几十年的努力，他们都成功了。

兄弟相聚，不免谈谈分别以后的遭遇。

哥哥说："我们黑人到白人的社会，既然没有什么特别的才干，唯有用一双手可以煮饭给白人吃，为他们洗衣服。总之，白人不肯做的工作，我们黑人统统顶上了，生活是没有问题的，但事业却不敢奢望了。像我的子孙，书虽然读得不少，也不敢妄想，只有安分守己地去从事一些中层的技术性工作来谋生。至于要进入白人上层社会，相信很难办到。"

看见弟弟这般成功，做哥哥的不免感叹弟弟的幸运。

弟弟说："幸运是没有的。初来菲律宾的时候，做些低贱的工作，但发现当地的人有些懒惰，于是便接下他们放弃的事业，慢慢地不断收购和扩张，生意便逐渐做大了。"

只要你有良好的、积极的态度，你也可以像故事中的南非兄弟那样，改变自己的命运，获得成功。

拿破仑·希尔认为一个人是否成功，就看他的态度！成功人士与失败者之间的区别是：成功人士始终用最积极心态的思考、最乐观的精神和最丰富的经验支配和控制自己的人生。失败者恰好相反，他们的人生是受过去的种种失败与疑虑所引导和支配的。

有些人总喜欢说，他们现在的境况是别人造成的，环境决定了他们的人生位置。但是，我们的境况不是周围环境造成的。说到底，如何看待人生，由我们自己决定。纳粹德国集中营的一位幸存者维克托·弗兰克尔说过："在任何特定的环境中，人们还有一种最后的自由，就是选择自己的态度。"

巴布科克说："最常见同时也是代价最高昂的一个错误，是认为成功有赖于某种天才、某种魔力、某些我们不具备的东西。"可是成功的要素其实掌握在我们自己手中，成功是正确思维的结果。一个人能飞多高，并非由人的其他因素，而是由他自己的态度所决定的。

我们的态度在很大程度上将决定自己的命运。如果你想改变受折磨的命运，那就赶快改变你的态度吧。

态度是激发创意的重要元素

创意不仅是生活的一部分，更是生命的一部分，一个人如果没有认真的态度，那么创意也不会自动降临。

在竞争激烈的现代社会，创意在其中占有着重要的位置，任何人都想找到创意的契机而走向成功。但是创意却不是说有就有的，那么如何寻找创意？

很多成功人士的经验表明，态度是激发创意的重要元素，只有认真地对待工作、对待你的客户，不放过任何一个小小的机会，创意才能光顾你的家门。

1951年的一天，美国人威尔逊带着母亲、妻子和5个孩子，开车到华盛顿旅行，一路上所住的汽车旅馆，房间矮小、设施破烂不堪，有的甚至阴暗潮湿，又脏又乱。几天下来，威尔逊的老母亲抱怨说："这样的旅行度假，简直是花钱买罪受。"善于思考问题的威尔逊听到母亲的抱怨，又通过这次旅行的亲身体验得到了启发，产生了一个创意：我为什么不能建立一些方便汽车旅行者的旅馆呢？经过反复琢磨，他暗自给汽车旅馆起了一个名字叫"假日旅馆"。

1952年，也就是旅行的第二年，他终于在美国田纳西州孟菲斯市夏回大街旁的一片土地上，建起了第一家"假日旅馆"。

威尔逊是一位有作为、讲效益的经营者，他独闯难关，迈出了可喜的一步。接着他乘胜追击，为建立更多的“假日旅馆”积极筹措资金。正在这时，威尔逊遇到一位知己——华莱士·约翰逊，他具有很强的分析能力和清醒的经营头脑。两人经过研究后一致认为，应找那些愿意接受新思想、新事物，乐意为社会做好事的人募股，如医生、律师、牧师等中产阶级。经过认真的准备和反复的宣传，他们发行了12万股的股票。奇迹出现了，12万股的股票一天就卖光了，纯收益达102.6万美元。这笔来之不易的宝贵资金，帮他们又建成了5家“假日旅馆”。

后来，他们用同样的方法，成功地将“假日旅馆”迅速发展到世界各地，取得了令人满意的效果。

威尔逊颇懂经营之道，他为了招徕更多的顾客，在“假日旅馆”里增设了很多设施和娱乐场所。为了节省旅客的费用开支，他在父母们的房间里免费设置了婴儿床，深得父母们欢迎。在“假日旅馆”内，设置了蒸汽浴、游泳池、高尔夫球场、保龄球馆等设施和活动场所。这些服务项目所需开支都打入总收费中去，当顾客一住进“假日旅馆”中，就可以自由利用这些器具、场所，甚至连看病的诊所也免费。这赢得了很多旅客，这就是威尔逊经营的绝招。顾客一般都有这样一种心理，即使挣大钱花大钱，也都喜欢占小便宜。如果样样服务都跟他们算小账，不仅很麻烦，也使旅客每次都觉得被敲了竹杠，自然非常反感。“我们把这些可能提供的服务费预先打进总费用中，旅客使用时不再收费，他们会觉得占了点便宜，有一种被优待的满足感。”这是威尔逊的高明之处。

事实上，生活中很多公开信息中也蕴藏着创意的线索，但在现实中，人们常常会忽略那些公开信息，认为如此明显的机会根本就不是机会，就像某些人炒股，总喜欢探听内部消息，却对公司公开发布的中报、年报不认真研读一样，结果往往得到一些似是而非的、无效的信息，据此而行，结果可想而知。

认真对待生活，生活就会给你意想不到的馈赠。

态度决定你的人生高度

人的一切都可以被剥夺，但是人类最终的自由就是在面对某种处境时，选择自己的应对态度，选择自己的方式！

留学美国的计算机博士吴凯，毕业后仍留在美国找工作，结果接连碰壁，许多家公司不相信学历，而又不肯将博士放入低层，所以都将吴凯拒之门外。万般无奈之下，吴凯决定换一种方法试试。

他收起了所有的学位证明，以一种最低的身份去求职。不久他就被一家电脑公司录用，做一名最基层的程序录入员。这是一份稍有学历的人都不愿去干的工作，而吴凯却干得兢兢业业、一丝不苟。

没过多久，上司就发现了他才华出众：他竟然能看出程序中的错误，这绝非一般录入人员所能做得到的。这时吴凯亮出了自己的学士证书，老板于是给他调换了一个与本科毕业生对口的工作。

过了一段时间，老板发现他时常能提出许多独到的有价值的建议，远比一般的大学生要高明，这时吴凯又亮出了硕士证，老板见到后又一次提升了他。有了前两次的经验，老板也比较注意观察他，发现他还是比硕士有水平，就再次找他谈话。这时吴凯才拿出博士学位证书，并说明了自己这样做的原因。此时老板才恍然大悟，毫不犹豫地重用了他，因为他对吴凯的学识、能力及工作态度都已了解了。

人无论处于何种境地，只要端正自己的态度，就可以找到属于自己的位置。有时候，你的能力一时不被认同，但只要你能端正自己的态度，从一点一滴的事情做起，就让能力之花在你努力工作的过程中一次次绽放，正确的态度诞生成功的花朵，不好的态度孕育失败的萌芽。

其实，生活中每个人都有能力成为百万富翁，只是很少有人能拥有百万富翁的工作态度。

一家电视台有一档智力游戏节目，栏目名称叫《谁是未来的百万富翁》。因为奖金丰厚、悬念迭出，吸引了许多观众。但这档节目有一个特点，就是每答对一道题目，就可以获得相应的奖励；而如果继续答题却没有答对，那么就退出比赛，并且剥夺已经获得的奖励。

十几期过去了，仍没有一位参与者能够获得100万的奖励，参与节目的都是一些见好就收的人。

节目开播几年来，虽然参赛者强手如林，可真正一路过关斩将坚持到最后的人，却从来没有出现过。几乎所有的参与者都在拿到10万左右的奖金后，便放弃答题，退出比赛。直到一位叫李嘉康的青年人参与，才第一次产生了百万巨奖。

出人意料的是，李嘉康取得百万巨款并不是因为他知识渊博。李嘉康自己说，成就他的不是他的学问，而是他拼搏的心态和端正的态度。因为在50万之后，每一道题都相当简单，只需略加思考，便能轻松答出。那么多人与巨奖失之交臂，都是因为他们“见好就收”，没有成就百万富翁的信心和坚持的态度。

香港亚视智力竞赛节目《百万富翁》也曾产生过一位百万奖金的获得者，主持人陈启泰评价他“不可思议”。但那位只有高中学历的打工者却平静地回答说：“意料之中，志在必得。”

这是一个十分“狂傲”的年轻人，但他却战胜了许多拥有高学历的精英。他的成功难道不该让我们去思索吗？

我们为什么不能成为未来的百万富翁？很多时候不是因为我们没有成为百万富翁的能力，而是因为态度。几乎所有的富人都承认：没有正确的财富态度，就没有今天的财富。

俗话说：“用心造一枚好别针远比粗制滥造的一把钝斧子更有价值。”的确，态度决定结果，只有端正态度才能让自己的价值得到最大限度的显现，才能在强手如林的人生竞技场上获得最后的成功。

把负变正其实并不太难

人生中的遭遇肯定有负有正，你需要做的就是把负的变为正的。只要你转换一下念头，你就会发现，把负变为正其实并不太难。

冲破人生难关的人一定要有变负为正的力量。伟大的心理学家阿佛瑞德·阿德勒说，人类最奇妙的特点之一就是“拥有把负变为正的力量”。不要把它想得太难，你绝对可以把负的变为正的。

有位书生第三次进京赶考，住在一个经常住的店里。考试前两天他做了三个梦：第一个梦是梦到自己在墙上种白菜；第二个梦是下雨天，他戴了斗笠还打伞；第三个梦是梦到跟心爱的表妹脱光了衣服躺在一起，但是背靠着背。

这三个梦似乎有些深意，书生第二天就赶紧去找算命先生为其解梦。算命先生一听，连拍大腿说：“你还是回家吧。你想想，高墙上种菜不是白费劲吗？戴斗笠打雨伞不是多此一举吗？跟表妹都脱光了躺在一张床上了，却背靠背，不是没戏吗？”

书生一听，心灰意冷，回店收拾包袱准备回家。店老板非常奇怪，问：“不是明天才考试吗，今天你怎么就回乡了？”

书生把算命先生的解梦说了一番，店老板乐了：“我也会解梦。我倒觉得，你这次一定要留下来。你想想，墙上种菜不是高中吗？戴斗笠打伞不是说明你这次有备无患吗？跟你表妹脱光了衣服背靠背躺在床上，不是说明你翻身的时候就要到了吗？”

书生一听，觉得更有道理，于是精神振奋地去参加考试，居然中了榜。

换一种思维方式，把问题倒过来看，你就能变负为正，在做事情时找到峰回路转的契机，同时赢得一片新的天地。

已故的西尔斯公司董事长亚当斯·罗克尔说：“如果你只有一个柠檬，就做一杯柠檬水。”威廉·波里索则在他的一本书中说得更详细：“生命中最重要的一件事就是不要把你的收入拿来算作资本，任何一个傻子都会这样做。真正重要的事是从你的损失里获利，这就需要有才智才行。而这一点也正是一个聪明人和一个傻子之间的区别。”

英国政治家威伯福斯厌恶自己的矮小，但是他却为英国废除奴隶制度做出了决定性的贡献。所以，著名作家博斯韦尔在听他演讲后说：“我看他站在台上真是个小不点儿，但是我听了他的演说，他越说似乎人越大，到后来竟成了巨人。”挪威著名小提琴家布尔有一次在巴黎举行演奏会，一曲未终，一根弦忽然断掉，他不动声色，继续用三根弦演奏完全曲。很可能弥尔顿就是因为瞎了眼，才能写出美好的诗篇来；而贝多芬是因为聋了，才能谱出美好的曲子；海伦·凯勒之所以能有光辉的成就，也就是因为她的瞎和聋。

变负为正是许多成功人物都具备的一种能力。人生的遭遇绝不会都一帆风顺，当你遭遇到负面力量时，你必须努力将负的变为正的，才能使你更接近成功的彼岸。

成功，源自你对生活的态度

你的人生能否取得成功，完全取决于你的态度。无论环境多么艰难，都保持充分的自信，那么你的生活必然能找到成功的入口。

很多人都认为自己是生活中某一领域的失败者。很多人步入社会后更是经常提及这样一些问题，也经常讨论这些问题，比如：

“我为什么要不断地调整态度呢？”

“我为什么没有取得我打算要取得的成功呢？”

“你认为我最大的长处是什么？”

“我从来就未曾真正有过一个奔向美好前程的机会。你知道，我的家庭环境很糟。”

“我是在农村长大的，从你的社会结构中绝对领会不到那种生活。”

“我只受过小学教育，我们家很穷。”

“我机遇不好。”

…… ……

他们所给出的理由无一例外都是些关于自己失败的客观原因和悲剧性的故事。

实质上，这些人都在说明：世界给了他们不公平的待遇，他们在责备他们身外的世界和境况，责备他们的遗传和身世。

其实，他们之所以得出这样的结论并不能完全怪他们，完全是因为没有人指出他们这样的病根所在，长期以来他们都处于一种不良的消极的态度之中。

正是由于这种态度，使他们看起来是那样的可怜。

态度不仅决定专业人员的事业高度，也会决定其他工作者的价值。“现在专业知识很容易就可以学到，甚至在网络上就可以学到，态度已经成为决定员工价值的关键。”台湾飞利浦人力资源中心副总经理林南宏肯定地指出。

可以看到诸多的青年人宁可沉溺于无所事事的状况中，尽管他们也意识到自己这种做法对自己的发展没有好处，但是他们就是不肯去改变。诸多的白领上班族不愿改变态度，让自己空有学历、能力的优势，放弃态度的金钥匙，在职场里浮沉，甚至沦为失业大军的一员。

他们为什么会这样？因为他们丢失了热情。

当一个人的心被懒惰与麻木所占据时，他就会处于绝望与消极的状态，尽管他能意识到自己必须改变，但是他却没有使自己的“态度”行动起来。如果他有着战胜困难、活出自己、不让自己窝囊的心态，他就会燃烧起心中的热情，继而产生强大的动力，“态度”便有了行动。

实际上，成功源自你对生活的态度，只要你持有良好的态度，即使你的能力稍差，你也可以通过勤奋和敬业弥补，只要你能持之以恒，你的

能力就会很快提高，成功也就不会太远了。

事实上，因为有着不同的生活背景，对生活的不同感悟，我们已经有了先入为主的态度，或偏执激进或平和豁达或其他，而我们这些态度，多是由于条件反射形成的。一个饱尝过人情冷暖的人，你去跟他讲人间皆美好，他会信吗？一个一生平顺的人，你去跟他讲世间多磨难，他能体会吗？一个经历过不公平对待的人，你跟他讲世间皆公平，他信吗？一个为几文钱而伤透脑筋的人，你去讲钱财如粪土，他信吗？

先天的态度可能会朝着一个方向进行极端发展，大概只有我们本人才知道我们为自己的个性付出了什么代价。当我们恃才傲物、不可一世时，我们不知自己何时起已变成了孤家寡人；当我们以为自己的观点最有说服力，发现自己口舌用尽也没能扭转别人；当我们很激进地去表达自我时，别人早已退避三舍了。

把握好你的态度，因为自己最终能否成功，很大程度上取决于你的态度。

问问你自己，竭尽全力了吗

如果你感觉自己奋斗了，可是境况却没有什么变化，你一定要问问自己“竭尽全力了吗”。

一个人，无论做什么事，如果想取得出色的成绩，必须竭尽全力。一个总是全力以赴去做事的人，总能获得成功。

娜拉小时候学芭蕾时，父亲对她严格得近似残酷。每当她想停下来休息时，父亲总是问：“你竭尽全力了吗？”娜拉便咬着牙继续练，到精疲力竭无法站立时，才瘫坐在地上休息。

日复一日枯燥乏味的练功生活使娜拉觉得学芭蕾舞简直是一种痛苦，她开始厌烦练功，打算放弃芭蕾。

父亲得知她的打算后问：“当初是谁决定让你学芭蕾的？”

娜拉惭愧地说：“是我。”

父亲说：“你今天放弃了芭蕾，明天还会放弃别的，因为干任何事情都会遇到无法预料的艰难。如果你决定去做什么事，你就要用尽全力去做，否则你会一事无成。”

娜拉委屈地说：“可我天天的生活都是一样的，那就是练功。”

父亲说：“任何一个学芭蕾的人都是这样，别人都能做到，你为什么不能？除非你是弱者。”

娜拉不想成为弱者，她用父亲经常说的“你竭尽全力了吗”这句话反问自己，练功累了就用海绵擦洗一下四肢，借以恢复体力。最后她的舞步练得灵巧如燕，终于成了一名著名的芭蕾舞演员。

“你竭尽全力了吗？”任何一个渴望改变现状而没有什么变化的人都该这样问问自己。

有了前进的目标，就要坚定自己的信念，竭尽全力地去实现它。只有竭尽全力地付诸行动，理想才能成为现实；如果犹疑不决，三心二意，成功只会与你失之交臂。与其羡慕别人的成就，不如从现在就开始努力，竭尽全力地用行动来证明自己。

认真对待，就能抓住机会

认真不仅仅是一种态度，更是一种能力。做任何事情，你只有保持认真的态度，才能抓住机会。

很多人抱怨工作环境、抱怨生活环境、抱怨自己的时代太没有朝气、机会都被有钱人和有关系的人占去了，而自己在这种情况下只能忍受折磨、艰难度日。其实，这样的人往往都忽视了一个重要的问题，那就是他自己为改变现状做了些什么。

只要你认真对待工作，就能抓住成功的机会。

维斯康公司是美国20世纪80年代最为著名的机械制造公司。尼克和许多人一样，在该公司每年一次的用人招聘会上被拒绝了，但是他并不灰心，发誓一定要进入这家公司工作。

于是，他假装自己一无所长，找到公司人事部，提出为该公司无偿提供劳动力，请求公司分派给他任何工作，他将不计任何报酬来完成。公司起初觉得简直不可思议，但考虑到不用任何花费，也用不着操心，于是便分派他去打扫车间的废铁屑。

在整整一年时间里，尼克勤勤恳恳地重复着这项既简单又劳累的工作。为了糊口，下班后他还得去酒吧打工。尽管他得到了老板及工人的一致好感，但仍然没有一个人提到录用他的问题。

1990年年初，公司的许多订单纷纷被退回，理由均是产品质量问题，为此公司蒙受了巨大的损失。公司董事会为了挽救颓

机会

势，紧急召开会议，寻找解决方案。当会议进行了一大半还不见眉目时，尼克闯入会议室，提出要见总经理。在会上，他就该问题出现的原因做了令人信服的解释，并且就工程技术上的问题提出了自己的看法，随后拿出了自己的产品改造设计图。

这个设计非常先进，既恰到好处地保留了原来的优点，又克服了已经出现的弊病。

总经理及董事会成员觉得这个编外清洁工很是精明在行，便询问他的背景及现状。于是，尼克当着高层决策者的面，将自己的意图和盘托出。之后经董事会举手表决，尼克当即被聘为公司负责生产技术问题的副总经理。

原来，尼克利用清扫工能到处走动的特点，细心察看了整个公司各部门的生产情况，并一一详细记录，发现了所存在的技术问题，并想出了解决办法。他花了一年时间搞设计，做了大量的数据统计，终于完成了科学实用的产品改造设计图。

尼克并没有因为自己是一名编外清洁工就“糊弄”自己的工作，相反，他知道自己在为公司工作的同时，也是在为自己的未来工作。因此，他把自己平凡的工作当成了一个宝贵的学习机会，在平凡的工作岗位上为自己的未来创造了成功的契机。

一个认真对待自己工作的人，上天绝不会辜负他。

没有谁在这世上能平白无故地成功，人和人之间的人生境界有所不同，主要是对人对事认真与否的态度。

你认真，你也可以成功。不信，就试试看。

第三篇

感谢职场中折磨你的人

PART

01

“蘑菇经历”是一笔宝贵的人生财富

人生总是**从寂寞开始**

每个想要突破目前的困境的人首先都需要耐得住寂寞，只有在寂寞中才能催生一个人的成长。

曾有人在谈及寂寞降临的体验时说：“寂寞来的时候，人就仿佛被抛进一个无底的黑洞，任你怎么挣扎呼号，回答你的，只有狰狞的空间。”的确，在追寻事业成功的路上，寂寞给人的精神煎熬是十分厉害的。想在事业上有所成就，自然不能像看电影、听故事那么轻松，必须苦修苦练，必须耐疑难、耐深奥、耐无趣、耐寂寞，而且要抵得住形形色色的诱惑。能耐得住寂寞是基本功，是最起码的心理素质。耐得住寂寞，才能不赶时髦、不受诱惑，才不会浅尝辄止，才能集中精力潜心于所从事的工作。只要你勇敢地接受寂寞，拥抱寂寞，以平和的爱心关爱寂寞，你就会发现：寂寞并不可怕，可怕的是你对寂寞的惧怕；寂寞也不烦闷，烦闷的是你自己内心的空虚。

曾获得奥斯卡最佳导演奖的华人导演李安，在去美国念电影学院时已经26岁，遭到父亲的强烈反对。父亲告诉他，纽约百老汇每年有几万人去争几个角色，电影这条路走不通的。李安毕业后7年，整整7年，他都没有工作，在家做饭带小孩。有一段时间，他的岳父岳母看他整天无所事事，就委婉地告诉女儿，也就是李安的妻子，准备资助李安一笔钱，让他开个餐馆。李安自知不能再这样拖下去，但也不愿拿丈母娘家的资助，决定去社区大学上计算机课，从头学起，争取可以找到一份安稳的工作。李安背着老婆硬着头皮去社区大学报名，一天下午，他的太太发现了他的计算机课程表。他的太太顺手就把这个课程表撕掉了，并跟他说："安，你一定要坚持自己的理想。"

因为这一句话，这样一位明理聪慧的老婆，李安最后没有去学计算机。如果当时他去了，多年后就不会有一个华人站在奥斯卡的舞台上领那个很有分量的大奖。

李安的故事告诉我们，人生应该做自己最喜欢最爱的事，而且要坚持到底，把自己喜欢的事发挥得淋漓尽致，必将走向成功。

如果你真正的最爱是文学，那就不要为了父母、朋友的谆谆教诲而去经商；如果你真正的最爱是旅行，那就不要为了稳定选择一个一天到晚坐在电脑前的工作。

你的生命是有限的，但你的人生却是无限精彩的。也许你会成为下一个李安。

但你需要耐得住寂寞，7年你等得了吗？很有可能会更久，你等得到那天的到来吗？别人都离开了，你还会在原地继续等待吗？

一个人想成功，一定要经过一段艰苦的过程。任何想在春花秋月中轻松获得成功的人距离成功遥不可及。这寂寞的过程正是你积蓄力量、开花前奋力汲取营养的过程。如果你耐不住寂寞，成功永远不会降临于你。

"蘑菇经历"是一笔宝贵的人生财富

人不可能一出生就在聚光灯下成长，很多成功人士都有一段蛰伏地下的艰难岁月，正像蘑菇一样，那段岁月对成功者而言是一笔宝贵的财富。

蘑菇长在阴暗的角落，得不到阳光，也没有肥料，自生自灭，只有长到足够高的时候才开始被人关注，

可此时它自己已经能够接受阳光了。

“蘑菇定律”就是据此而来，是大多数组织对待初入门者、初学者的一种管理原则。据说，它是20世纪70年代由一批年轻的电脑程序员“编写”的（这些天马行空、独往独来的人早已习惯了人们的误解和漠视，所以在这条“原则”中，自嘲和自豪兼而有之）。该原则的大意是：初学者一般像蘑菇一样被置于阴暗的角落（不受重视的部门，或打杂跑腿的工作），头上浇着大粪（无端的批评、指责、代人受过），只能自生自灭（得不到必要的指导和提携）。

如果你刚进入社会不久，或仍对那个时期记忆犹新，相信这一条“蘑菇管理原则”一定会让你发出会心而苦涩的一笑。的确，绝大多数初出茅庐的年轻人都有过一段“蘑菇”经历，总之，那是一段很不愉快的日子。

“蘑菇经历”是事业上最为漫长的磨炼，也是最痛苦的磨炼之一，它对人生价值的体现起到至关重要的作用。

从这个意义上来说，“蘑菇经历”是人生的一笔宝贵财富，只有经受这个阶段的磨炼，你才能深刻地领悟这句话的含意。

但是，不愉快的事情并不是生命中的厄运。从某种意义上讲，让自己做上一段时间的“蘑菇”，可以消除自我不切实际的幻想，从而使自己更加接近现实，更实际、更理性地思考问题和处理问题，对人的意志和耐力的培养有促进作用。但用发展的眼光来看，“蘑菇管理”有着先天的不足：一是太慢，还没等它长高长大，恐怕疯长的野草就已经把它盖住了，使它没有成长的机会；二是缺乏主动，有些本来基因较好的“蘑菇”，一钻出土就碰上了石头，因为得不到帮助，结果胎死腹中。如何让他们成功地走过生命中的这一段，尽快吸取经验、成熟起来，这是我们所应当考虑的问题。

因此，如果你现在感到自己被埋没而没有出人头地，那你一定不要悲哀，把这段“蘑菇经历”当作人生的一笔宝贵财富来珍藏，对你的一生都大有裨益。

不要让自己成为“破窗”

人都要准确地把握自己的人生行程，无论何时都要记住，你千万不要让自己成为那扇“破窗”，否则，最先被淘汰出局的就是你。

美国斯坦福大学心理学家詹巴斗曾做过这样一项实验：他找来两辆一模一样的汽车，一辆停在比较杂乱的街区，一辆停在中产阶级社区。他把停在杂乱街区的那辆车的车牌摘掉，顶棚打开，结果一天之内就被人偷走了；而摆在中产阶级社区的那一辆过了一个星期仍安然无恙。后来，詹巴斗用锤子把这辆车的玻璃敲了个大洞，结果仅仅过了几个小时，它就不见了。

以这项实验为基础，政治学家威尔逊和犯罪学家凯琳瑟提出了“破窗”理论：如果有人打破了一个建筑物的窗户玻璃，而这扇窗户又得不到及时的维修，别人就可能受到某些暗示性的纵容去打烂更多的窗户玻璃。久而久之，这些破窗户就给人造成一种无序的感觉。结果在这种公众麻木不仁的氛围中，犯罪就会滋生、增长。“破窗”理论给我们的启示是：必须及时修好“第一扇被打碎的窗户玻璃”。

因此，若你成为那扇破窗，那么最先被淘汰出局的人就是你。

美国有一家以极少辞退员工著称的公司。一天，资深熟练车工杰克为了赶在中午休息之前完成三分之二的零件，在切割台上工作了一会儿之后，他就把切割刀前的防护挡板卸下放在一旁，没有防护挡板，安放收取加工零件会更方便、更快捷一点。大约过了一小时，杰克的举动被无意间走进车间巡视的主管逮了个正着。主管雷霆大怒，除了让杰克立即将防护板装上之外，又站在那里大声训斥了半天，并声称要作废杰克一整天的工作量。

事到此时，杰克以为也就结束了。没想到，第二天一上班，有人通知杰克去见老板。在那间杰克受过好多次鼓励和表彰的总裁室，杰克听到了要将他辞退的处罚通知。总裁说：“身为老员工，你应该比任何人都明白安全对公司意味着什么。你今天少完成了零件，少实现了利润，公司可以换个人、换个时间把它们补起来，可你一旦发生事故失去健康乃至生命，那是公司永远都补偿不起的……”

离开公司那天，杰克流泪了，工作的几年时间里，杰克有过风光，也有过不尽如人意的地方，但公司从没有人说他不行。可这一次不同，杰克知道，他这次触及了公司灵魂的东西。

这个小小的故事向我们提出这样一个警告：一些影响深远的“小过错”通常能产生无法估量的危害，没能及时修好自己

"打碎的窗户玻璃"也许会毁了自己的职业生涯。所以，任何一个人，一定要避免让自己成为一扇"破窗"。

耐心地做你现在要做的事

每个人都会有一段蛰伏的经历，在为成功而默默奋斗。在这段时期，你需要的不是浮躁和怨天尤人，而是耐心地做好你现在要做的事。

每个夏天，我们都能听到在高树繁叶之中蝉的清脆鸣叫，它们有透明的羽翼，在风中鸣叫很让人惬意。殊不知这些蝉一生中绝大部分岁月是在土中度过的，只是到生命的最后两三个月才破土而出。

人的生命历程其实也是这样，每一个希冀成功的人，也必须有长时间蛰伏地下的经历，好好磨炼自己，好好培养自己。

在一个学习班里，同学们讨论的主题是，一个人应当如何把他的热情投入到工作中去。这时一位年轻的妇女在教室后面举起手，她站起来说道：

"我是和我的丈夫一起到这里来的。我想如果一个男人把全部热情投入到工作中去也许是对的，但是对于一个家庭主妇来说却没有益处。你们男子每天都有有趣的新任务要做，但是家务劳动就无法相比了，做家务劳动的烦恼是单调乏味、令人厌烦。"

其实有许多人在做这种"单调乏味"的工作。如果我们能找到一种方法帮助这位少妇，也许我们就能帮助许多自认为自己的工作是单调乏味的人。

老师问是什么东西使得她的工作如此“单调乏味”。她回答说：“我刚刚铺好床，床就马上被弄乱了；刚刚洗好碗碟，碗碟就马上被用脏了；刚刚擦干净了地板，地板就马上被弄得泥污一片。”她说，“你刚刚把这些事做好，这些事马上就会被人弄得像是未曾做过一样。”

教师说：“这真是令人扫兴。有没有妇女喜欢做家务劳动？”她说：“啊，有的，我想是有的。”

“她们在家务劳动中发现什么使得她们感到有趣、保持热情的东西没有呢？”

少妇思考了片刻回答道：“也许在于她们的态度。她们似乎并不认为她们的工作是禁锢，而似乎看见了超越日常工作的什么东西。”

作为一名没有成功的蛰伏者，你必须调节好你的心态，要在日常工作中“看到超越日常工作的东西”，耐心地做好你现在要做的事，脚踏实地地前进。终有一天，成功会降临到你头上。

PART

02

感谢在工作中折磨你的人

工作中的折磨使你不断超越自我

很多人都埋怨自己工作辛苦，埋怨老板和上司对他的折磨，殊不知，唯有折磨才能使你不断超越自我、不断进步。

一个人不但要接受他所希望发生的事情，而且还要学会接受他所不希望发生的事情。要适应现实，接受任何不可改变的事实，心平气和，以平常心面对周围所发生的一切，而不是唉声叹气、自寻烦恼，更不要企求社会来适应你，奢望世界为你一人而改变，这是不可能实现的空想。在困难面前，如果你能承受折磨，你将会赢得长足发展；如果你不能忍受，那么等待你的也许就是被社会淘汰。

上海某高校计算机系一男生，毕业后如愿进入了一家颇有名气的软件开发公司，本以为可以用上往日在学校里学习积累起来的编程技术，在公司一展身手，出人头地。可没想到就在他工作3个月后，上司竟突然让他负责计算机病毒的防治工作，这与他在学校里所关注和学习的内容有很大的差别。开始，他

不禁产生了消极情绪，怎么办呢？经过沉思后，他想通了，只有面对现实，于是又拿起了病毒方面的书籍，开始学习新的知识来适应现在的环境。渐渐地，他竟然喜欢上了反病毒这个行业，而且很快就开发出了一个全新的反病毒软件，给公司带来了可观的收益。

当我们面对不如意的事情时，当我们面对现实和理想的冲突时，唯有面对现实，适应现实，克服困难，奋发图强，才可做一个勇往直前的成功者。

如果我们没能学会面对、适应现实，而是逃避现实的话，我们将因经不起考验而被现实所淘汰，成功也将与我们擦肩而过。

一位年轻人毕业后被分配到北京某研究所，终日做些整理资料的工作，时间一久，觉得这样的工作索然寡味。恰好机会来了，一个海上油田钻井队来他们研究所要人，到海上工作是他从小就有的梦想，领导也觉得他这样的专业人才待在研究所整理资料太可惜，所以批准他去海上油田钻井队工作。在海上工作的第一天，领班要求他在限定的时间内登上几十米高的钻井架，把一个包装好的漂亮盒子送到最顶层的主管手里。他拿着盒子快步登上高高的、狭窄的舷梯，气喘吁吁、满头是汗地登上顶层，把盒子交给主管。主管只在上面签下自己的名字，就让他送回去。他又快跑下舷梯，把盒子交给领班，领班也同样在上面签下自己的名字，让他再送给主管。

他看了看领班，犹豫了一下，又转身登上舷梯。当他第二次登上顶层把盒子交给主管时，浑身是汗，两腿发颤，主管却和上次一样，在盒子上签下名字，让他把盒子再送回去。他擦擦脸上的汗水，转身走向舷梯，把盒子送下来，领班签完字，让他再送上去。

这时他有些愤怒了，他看看领班平静的脸，尽力忍着不发作，又拿起盒子艰难地一个台阶一个台阶地往上爬。当他上到最顶层时，浑身上下都湿透了，他第三次把盒子递给主管，主管看着他，傲慢地说："把盒子打开。"他撕开外面的包装纸，打开盒子，里面是两个玻璃罐，一罐咖啡、一罐咖啡伴侣。他愤怒地抬起头，双眼喷着怒火，射向主管。

主管又对他说："把咖啡冲上。"年轻人再也忍不住了，"啪"地一下把盒子扔在地上："我不干了！"说完，他看看倒在地上的盒子，感到心里痛快了许多，刚才的愤怒全释放出来了。

这时，这位傲慢的主管站起身来，直视着他说："刚才让你做的这些，叫作承受极限训练，因为我们在海上作业，随时会遇到危险，要求队员身上一定要有极强的承受力，承受各种危险的考验，才能完成海上作业任务。可惜，前面三次你都通过了，只差最后一点点，你没有喝到自己冲的咖啡。现在，你可以走了。"

这位年轻人可能自己也没有想到，领导和主管对他的折磨是一种考验，更是一种锻炼，经过这些考验之后，你的能力和意志力都会得到极大的提高。经受住各种考验，多用心，多忍耐，你就会获得相应的提高。

体谅老板，未来才能做好老板

只有学会体谅别人，你才真正走向成熟了。

也许目前，你正遭受老板的折磨，为此，你恨得牙根痒痒的。但是，如果你一直停留在恨的状态上，那你绝不会获得成长。只有学会体谅老板，你才能有在未来当老板的机会。

换个角度看老板，是为了让我们可以认清老板的责任和使命，体谅老板所承受的痛苦和压力，站在企业和老板的立场上考虑问题。这样，我们不仅能够成为一名优秀的员工，还可能成为一名优秀的老板。

工作中，员工轻视老板主要分为下列两种情形：

第一种情形是，一旦某位职员在公司中起了很大作用，他就会变得自以为是了。譬如顺利完成了一个大订单，为公司挽回了重大的损失等，他们会想：“如果没有我，公司不知道会变成什么样。”

第二种情形是，当员工处于事业的低潮，譬如没有完成业务指标，或者因个人工作问题遭到老板的批评责备，他们的内心会充满挫折感和委屈，于是就会对那些批评他的人心存怨恨。“当老板有什么了不起？将我放在那个位置上，我也一样能做好。”

无论是哪一种情况，都不是正确的心态。他们被私欲蒙住了眼睛，看不到老板所付出的代价和努力，看不到做一名优秀的管理者所必须付出的艰辛。

事实上，作为一名老板，其工作性质与员工有很大不同。他必须思考公司整体的发展战略，他必须对每一个重大的决策

进行规划，这些工作表面上看没什么大不了的，但却需要长时间的知识和经验的积累。维持一家公司的正常运行是一个相当复杂的过程，并不是我们所看到的那么简单，他必须具备许多非凡的能力：

——强烈的成就感。这类人追求卓越的成就感的愿望很强烈。

——良好的整合能力。这类人具备不错的逻辑思维能力，能把各种纷繁的信息整合起来，做出准确的判断。

——良好的承受力和持久力。这类人承受压力的能力强，勇于面临各种打击，不轻言放弃。

——良好的团队组织能力。这类人有天生的领导力，善于调动团队的整体积极性。

退一步说，如果老板真是很轻松、很悠闲，这并不意味着任何人做了老板都会很轻松，现在的轻松也许是以前辛苦的结果——只是你没有看到老板以前所付出的努力。一旦公司业务进入成熟稳定期，与那些整天疲于奔命的业务员相比，老板的轻松也是理所当然的。

李克是一名业绩出众的营销经理，看到老板每天坐在办公室里，而业务人员四处奔波，使得公司财源滚滚，他内心颇有些不平，于是产生了自己创业的念头。几经筹措终于将公司开起来了，结果如何呢？他发现，无论是业务还是管理，都并非自己想象的那么简单。

当然，我们并不否定个人创业，这是一种十分可贵的职业精神，但我们必须明白，做老板是一件复杂而且辛苦的事情。

做员工时能够认识到这一点，并且给老板更多的体谅，未来才有可能做好老板。

学会体谅你的老板吧，接受老板的“折磨”，你会获得更好的成长，为未来的成功增添有益的砝码。

顾客把你磨炼成美丽的天使

不要厌烦顾客的折磨，通过顾客各种各样的折磨，你的业务能力会得到不同程度的提高，这会为你今后的成功奠定坚实的基础。

阿迪·达斯勒被公认为是现代体育工业的开创者，他凭着不断的创新精神和克服困难的勇气，终身致力于为运动员制造最好的产品，最终建立了与体育运动同步发展的庞大的体育用品制造公司。

阿迪·达斯勒的父亲靠祖传的制鞋手艺来养活一家四口人，阿迪·达斯勒兄弟帮助父亲做一些零活。一个偶然的机会，一家店主将店铺转让给了阿迪·达斯勒兄弟，并可以分期付款。

兄弟俩高兴之余，资金仍是个大问题，他们从父亲作坊搬来几台旧机器，又买来了一些旧的必要工具。这样，鲁道夫和阿迪正式挂出了“达斯勒制鞋厂”的牌子。

起初，他们以制作一些拖鞋为主，由于设备陈旧、规模太小，再加上兄弟俩刚刚开始从事制鞋行业，经验不足，款式上是模仿别人的老式样，种种原因导致生产出来的鞋子销量并不好。

困境没有让两个年轻人却步，他们想方设法找出矛盾的根源所在，努力走出失败的困境。

聪明的阿迪逐渐意识到：那些成功企业家的秘诀在于牢牢抓住市场，而他们生产的款式已远远落后于当时的市场需求。

兄弟俩着手寻找自己的市场定位，经过市场调查，终于有了结果：他们应该立足于普通的消费者。因为普通大众大多数是体力劳动者，他们最需要的是既合脚又耐穿的鞋。再加上阿迪是一个体育运动迷，并且深信随着人们生活的提高，健康将越来越会成为人们的第一需要，而锻炼身体就离不开运动鞋。

定位已经明确，接下来就是设计生产的问题了。他们把自己的家也搬到了厂里，一个多月后，几种式样新颖、颜色独特的跑鞋面世了。

然而，新颖的跑鞋没有像兄弟俩想象的那样畅销。当阿迪兄弟俩带着新鞋上街推销时，人们首先对鞋的构造和样式大感新奇，争相一睹为快。

可看过之后，真正购买的人很少，人们看着两个小伙子年轻、陌生的脸孔，带着满脸的不信任离开了。

兄弟俩四处奔波，向人们推荐自己精心制作的新款鞋，一连许多天，都没有卖出一双鞋。

阿迪兄弟本以为做过大量的市场调查之后生产出的鞋子一定会畅销，然而无法解决的困难又一次让两个年轻人陷入绝境。

可阿迪·达斯勒的字典里没有“输”这个词，只有勇气陪伴着他们，去闯过一个个难关。

在困难面前，阿迪兄弟没有消沉，没有退缩，而是迎着困难继续努力，在仔细分析当时的市场形式和自己工厂的现状后，终于找到了解决的办法。

兄弟俩商量后决定：把鞋子送往几个居民点，让用户们免费试穿，觉得满意后再向鞋厂付款。

一个星期过去了，用户们毫无音讯，两个星期过去了，还是没有消息。兄弟俩心中都有些焦躁，有些坐不住了。

在耐心的等候中，又一个星期过去，他们现在唯一的办法也只有等待了。一天，第一个试穿的顾客终于上门了。他非常满意地告诉阿迪兄弟俩，鞋子穿起来感觉好极了，价钱也很公道。在交了试穿的鞋钱之后，又订购了好几双同型号的鞋。

随后不久，其余的试穿客户也都陆续上门。一时之间，小小的厂房竟然人来人往，络绎不绝。鞋子的销路就此打开，小厂的影响也渐渐扩大了。

阿迪兄弟俩没有被初次创业所遭受顾客的种种困难所吓倒，面对资金不足、经验不足、信誉缺乏等困难，他们凭着自己的信心和勇气一一攻克，为日后家族现代体育工业帝国的建立打下了坚实的基础。

现在的你也一样，不要抱怨顾客对你的折磨，因为，唯有这些折磨才能将你磨炼成美丽的“天使”。

PART

03

感激对手，有利于提高自己

善待你的对手

善待你的对手，尽显品格的力量和生存的智慧。

一旦谈到双赢，人们一向以为这种情况只会发生在自己与合作伙伴之间，而与对手，“不是你死，就是我亡”，这才是最终的结局。

真的是这样吗？显然，答案是否定的。其实我们和对手也可以走进双赢的境地。

所以，我们需要合作伙伴，而不要排斥对手。

对手是失利者的良师。有竞争，就免不了有输赢。其实，高下无定式，输赢有轮回。曾经败在冠军手下的人，最有希望成为下一场赛事的冠军。只因败者有赢者为师，取人之长，补己之短，为日后取胜奠基。更有一些智者，一番相争之后，便能知己知彼，比得赢就比，比不赢就转，你种苹果夺冠，我种地瓜也可以领先。

对手是同剧组的搭档。人生在世能够互成对手，也是一种缘分，仿佛同一个分数中的分子、分母。如此说，结局往往只有赢多赢少之别，并无绝对胜败之分。角色有主有次，登台有先有后，掌声有多有少，但彼此相依，缺了谁戏都演不成。同在一个领导班子中也如此，携手共进，共创佳绩，方可交相辉映。

孟子说："入则无法家拂士，出则无敌国外患者，国恒亡。"奥地利作家卡夫卡说："真正的对手会灌输给你大量的勇气。"善待你的对手，方尽显品格的力量和生存的智慧。

在秘鲁的国家级森林公园，生活着一只年轻的美洲虎。由于美洲虎是一种濒临灭绝的珍稀动物，全世界仅存17只，所以为了很好地保护这只珍稀的老虎，秘鲁人在公园中专门辟出了一块近20平方公里的森林作为虎园，还精心设计和建盖了豪华的虎房，好让美洲虎自由自在地生活。

虎园里森林藏密，百草芬芬，沟壑纵横，流水潺潺，并有成群人工饲养的牛、羊、鹿、兔供老虎尽情享用。凡是到过虎园参观的游人都说，如此美妙的环境，真是美洲虎生活的天堂。

然而，让人们感到奇怪的是，从没有人看见美洲虎去捕捉那些专门为它预备的"活食"，从没有人见它王者之气十足地纵横于雄山大川，啸傲于莽莽丛林，甚至未见它像模像样地吼上几嗓子。

人们常看到它整天待在装有空调的虎房里，或打盹儿，或耷拉着脑袋，睡了吃吃了睡，无精打采。有人说它大约是太孤独了，若是找个伴儿，或许会好些。

于是政府又通过外交途径，从哥伦比亚租来了一只母虎与它做伴，但结果还是老样子。

一天，一位动物行为学家到森林公园来参观，见到美洲虎那副懒洋洋的样儿，便对管理员说，老虎是森林之王，在它所生活的环境中，不能只放上一群整天只知道吃草、不知道猎杀的动物。

这么大的一片虎园，即使不放进去几只狼，至少也应该放上两只猎狗，否则美洲虎无论如何也提不起精神。

管理员们听从了动物行为学家的意见，不久便从别的动物园引进了两只美洲狮投进了虎园。这一招果然奏效，自从两只美洲狮进虎园的那天起，这只美洲虎就再也躺不住了。

它每天不是站在高高的山顶愤怒地咆哮，就是有如飓风般冲下山冈，或者在丛林的边缘地带警觉地巡视和游荡。老虎那种刚烈威猛、霸气十足的本性被重新唤醒。它又成了一只真正的老虎，成了这片广阔的虎园里真正意义上的森林之王。

一种动物如果没有对手，就会变得死气沉沉。同样的，一个人如果没有对手，那他就会甘于平庸，养成惰性，最终导致庸碌无为。

一个群体如果没有对手，就会因为相互的依赖和潜移默化而丧失灵活、丧失生机。

一个行业如果没有对手，就会因为丧失进取的意志，就会因为安于现状而逐步走向衰亡。

许多人都把对手视为心腹大患，是异己，是眼中钉，是肉中刺，恨不得马上除之而后快。其实只要反过来仔细一想，便会发现拥有一个强劲的对手，反倒是一种福分、一种造化。

因为一个强劲的对手，会让你时刻有种危机四伏感，会激发起你更加旺盛的精神和斗志。

有时候，表面上看来，我们从对手身上得到的学习机会没有那么直接、明显，然而仅仅是承受他带给我们的压力，就已是很宝贵的机会，可以对我们的成长起到很大的助益。不要随便把对手视为敌人或仇人，只有这样，我们才可以冷静地观察对方，客观地审视自己；也唯有这样，才能在与对手交手的过程中学到东西。

然而，很多人无法这样看待对手。由于对手和敌人往往只有一线之隔，甚至是一体两面，因而对手也很容易被视为仇人。很多人会带着各种情绪来看待对手，经常会这样想：敌人和仇人当然是不好的，哪有向他们学习的道理？

不少人在碰到对手的时候，首先是不屑一顾（觉得对手的实力不过如此），接下来是愤怒（发现这样的人竟然有很多人喜欢，还威胁甚至超越自己），最后则是不允许别人在面前说对手的只言片语。

其实，越是敌人和仇人，可学的东西才越多。对方要消灭你，一定是倾巢而动、精锐尽出。对方使出浑身解数的时候，也就是传授你最多招数的时候（敌人为了激怒你、伤害你而使出的一些手段，就是任何其他老师所不能教你的）。所以，如果你有个很强的对手，你应该从心底欢喜。就像每天要照照镜子一样，你每天都要仔细盯紧这个对手，好好欣赏他，好好向他学习。而最好的学习，永远来自你和他交手、被他击中的那一刻。

一个人有了对手，才会有危机感，才会有竞争力。有了对手，你便不得不奋发图强，不得不革故鼎新，不得不锐意进取，否则，就只有等着被吞并、被替代、被淘汰。

善待你的对手吧！有时候，将我们送上领奖台的，不是我们的朋友，而恰恰是我们的对手。

心胸开阔，天地自然宽广

任何时候都不要嫉妒对手，一旦你心生嫉妒，你的心态就会失衡，你的天地就会越来越暗淡，你的人生之路也就会越来越狭窄。

很多人看到自己的对手越来越好，心中不服，他们想方设法地去破坏对方，阻止对方前进，结果在这个过程中，他们已经看不到自己的缺陷，心灵被嫉妒占据，最后导致两败俱伤，悔恨莫及。

我们为什么不好好对待自己的对手呢？把胸怀放宽一些，你的人生天地也自然会宽广起来。

请看两则媒体上刊载的因嫉妒对手而犯罪的新闻：

某县一建材市场老板王某经营有方，引起竞争对手张某的嫉妒，张某出资雇人将王某打成了残疾。张某随后被捕。

某男子因嫉妒相邻饭馆生意红火，为争抢客人，竟在相邻饭馆投放农药，结果导致10名食客用餐后中毒住院。之后该男子被抓获归案，经过大量调查，当地检察院以投放危险物品罪对其提起公诉，法院依法判定罪名成立，判处其有期徒刑4年。

嫉妒对手导致犯罪，毁掉自己的一生，多么不值！

我国的传统医学对嫉妒的危害早就有过论述，《黄帝内经·素问》明确指出："妒火中烧，可令人神不守舍，精力耗损，神气涣失，肾气闭塞，郁滞凝结，外邪入侵，精血不足，肾衰阳失，疾病滋生。"

嫉妒破坏友谊、损害团结，给他人带来损失和痛苦，既贻害自己的心灵，又殃及自己的身体健康。

心胸开阔，天地自然宽广。告别嫉妒心理吧，以宽广的胸怀去接纳、祝福自己的对手，你也会获得对手的尊重，同时你也能从对手那里学到经验，提高自己，何乐而不为！

远离虚荣才能接近对手

对手是你的“敌人”，但从另一个方面来说，对手也是对你的成功帮助最大的人。你只有抛弃虚荣心理，才能跟你的对手走到一起。

商场上有句俗话这样说：“同行是冤家。”不错，你的同行的确就是你的竞争对手，在抢占市场时，你们的确是冤家。但是，不可否认的是，如果没有竞争对手，只有个人垄断，那将会导致不思发展的后果。有时候，要想使自己变得更强更好，你必须善待自己的对手。

那你要怎样接近自己的对手呢？这就要求你抛弃虚荣心理，主动和对方接触，你才能接近对手，并了解对手、学习对手，最终达到双赢的效果。

有个名叫西拉斯的人，在一个小镇上开一家杂货铺。这铺子是他爸爸传下来的，他爸爸又是从他爷爷手里接过来的。他爷爷开这铺子的时候南北两边正在打仗。

西拉斯买卖公道，信誉很好。他的铺子对镇上的人来说就像手足，不可缺少。西拉斯的儿子在长大，小铺子就要有新接班人了。

可是有一天，一个外乡人笑嘻嘻地来拜访西拉斯，情况便变得严重了！此人说，他想买下这铺子，请西拉斯自己作价。

西拉斯怎么舍得？即便出双倍价格他也不能卖！这铺子可不仅仅是铺子，这是事业、是遗产、是信誉！

外乡人耸耸肩，笑嘻嘻地说：“抱歉，我已选定街对面那

幢空房子，粉刷一番，弄得富丽堂皇，再进些上好货品，卖得更便宜，那时你就没生意了！”

西拉斯眼见对面空房贴出了翻新布告，一些木匠在里面锯呀刨呀，有一些漆匠爬上爬下，他的心都碎了！他无可奈何却又不无骄傲地在自家店门上贴了张告白：“敝号系老店，95年前开张。”

对面也换了一张告白：“敝号系新店，下礼拜开张。”

人们对比着读了，无不心中暗笑。

新店开业前一天，西拉斯坐在他那间阴暗的店堂里想心事，他真想把对手臭骂一顿，幸亏西拉斯有个好妻子。

“西拉斯，”她用低低的声音缓缓地说，“你巴不得把对面那房子放火烧了，是不是？”

“是巴不得！”西拉斯简直是在咬牙切齿，“烧了有什么不好？”

“烧也没用，人家保险过。再说，这样想也缺德。”

“那你说我该怎么想？”西拉斯冒着火。

“你该去祝愿。”

“祝愿天火来烧？”

“你总说自己是个厚道人，西拉斯，你一碰到切身事就糊涂。你该怎么做不是很清楚吗？你应该祝愿新店开业成功。”

“你是脑筋出问题了吧，贝蒂。”

说是这么说，但西拉斯最后决定去一次。

第二天早晨新店还没开门，全镇人已等在外边。大家看着正门上方赫然写着“新新百货店”几个金字，都想进去一睹为快。

西拉斯也在人群中，他快快乐乐跨到台阶上大声说：“外乡老弟，恭喜开业，谢谢你给全镇人带来方便！”

他刚说完便吃了一惊，因为全镇人都围上来朝他欢呼，还把他举起来。大家跟他一起进店参观。谁都关心标价，谁都觉得很公道。那外乡老板笑嘻嘻地牵着西拉斯的手，两个生意人像老朋友。

后来，两家生意都做得兴隆，因为小镇一年年变大了。

故事给我们一个很好的启示：

一个能容忍对手发展的人，不但是一个胸襟宽广的人，还是一个具有远见的人。让竞争对手时刻在背后激励你、鞭策你，使你不能有片刻懈怠，努力向前发展，实现双赢目的，实在是再好不过。

放下自私和虚荣，主动接受对方。“尺有所短，寸有所长”，只要你诚心结交，对方也会坦诚相待，你就会从对手身上学到长处，从而更有利于自己的发展。

感谢你的竞争对手

对手有时也是一种激励因素。因竞争的压力而不断寻求进步，最终走上成功的道路，成功的你有什么理由不感谢对手呢？

我们在生活中经常会遇到竞争对手，但我们应该如何去对待我们的对手呢？许多人都视对手为眼中钉、肉中刺，欲除之而后快。其实这种想法是非常错误的，如果我们没有对手，也许我们就会走向极端，走向灭亡。

一位名叫朗凯宁的作家曾写过一篇名为《对手》的小说：

志和文成为对手，是因为一个女同学。那是在读大学二年级的时候，他俩同时爱上了一个叫颖的女同学。颖是中共党员，她对他俩的条件要求非常明确：谁成为一名中共党员，她就嫁给谁。

于是，志和文同时向党组织递交了入党申请书。一年后，志成为一名党员。当文第二次向党组织递交申请时，志在讨论会上说文动机不纯，他是为了爱情。也许是命运注定，毕业后，他俩被分配在同一部门工作。他俩的争斗让颖生厌，结果谁也没有得到颖的爱情，得到的只是彼此的怨恨。这怨恨使他俩留一个心眼儿去盯对方，一旦发现对方有什么纰漏，就毫不留情地捅出去。他俩的目标很明确。

志当上股长的时候，文无可挑剔地加入了中国共产党。

志无可挑剔地当上科长的时候，文也同样当上了股长。

他俩就这么相互盯着，相互攀升。

当志当上了处长时，文也当上了科长。

志当处长，有许多人送钱送礼物给他，他不敢要，他觉得文的一双眼睛在盯着他。有一回，他实在忍不住，心动了，收了人家送来的3000元。夜里，他做了个梦，梦见文高兴得哈哈大笑，说："这回你完了，3000元已经构成受贿罪了，你完了。"他吓出一身冷汗，第二天就把钱送到纪检部门去了。

文的机会也同样多。

……

就这样，他们以无可争议的清廉和才干走上了更高的职位，且得到了人们的尊敬。眼下，他俩都到了要退休的年龄。

一天，两人相见，互望着对方，之后禁不住紧紧拥抱，且激动得热泪盈眶。是的，没有这样的对手，谁敢说途中会怎样？！

一生平安，得益于对手的"呵护"。

他们都深深地感激对方。

在日本北海道有一种鳗鱼，它被捕捞上来以后很容易死掉。但有一个办法能够使它活得更久，就是在鳗鱼中放进它的"对手"——狗鱼。鳗鱼因为有了狗鱼而被激活，因而活的时间更长。

其实我们无论何时都应该感激对手，只有对手才让我们有危机感，我们才会不断地进取，以获取最大的成功。没有对手我们就不会有进步，没有对手我们就不会有今天的成就，没有对手我们就不会走向成功的道路。

PART 04

给自己一点压力，才能激发潜力

给自己一点压力

人需要给自己一点压力，才能在压力中成长，才能在压力中不畏艰难，走向成功。

折磨你的人会给予你巨大的压力，这时，你该如何应对？

美国鲍尔教授说："人们在感受工作中压力时，与其试图通过放松的技巧来应付压力，不如激励自己去面对压力。"

压力对于每一个人都有一种很特别的感觉。不错，人人都会本能地想摆脱压力，但往往都不能如愿！

一个人的惰性与生存所形成的矛盾会是压力，一个人的欲望与来自社会各方面的冲突会是压力。说通俗一些，就是人生的各个阶段都有压力：读书有压力，上班有压力，做平头老百姓有压力，做领导干部也有压力。总之，压力无处不在！

压力是好事还是坏事？

科学家认为：人是需要激情、紧张和压力的。如果没有既甜蜜又痛苦的冒险滋味的"滋养"，人的机体就无法存在。对这些情感的体验有时就像药物和毒品一样让人上瘾，适度的压力可以激发人的免疫力，从而延长人的寿命。试验表明，如果将人关进隔离室内，即使让他感觉非常舒服，但没有任何情感体验，他很快会发疯。

压力带给人的感觉不仅仅是痛苦和沉重，它也能激发人的斗志和内在的激情，使你兴奋，使你的潜能被开发！

体育比赛的压力是大家都有目共睹的，正是因为压力大，才有了世界纪录的频频被打破。企业工作业绩的压力也是很大的，然而正是激励的竞争机制才有了企业的飞速发展，人才也层出不穷。

压力不仅能激发斗志，还能创造奇迹。据说有一条非常危险的山路，是人们外出的必经之路，多少年来，从未出过任何事故。原因是，每一个经过的人都必须挑着担子才能通行。可是奇怪的是，人们空着手走尚且很危险的一条狭窄的小路，一边是陡峻的山崖，一边是无底的深渊，挑着担子反而能顺利通过。那是因为挑着担子的心不敢有丝毫的松懈，全部精力和心思都集中在此，所以，多少年来，这里都是安全的。这正是压力的效应。

相反，没有压力的生活会使人生活得没有滋味。

试想，如果所有的学生都

是一样的考分，不管你是多么努力！所有的员工都是一样的工资，不管你是多么勤奋！那还会有谁愿意继续努力？人人就只会混日子过，变得越来越懒散，激情也将消失殆尽！往大了说，社会也将停滞不前。

但压力又不能太大，如果大得难以承受，人会被压垮的。这样的例子也很多。有一个女孩因高考感觉没考好，就没有回家而直接走到江里了。当录取通知书发下时，她已离去很多日子。原因是，这次考试是“一锤子买卖”，如果这次没考上，她也就没有第二次机会了，家长对她是这样说的，所以她无法承受这样的压力，于是选择了永不面对。

压力不能没有，又不能过大，而压力又无法摆脱。是的，生活就是这样，充满着矛盾，我们只能去选择适应生活和改变自己。当你没有了激情，懒懒散散，那就给自己加压，定下一个目标，限期完成；当你感到压力使你心身疲惫，都快成机器了，你就要进行压力纾解，放下一些攀比和力不从心的追求。

当没有任何压力的时候，人就会失去动力，成为轻飘飘的云，没有了方向。要想改变目前的现状，你必须给自己一些压力。珍珠的来历大家都知道，它是石子放进贝壳，经过不分昼夜地磨砺而成。也让我们学习贝壳吧，把压力变成珍珠！

化压力为动力

有压力才会有动力，巧妙化解压力，把压力转化为动力，是每位身处困境者不可不知的成功诀窍。

常言道："井无压力不出油，人无压力轻飘飘。"生活中，人们经常有这样的感觉，挑着重担的人比空手步行的人要走得快，其中的奥妙，便是压力的作用。人生一世，轻松愉快只是一种可能，而承受不同程度的压力则是一种必然。在工作中、生活中遇到的困难、挫折、不幸，是一种压力；生活节奏加快、竞争日趋激烈、追求的痛苦、爱情的困惑，更是压力……我们无法撇开压力去谈人生。

人生苦短，由此不难让我们联想到云南大理白族的三道茶，就是一苦二甜三淡，象征着人生的三重境界。苦尽才能甘来，随之才有潇洒的人生，才会不屈服于压力，将压力转化为前进的动力，开创大业，走向人生的辉煌。天无绝人之路，生活抛给我们一个问题，也给了我们解决问题的能力。

也许你的生存压力不小，烦恼也不少，但切忌陷在自我忧虑中，而要冷静思考，全面评估现状，理清思路，找到策略和行动方案，根据轻重缓急来应对。记住：你的力量远远要比压力大。我国著名的国际口画艺术家杨杰就是这样一路走来的。农村出身的他6岁玩耍时双手触及高压线而不幸失去双臂，他被送至儿童福利院10年。10年过后归家，周围一切发生了很大变化，他感觉到生疏、艰难，很不适应。

他向人讨来笔墨，每天用牙磨墨、练画，用于练习的报纸摞起来高出他身高的几倍。功夫不负有心人，他在世界多个国家表演口画艺术，他的画在国外展出，并出版了个人画册，获得了多项荣誉称号。自强不息，哪怕有一丝希望也绝不放弃，这就是杨杰的人生态度。

善于承受压力和有强大的动力，是一个人成功的基础。只要你能够有效地将压力转化为动力，你离成功就不会太远。

在压力中奋起

不在压力中奋起，便在压力中灭亡。要想在人生的道路上走得更远，你必须选择前者。

毕业之后面临着就业压力，就业之后面临工作压力，其他还有诸如生活压力、竞争压力、恋爱压力，等等。如果你没有在压力面前奋起的勇气，那你只能在重重压力中陷入虚无。

众所周知，张学友是香港著名歌星，是四大天王之一，很多人痴迷他的歌、喜欢他的电影、羡慕他的辉煌，可有几个人知道他艰辛的奋斗历程呢？不要自卑，也不要害怕挫折，这是他的成功秘诀。

他的第一份工作是在政府贸易处当助理文员，工作十分乏味。不肯安于现状的性格使他不久跳槽到了一家航空公司，但工资比第一份还少。当时他也没有想过自己有一天会成为明星，踏入娱乐圈是偶然的，成功也来得太快，这使得他沉溺在成功带来的满足感和优越感之中，只知道尽情玩乐，逐渐变得放纵、狂傲、骄横，得罪了许多人。结果他的唱片销量直线下降，第一张、第二张唱片都可以卖20万张，第三张只卖了10万张，接着是8万张、2万张。他走在街上，原来是“学友”“学友”的欢呼，现在成了粗言秽语；站在舞台上，原来是鲜花热吻，现在是阵阵嘘声。起初张学友接受不了这残酷的事实，没有去分析原因，而是一味逃避——酗酒、骂人、闹事。家人朋友不断地劝慰他，但他一概不听，而且他还想过自杀！

沮丧的日子持续了两三年，后来他开始自省，意欲东山再起，这是他骨子里不肯服输、敢于一拼的性格所决定的。如果天生懦弱，自杀恐怕是他最终的抉择。他很了解娱乐圈“一沉百人踩”的事实，知道要东山再起所面对的艰辛，但他决意一拼！他后来总结经验说：“当你决定要面对挫折和困难时，原来并不是没有出路的！”他努力唱出自己的风格，努力拍戏，努力去研究失败的原因，努力学习处世的方法，努力应对各种刁难和挫折……全力以赴，付出了不为圈外人所知的艰辛，辉煌逐渐又回到了他的身边。

他说，没有人可以避免压力和挫折，重要的是要有豁达、乐观、坚毅、忍耐的性格，要搞清楚自己的位置和方向，才能走过失败，重新振作。他说自己希望做一只蜗牛，蜗牛永远不会理会别人的催促，无视外来的压力，只是依着自己的步伐和所选择的方向，勇往直前，这样必能成功。

压力和挫折时刻都会存在，有人说，人没有了压力，生活就会没有了方向，就像没有了风，帆船不会前进一样。但你一定不能在压力中不思进取，否则你将被压力淹没。

在压力中奋起，你才会有成功的可能。

找一个竞争对手"盯"自己

如果你想尽快走上成功的道路，那你就必须找一个竞争对手"盯"自己。那样，你的速度才会更快，潜能才会更有效地发挥。

生活并不如意，你也没有什么前进的动力，如果一直这样下去，你的人生就会就此止息，没有什么指望了。

因此，面临这种情况，不妨找一个竞争对手，把他放在背后"盯"紧自己，不断前行。

在北方某大城市里，诸多电器经销商经过明争暗斗的激烈市场较量，在彼此付都出了很大的代价后，有张、李两大商家脱颖而出，他们互相又成为最强硬的竞争对手。

这一年，张为了增强市场竞争力，采取了极度扩张的经营策略，大量地收购、兼并各类小企业，并在各市县发展连锁店，但由于实际操作中有所失误，造成信贷资金比例过大，经营包袱过重，其市场销售业绩反倒直线下降。

这时，许多业内外人士纷纷提醒李——这是主动出击、一举彻底击败对手，进而独占该市电器市场的最好商机。

李却微微一笑，始终不曾采纳众人提出的建议。

在张最危难的时机，李却出人意料地主动伸出援手，拆借资金帮助张涉险过关。最终，张的经营状况日趋好转，并一直给李的经营施加着压力，迫使李时刻面对着这一强有力的竞争对手。

有很多人曾嘲笑李的心慈手软，说他是养虎为患。可李却没有丝毫后悔之意，只是殚精竭虑，四处招纳人才，并以多种方式调动手下的人拼搏进取，一刻也不敢懈怠。

就这样，李和张在激烈的市场竞争中，既是朋友又是对手，彼此绞尽脑汁地较量，双方各有损失，但各自的收获却都很大。多年后，李和张都成了当地赫赫有名的商业巨子。

事业如日中天的李，当记者提及他当年的“非常之举”时，李一脸的平淡：击倒一个对手有时候很简单，但没有对手的竞争又是乏味的。企业能够发展壮大，应该感谢对手时时施加的压力。正是这些压力，化为想方设法战胜困难的动力，进而在残酷的市场竞争中始终保持着一种危机感。

其实，商界这一法则，动物界也给我们提供了例证。一位动物学家在考察生活于非洲奥兰洽河两岸的动物时，注意到河东岸和河西岸的羚羊大不一样，前者的繁殖能力比后者更强，而且奔跑的速度每分钟要快13米。

他感到十分奇怪，既然环境和食物都相同，何以差别如此之大？为了能解开其中之谜，动物学家和当地动物保护协会进行了一项实验：在两岸分别捉了10只羚羊送到对岸生活。结果送到西岸的羚羊发展到14只，而送到东岸的羚羊只剩下了3只，另外7只被狼吃掉了。

谜底终于被揭开，原来东岸的羚羊之所以身体强健，只因为它们附近居住着一个狼群，这使羚羊天天处在一个“竞争氛围”中。为了生存下去，它们变得越来越有“战斗力”。而西岸的羚羊长得弱不禁风，恰恰就是因为缺少天敌，没有生存压力。

没有压力，人的潜能就会逐步退却，人的动力慢慢消退，生命的机能不断萎缩。最终，事业消沉，生活散漫，人生越来越暗淡。

只有注入强有力的压力，在压力中多多用心，努力将压力转化为动力，才有可能使生命越来越有活力，激发出更多的人生潜能，最终取得事业的成功。

找一个竞争对手“盯”自己，才不至于因生活散漫而消沉，才能在成功的路途上越走越远。

PART

05

每天进步一点点

一次做好一件事

成功不需要你付出多大精力，只要你一次做好一件事，就会不断获得进步，日积月累，你就会从众人中脱颖而出。

有人问拿破仑打胜仗的秘诀是什么。他说："就是在某一点上集中最大优势兵力，也可以说是集中兵力，各个击破。"这句话精辟地道出了集中注意力对于成功的重要性。

无论何时，集中注意力去做事都是成功的关键之一。古往今来，凡是卓有成就的人，他们都有一个共同点，那就是将精力用在做一件事情上，专心致志，集中突破，这是他们做事卓有成效的主要原因。著名的效率提升大师博恩·崔西有一个著名的论断："一次做好一件事的人比同时涉猎多个领域的人要好得多。"富兰克林将自己一生的成就归功于"在一定时期内不遗余力地做一件事"这一信条的实践。

史蒂芬·柯维在为一些经理人做职业培训时，有一次，一位公司的经理去拜访他，看到柯维干净整洁的办公桌感到很惊讶，他问史蒂芬·柯维说："柯维先生，你没处理的信件放在哪儿呢？"

柯维说："我没处理的信件都处理完了。"

"那你今天没干的事情又推给谁了呢？"这位经理紧接着问。"我所有的事情都处理完了。"史蒂芬·柯维微笑着回答。看到这位经理困惑的表情，史蒂芬·柯维解释说："原因很简单，我知道我所需要处理的事情很多，但我的精力有限，一次只能处理一件事情，于是我就按照所要处理的事情的重要性，列一张顺序表，然后一件一件地处理。结果，做完了。"说到这儿，史蒂芬·柯维双手一摊，耸了耸肩膀。

"噢，我明白了，谢谢你，史蒂芬·柯维先生。"

几周以后，这位公司经理请史蒂芬·柯维参观其宽敞的办公室，对史蒂芬说："柯维先生，感谢你教给了我处理事务的方法。过去，在我这宽大的办公室里，我要处理的文件、信件等，堆得和小山一样，一张桌子不够，就用三张桌子。自从用了你说的法子以后，情况好多了，瞧，再也没有没处理完的事情了。"

这位公司经理就这样找到了处理的办法，几年以后，成为美国社会成功人士中的佼佼者。

人的精力并不是无限的，如果你想超负荷地一次完成数件事情，那结果只会使事情变得更糟糕。最好的方法是，一次做好一件事，对你来说，这样就已经足够。只要你有恒心和毅力把手边的每件事都做好，你就会不断获得进步，最终改变困境，走向成功。

永远生活在完全独立的今天

昨天是一张作废的支票，明天是一张期票，而今天是你唯一拥有的现金，所以应该聪明把握。

很多人都有这样的习惯，他一边后悔着昨天的虚度，一边下定决心从明天开始做出改变，而今天就在这后悔和决心之余被他轻轻放过。

其实，很多人都不知道，你所能拥有的只有实实在在的今天。只有好好把握今天，明天才会更美好、更光明。

1871年春天，一个年轻人拿起了一本书，看到了一句对他前途有莫大影响的话。他是蒙特瑞综合医科的一名学生，平日对生活充满了忧虑，担心通不过期末考试，担心该做些什么事情，怎样才能开业，怎样才能过活。

这位年轻的医科学生所看见的那一句话，使他成为

当代最有名的医学家，他创建了全世界知名的约翰·霍普金斯学院，成为牛津大学医学院的教授——这是学医的人所能得到的最高荣誉。他还被英国女皇册封为爵士，他的名字叫作威廉·奥斯勒爵士。

下面就是他所看到的——托马斯·卡莱里所写的一句话，帮他度过了无忧无虑的一生：“最重要的就是不要去看远方模糊的事，而要做手边清楚的事。”

40年后，威廉·奥斯勒爵士在耶鲁大学发表了演讲，他对那些学生们说，人们传言说他拥有“特殊的头脑”，但其实不然，他周围的一些好朋友都知道，他的脑筋其实是“最普通不过了”。

那么他成功的秘诀是什么呢？他认为无非是因为他活在所谓“一个完全独立的今天里”。在他到耶鲁演讲的前一个月，他曾乘坐着一艘很大的海轮横渡大西洋，一天，他看见船长站在舵房里，揿下一个按钮，发出一阵机械运转的声音，船的几个部分就立刻彼此隔绝开来——隔成几个完全防水的隔舱。

“你们每一个人，”奥斯勒爵士说，“都要比那条大海轮精美得多，所要走的航程也要远得多。我要奉劝各位的是，你们也要学船长的样子控制一切，活在一个完全独立的今天，这才是航程中确保安全的最好方法。你有的是今天，断开过去，把已经过去的埋葬掉。断开那些会把傻子引上死亡之路的昨天，把明日紧紧地关在门外。未来就在今天，没有明天这个东西。精力的浪费、精神的苦闷，都会紧紧跟着一个为未来担忧的人。养成一个生活好习惯，那就是生活在一个完全独立的今天里。”

奥斯勒博士的话值得我们每个人珍视。其实，人生的一切成就都是由你“今天”的成就累积起来的，老想着昨天和明天，你的“今天”就永远没有成果，到老的日子，你的“昨天”也就一事无成。珍惜今天吧，只有珍惜今天，你才能有好的未来！

天助来自自助

人要想过得更好，必须学会自助。自助的人天自助之。

求人不如求自己。如果你不想失败，不想做他人耻笑的“半个人”，就打消你心中“依赖他人生存”的念头吧！给自己找个职业，让自己独立起来。只有这样，你才会真正地体会到自身价值，才会感到无比幸福。如果你不丢弃依赖别人这种可怜的想法，即使你怀有雄心和充满自信，也未必能发挥出所有的能力、获得成功。

人，要靠自己活着，而且必须靠自己活着。在人生的不同阶段，尽力达到理应达到的自立水平，拥有与之相适应的自立精神。这是当代人立足社会的根本基础，因为缺乏独立自主个性和自立能力的人，连自己都管不了，还能谈发展成功吗？

陶行知告诉我们：“淌自己的汗，吃自己的饭，自己的事自己干。靠天靠人靠祖宗，不算是好汉。”

“自助者，天助之”，这是一条屡试不爽的格言，它早已被漫长的人类历史进程中无数人的经验所证实。自立的精神是个人真正地发展与进步的动力和根源，它体现在众多的生活领域，也成为国家兴旺强大的真正源泉。从效果上看，外在帮助只会使受助者走向衰弱，而自强自立则使自救者兴旺发达。

要想成为生活中的强者，只有身体健康和智力发达是远远不够的，如果连自立的能力都没有，连基本的生活都不会自理，又如何能自强呢？要知道，自立是自强的基础。所以说，自立自强是我们品格优秀的一个很重要的因素，是不可缺少的。

从21世纪人才的竞争来看，社会对人才的素质要求是很高的，除了具备良好的身体素质和智力水平，还必须具备很强的生存意识和能力、很强的竞争意识和能力、很强的科技意识和能力，以及很强的创新意识与能力。这就要求我们从现在开始就要注重对自己各方面能力包括自理能力的培养，只有使自己成为一个全面的、高素质的人，才可能在未来的竞争中站稳脚跟，取得成功。

人若失去自己，是一种不幸；人若失去自主，则是人生最大的缺憾。赤橙黄绿青蓝紫，谁都应该有自己的一片天地和特有的亮丽色彩。你应该果断地、毫无顾忌地向世人宣告并展示你的能力、你的风采、你的气度、你的才智。在生活道路上，必须善于做出抉择，不要总是踩着别人的脚印走，不要总是听凭他人摆布，而要勇敢地驾驭自己的命运，调控自己的情感，做自己的主宰，做命运的主人。

善于驾驭自我命运的人，是最幸福的人。只有摆脱了依赖、抛弃了拐杖、具有自信、能够自主的人，才能走向成功。

自立自强是走入社会的第一步，是打开成功之门的金钥匙。

真正的自助者是令人敬佩的觉悟者，他会藐视困难，而困难也会在他面前轰然倒地。

行动起来吧，因为只有你自己才能真正帮助你。

每天进步一点点

成功就是简单的事情重复去做，成功就是每天进步一点点。一个人，如果能每天进步一点点，哪怕是1%的进步，试想，有什么能阻挡得住他最终的成功？

《礼记·大学》中有句话：“苟日新，日日新，又日新。”老子在《道德经》中说：“合抱之木，生于毫末，九层之台，起于累土，千里之行，始于足下。”这些古老的中国经典文化格言说明一个道理：量变积累到一定程度就会发生质变。一个人，只要坚持每天进步一点点，终有成功的那一天。

纽约的一家公司被一家法国公司兼并了，在兼并合同签订的当天，公司新的总裁就宣布：“我们不会随意裁员，但如果你的法语太差，导致无法和其他员工交流，那么，我们不得不请你离开。这个周末我们将进行一次法语考试，只有考试及格的人才能继续在这里工作。”散会后，几乎所有人都拥向了图书馆，他们这时才意识到要赶快补习法语了。只有一位员工像平常一样直接回家了，同事们都认为他已经准备放弃这份工作了。令所有人都想不到的是，当考试结果出来后，这个在大家眼中肯定没有希望的人却考了最高分。

原来，这位员工在大学刚毕业来到这家公司之后，就已经认识到自己身上有许多不足，从那时起，他就有意识地开始了自身能力的储备工作。虽然工作很繁忙，但他却每天坚持提高自己。作为一个销售部的普通员工，他看到公司的法国客户有很多，但自己不会法语，每次与客户的往来邮件与合同文本都要公司的翻译帮忙，有时翻译不在或兼顾不上的时候，自己的工作就要被迫停顿。因此，他早早就开始自学法语了。同时，为了在和客户沟通时能把公司产品的技术特点介绍得更详细，他还向技术部和产品开发部的同事们学习相关的技术知识。

这些准备都是需要时间的，他是如何解决学习与工作之间的矛盾的呢？就像他自己所说的一样："只要每天记住10个法语单词，一年下来我就会3600多个单词了。同样，我只要每天学会一个技术方面的小问题，用不了多长时间，我就能掌握大量的技术了。"

我们每天的进步就在每天持之以恒的坚持之中，贵在日复一日、月复一月、年复一年勤勤恳恳的背诵之中。一步登天做不到，但一步一个脚印能做到；急于求成、一鸣惊人不好做，但永远保持一股韧劲，认认真真完成每天的功课可以做到；一下子成为圣贤之人不可能，但要求自己每天进步一点点有可能。

要求自己每天进步一点点，就是要让自己在漫长人生旅途中，今天要比昨天强，今天的事情今天做，每天都在为心中那个大目标做着永不懈怠的努力！为此，始终保持一份平静、从容的心态，步履稳健地走好人生的每一步，不允许每一天的虚度，不放过每一天的繁忙，不原谅每一天的懒散，用“自胜者强”来勉励、监督和强迫自己，克服浮躁，战胜动摇。要求自己在人生的旅途中每天进步一点点，不是做给别人看，所以不能懈怠，更不能糊弄自己，而是要用严于律己的人生态度和自强不息、每天进步一点点的可贵精神，走一条回归自然的光明大道。

所以每天进步一点点，不是可望而不可即，也不是可遇而不可求，它就在我们每天自身的努力之中。所以不能有一点成绩就自以为了不起，而是要以一种平和的心态、笨鸟先飞的态度，永远不满足、不停步、不回头！认认真真做好每天该做的事，对于我们每天的工作要用雷打不动的精神把它完成好。

也许每天进步一点点并不引人注目，可就是这一个个小小的不引人注目的进步，终将会有一个大器晚成的效果。所以要坚信，只要我们用每天进步一点点的精神，持之以恒地努力，就能使我们的人生充实而幸福，就能让我们的人生有耀眼的风采！

成功来源于诸多要素的几何叠加。比如，每天笑容多一点点，每天行动多一点点，每天创新多一点点，每天的效率高一点点……假以时日，我们的明天与昨天相比将会有天壤之别。

一个企业，如果把“每天进步一点点”变成企业文化的一部分，当其中的每个人每天都能进步一点点，试想，有什么障碍能阻挡得住它最终的辉煌？就像数学乘式中每个乘项增加0.1，而乘积却会成倍地增长一样。竞争对手常常不是我们打败的，而是他们自己忘记了每天进步一点点；成功者不是比我们聪明，而是他比我们每天多进步一点点。

不要总相信“还有明天”

不要总相信“还有明天”，如果你一直等待明天，将是一事无成。记住，拖延是吞噬生命的恶魔。

一日有一日的理想和决断，昨日有昨日的事，今日有今日的事，明日有明日的事。放着今天的事情不做，非得留到以后去做，却不知在拖延中所耗去的时间和精力，足以把今日的工作做好。决断好的事情拖延着不做，往往还会对我们的品格产生不良影响。

受到拖延引诱的时候，要振作精神去做，不要去做最容易的，而要去做最艰难的，并且坚持下去。美国哈佛大学人才学家哈里克说：“世上有93%的人都因拖延的陋习而一事无成，这是因为拖延能杀伤人的积极性。”

曾有一位打工者在年底受到老板的忠告：“希望从明年开始，你能认认真真地做下去。”

可是那位打工者却回答说：“不！我要从今天开始就好好地认真工作。”

虽然告诉你“明天”，其实就是要你现在开始的意思。不从今天而从明天开始，似乎也不错，然而有“从今天开始”的精神才是最需要和让人敬佩的。

将事情留待明天处理的态度就是拖延和犹豫，这不但阻碍职业上的进步，也会加重生活的压力。对某些人而言，拖延就像一块心病，使人生充满了挫折、不满与失落感。

最初可能只是由于犹豫不决才拖延，但等到一个人养成了拖延的习惯，就会有众多借口导致拖延的发生。经常拖延的人总是寻找很多的借口，如工作太无聊、太辛苦、工作环境不好、完成期限太紧，等等。

拖延误事，因此没有比养成“今天的事情今天完成”更好的习惯了。当你每天起床后，应该预计今天要完成哪些事情；等到临睡前的时候，你就可以仔细检查一下，你预定的工作完成了没有，如果没有的话，就赶快抓紧时间完成吧！

拖延是一种顽疾，如果你要克服它并且养成“今日事今日毕”的习惯，你就要下定决心，准备洗心革面。

我们每个人在自己的一生中，有着种种憧憬、种种理想、种种计划，如果我们能够将这一切憧憬、理想与计划迅速加以执行，那么我们在事业上的成就不知道会有多么伟大！然而，人们有了好的计划后，往往不去迅速执行，而是一味拖延，以致让充满热情的事情冷淡下去，幻想逐渐消失，计划最终破灭。

希腊神话告诉人们，智慧女神雅典娜是在某一天突然从宙斯的脑袋中一跃而出的，跃出之时雅典娜身披铠甲。同样，某个高尚的理想、有效的思想、宏伟的幻想，也是在某一瞬间从一个人的头脑中跃出的，这些想法刚出现的时候也是很完整的。但有拖延恶习的人迟迟不去执行，不去实现，而是留待将来再去做。这些人都是缺乏意志力的弱者。那些有能力并且意志坚强的人，往往趁着热情最高的时候就去把理想付诸实施。

今日的理想、今日的决断，今日就要去做，一定不要拖延到明日，因为明日还有新的理想与新的决断。日日复一日，明日何其多！

拖延往往会妨碍人们做事，因为拖延会消磨人的创造力。过分的谨慎与缺乏自信都是做事的大忌，有热情的时候

去做一件事，与在热情消失以后去做一件事，其中的难易苦乐相差很大。趁着热情最高的时候做一件事情往往是一种乐趣，也比较容易；但在热情消灭后再去做那件事，往往是一种痛苦，也不易办成。

不要总相信“还有明天”，今天才是你努力的起点。如果你一直等待明天再去努力，那你永远不会获得成功。

学会每天超越自己

每天超越自己，哪怕仅仅超越一点点，你就能每天都有进步，你就能越来越接近成功。

无法每天超越自己的人，通常成不了大事。

只要说服自己做得到，不论多么艰巨的任务，你必能完成。反过来说，如果想象自己做不到，就是最简单的事，对你

也是一座无力攀登的险峰。

林恩是位精力充沛、在家忙碌的妻子和母亲。18年来，她每天都要安慰和支持她的家人，她有个需要特殊照料的患脑积水的儿子。等孩子们长大后，林恩越发不安分，她渴望做一名计算机检修工。

她走出家门，在富有挑战性、男人所统治的领域工作，令林恩产生了无限忧虑。她的女性朋友分担了她的忧虑，在她们的鼓励下，林恩开始慢慢地克服忧虑，接着就开始积累成功所需的经验。当然她经历了挫折，但她没有灰心，一次又一次地克服困难并坚持下来。最后，大家开始认同并相信她做女商人的能力。

现在，林恩拥有成功的事业。她的成功是一点一滴积累而成的，例如参加成人教育班、自愿担任计算机初学者的培训员、组织收费低廉的小型讨论会等。她的最大成功就是超越了忧虑，超越了自我，并集中每次取得的小小成功，才取得了最后的胜利。

对自己有信心，并竭尽所能地工作——这是成功改变不利现状的根本。

PART

06

和幸运之神相遇

机会总是藏在最不起眼的地方

机遇总是藏在细节之中，而这些小小的细节往往是最不起眼的地方，但正是这些不起眼的细节决定了很多人的一生。

人生漫漫，机遇常有，但决定我们命运的不是机遇，而是我们能否捕捉到机遇。机遇往往悄然而降，稍纵即逝，你稍不留心她就会翩然而去，不管你怎样扼腕叹息，她却从此杳无音讯，不再复返。我们周围有许多时常都在抱怨的人，他们没有成功，是因为幸运之神从来没有照顾过他们。但他们却没有意识到，因为他们的大意，来到他们面前的机遇又一次一次地从他们的眼前溜走，而他们自己却浑然不知。

也许一些人还在不停地抱怨："我每天准时关注国家大事，可是总是发现不了机遇。"其实，那是你陷入了一个误区。幸运之神不会偏爱任何一个人，成功之人之所以成功，是因为他们时刻留心生活中的每一个细节。机遇在细节之中，留心细节、把握机遇可造就你的成功。

李明和刘山同时应聘进了一家中外合资公司。这家公司前途光明，待遇优厚，有很大的发展空间。他们俩都很珍惜这份工作，拼命努力以确保试用期后还能留在这里，因为公司规定的淘汰比例是2∶1，也就是说，他们俩必然有一个会在3个月后被淘汰出局。

李明和刘山都咬着牙卖力地工作，上班从来不迟到，下班后还要经常加班，有时候还帮后勤人员打扫卫生、分发报纸……

部门经理是一个和蔼可亲的人，他经常去两个人的单身宿舍交流、沟通，这使他们受宠若惊。所以两人特别注意个人卫生，都把各自的宿舍整理得一尘不染，把专业书都摆在桌面上，以示上进。

3个月后，李明被留了下来，刘山悄无声息地走了。过了半年，李明被提升为部门主管，和经理的关系也亲近了，就问经理当初为什么留下了他而不是刘山。经理说："当时从你们中选拔一个还真难，工作上不分高低，同事关系也很融洽，所以我就常去你们宿舍串门，想更多地了解你们。我发现了一个现象，凡是你们不在的时候，刘山的宿舍仍亮着灯，开着电脑；而你的宿舍则熄了灯，关了电脑。所以最后确定了你。"

不要忽视细节，因为任何机遇总是藏在那些看起来很不起眼的细节之中。一个墨点足可将白纸玷污，一件小事足可使人招人厌恶。在竞争激烈的现代社会中，细节常会显出奇特的魅力，它可以提升你的人格，增加工作绩效指数，博得上司的青睐，获得更好的机会，甚至一个细节可以改变你一生的境遇。

细节本身往往就潜藏着很好的机会。如果你能敏锐地发现别人没有注意到的空白领域或薄弱环节，以小事为突破口，改变思维定式，你的工作绩效就有可能得到质的飞跃，你就会摆脱不利的地位，获得出人头地的良机。

机遇是金

困境中的人所要做的，就是尽可能地抓住每一次机遇。因为，机遇可以改变你的一生。

机遇，对于人的成功，起着重要的转折作用。一个人一旦抓住了机遇，就能把握住有价值的生命。机遇极易化为过眼云烟。在知识经济时代，有志者腾飞的机遇、创新的机会或成功的契机，往往有很大的瞬时性、冒险性，因此，必须以坚毅果断、义无反顾的姿态，当机立断，捕捉机遇，千万不要迟延和等待，更不可优柔寡断。

命运是掌握在自己手中的，就像道路是由人走出来的一样，而机遇则是改变人一生最重要的法宝。谁不愿意让自己的一生活得轰轰烈烈呢？可是有的人终其一生也抑郁不得志，只得嘲弄命运的无情；也有的人空有抱负，却无用武之地，于是空自感叹造化弄人。而机遇则是改变我们命运的依托，只要把握和利用好机遇，你的明天将会辉煌灿烂。

有这样一个故事：在中世纪，两位素不相识的英国青年帕克和卢瑟不约而同去某个海岛寻找金矿，到海岛的邮船很少，半个月一班。为了赶上这趟船，两人都日夜兼程了好几天。当他们双双赶到离码头还有100米时，邮船已经起锚。天气奇热，

两人都口渴难忍。这时，正好有人推来一车柠檬茶水。邮船已经鸣笛发动了，帕克只瞟了一眼茶水车，就径直飞快地向邮船跑去。卢瑟则抓起一杯茶就灌，他想，喝了这杯茶也来得及。帕克跑到时，船刚刚离岸1米，于是他纵身跳了上去。而卢瑟因为喝茶耽搁了几秒钟，等他跑到时，船已离岸五六米了，于是，他只得眼睁睁地看着邮船一点点远去……

帕克到达海岛后，很快就找到了金矿，几年后，他便成了百万富翁。而卢瑟在半月后勉强来到海岛，因为生计问题成了帕克手下的一名普通矿工……

这个故事没有题目，但许多听过这个故事的人都由衷地发出同样的感叹：机遇是金啊！

1988年的欧洲足球锦标赛上，荷兰队的范·巴斯滕便是这样一位幸运儿。

当时，荷兰队人才济济，主教练本不想让范·巴斯滕打主力前锋，小组赛前两场即使战绩不佳，主教练依然不起用巴斯滕，愤愤不平的巴斯滕甚至准备提前回国了。

不料，在第三场对英格兰小组的生死战前一天，一名主力前锋跟腱受伤，迫于无奈，主教练派上了巴斯滕。结果在这场比赛中，巴斯滕抓住上场的机会独中三元，坐稳了主力前锋的位置。随后又在对德国队的比赛中攻入关键的一球，对苏联队的决赛中更是打进了一个被称为“世纪入球”的零度角抽射，帮助荷兰队成为欧洲冠军，同时也夺得了最佳射手金靴奖。

从此，巴斯滕名扬天下。1987年巴斯滕转会意大利AC米兰俱乐部，他与同胞古力特、里杰卡尔德开始了“荷兰三剑客”时代。他本人也两获“世界足球先生”、三获“欧洲足球先生”的称号。

巴斯滕的辉煌成就归根结底就在于他抓住了一次上场的机遇，既证明了自己，也向全世界展示了自己。一次机遇就足以改变人生。

机遇就是金子，它可以瞬间改变人的命运，每个人都必须时刻准备着，只要你抓住了一次机遇，你的人生就可能因此而改变。

给自己创造一个机会去成功

很多时候，成功的机会不会直接降临到你的头上，这时就需要你自己去创造机会，并利用这个机会去成功。

我们每个人都有自己的理想和目标，但人生的第一步必须学会醒目地亮出自己，为自己创造机会。说到底，这是一种观念：是主动出击还是被动选择？其实，这决定着你能不能改变目前的不利现状。

华隆集团的创办人卢俊雄，虽出生于工程师家庭，但10岁时便开始瞒着家人，带着10元钱独闯武汉去寻求机遇、发掘财源。正因为他的这种积极，最终改写了他的人生。

1980年，有件事改变了卢俊雄的命运。一天，他到白云宾馆准备买些宾馆专卖给华侨的书再炒卖到大街上，结果是尚未行动就被派出所扣住了，直到晚上8点才放他回家。当晚归家时，再没有办法撒谎说“找同学玩”了，因为同学已被母亲问遍了。于是，他如实供认一切“不轨行为”。他开明的父亲听完，说：“就算穷一点，也不能这么干。这样吧，我给你3本邮票，你去集邮吧。”

卢俊雄凭这些邮票，参加了1980年在广州文化公园举行的全国首届邮票展销会。可是他的兴趣放在了公园门口那三五一群换邮票的人堆里，他用卖报卖书的几十块钱，在市青少年宫、火车站、邮票公司等处，又炒起了邮票，迈出了创业的第一步。

读初二时，他成立了广州第一个自发性的中学生社团——“省实”集邮社。他帮爱集邮的学生代买各种邮票，并从中提取“劳务费”。

中考完后，毫无信心的他早就订好了去武汉的火车票，准备一旦落选就弃学从商，浪迹天涯，靠“炒”邮票为生。结果他考上了。

上高二时，他组织了“中学生集邮冬令营”，各个学校有不少人报名。然而开营举行邮展那天，人数不多，原来，报名者都忙于补习功课，有的班主任不让来。地方集邮协会负责人、校教务主任等特意赶来参加开营典礼，卢俊雄的眼睛湿润了。

卢俊雄把他的心情写成一篇文章，寄给香港《邮票世界》杂志，竟获刊登。更奇妙的是，一些海外邮票商竟纷纷来函寄钱，托他购买邮票，因为“邮票无国籍”，200枚以内夹在信封里邮寄无须纳税。因此，卢俊雄开始进入了“国际市场”，比如说，买到100元人民币的“错体票”（漏色、印倒、变体的邮票）寄出去可获100英镑的收益。

1986年年底，卢俊雄念大学二年级的时候，做了另一次跋涉——给深圳大学一勤工俭学者从广州批发贺卡。他找到了广州最大规模且价格最低的批发商，他说：“要去年的积压品。”这些不值钱的旧货，在一年之后都以高价卖出了。卢俊雄晕车，第一次从广州到深圳赶交货是夜间坐中巴，他吐了20多次。深圳人感动之余，给了他更大的订单。不到10天的时间里他赚了3000多元。

卢俊雄通过集邮杂志和邮票公司搜集了全国2000多个集邮爱好者的姓名、地址，用卖贺卡赚的3000多元钱办了份双面8开铅印的《南华邮报》免费寄给这些人。卢俊雄得到了一位大的邮票供应商的支持，他的生意越做越大。1987年1月，就做成了3万多元的生意。到1989年，《南华邮报》已发行5万份，即拥有5万个客户。1991年2、3月至7、8月间，由于股市整顿，邮票市场非常兴旺，邮票价格上涨了5倍，卢俊雄大获其利。

卢俊雄做了几年的邮票生意，觉得应往更高层次发展，他又开始寻求新的机遇。他经过深思熟虑，认为房地产生意虽然利润高，但风险也大。更主要的是做这种生意需要大量的资金，而此时的卢俊雄还力不从心。他的过人之处就在于用少量的钱做房地产生意，即在市中心旧房子上打主意。作为刚刚兴起的房地产业，卢俊雄抓住了这个历史性的机遇。

1991年，他开始做房产生意。先付几千元定金，然后再在香港报纸上登广告找买主，由买主出装修图，他代为装修并安装电话。每平方米800元的旧房他可以以每平方米2000元的价格卖出，在当时房产市场尚未启动的形势下，他却生意兴隆、财源广进。他再一次使用了靠别人的钱去赚钱的方法，取得了成功。

1992年12月，位于中山七路的“城市百货中心”开业。在剪彩仪式上，卢俊雄带着记者参观了这个占地1400平方米，有中央空调、自动电梯的现代化大商场。他兴奋地透露：180多个摊位在23天之内全部招租出去，一个摊位一次性收10年租金5万元，华隆一下子就收到了近1000万元的资金。它的成功在于卢俊雄设计出独特的退款方式，别的商场是10年后一次退还，华隆却每年退一部分。

与此同时，卢俊雄在人口稠密的西华路兴建占地1000多平方米的时装购物广场，承租者自报需求面积，隔成高档玻璃房间，每平方米50年租金7万元，20年内逐年退还，承租者还可以得到华隆公司赠送的100平方米位于新塘的土地。投资者觉得非常合算，纷至沓来。很快，卢俊雄又得到了几千万元押金。

弱者等候机会，而强者寻求机遇。机遇无处不在，只有积极寻求的人，才能像卢俊雄一样用10元钱去结下上亿的财缘，谱写财富的新篇章。

抓准时机，你就能创造奇迹

这个世界上的奇迹并没有多么神秘，只要能抓住时机，你也能创造奇迹。

你肯定听说过这个故事：一个苹果从树上掉下来，恰好掉在了牛顿的头上。牛顿也正是由于受此启发，发现了万有引力定律。

事业和人生发展有时候就是这样，你苦苦追求、苦苦思索，甚至处心积虑、心机用尽，未见得就能取得成功；可就在你已经对自己的事业不抱什么希望，要失去信心时，成功却不期而至，让你顿时有一种柳暗花明之感。

成功的机会有时就来自偶然。

阿曼德·哈曼就是一个善于利用机遇的典型。他自己就常说，是机遇使他一本万利的。

在美国禁酒法令实施期间，

哈曼了解到姜汁啤酒受到大众的欢迎。于是，他派人到印度、尼日利亚等生产生姜的大国大量收购生姜，并由此垄断了生姜市场，此举让他获得了丰厚的利润。而在罗斯福总统即将上台时，哈曼敏感地意识到禁酒令即将被解除，公众对酒的需求将会大量增加。而此时的美国不仅没有造酒厂，甚至连装酒的酒桶也十分缺乏。于是，哈曼抢先一步垄断了制造酒桶用的木板，同时建立大规模的现代化酒桶工厂。在短短两年的时间内，工厂利润高达100多万美元。

阿曼德·哈曼的成功表明，除了勤劳、足智多谋之外，还要努力利用机遇，让自己适应新的形势、新的变化。否则，光说不做，机遇永远不会变成财富。

商场如战场，往往是“一着不慎，满盘皆输”。看准机遇并把握住它，将它变成现实的财富，这是每一个梦想成功者最明智的选择。

1988年，李晓华在读报时看到这样一则新闻：中国生产的“101毛发再生精”在日本价格一路上扬。他凭着敏锐的直觉判断，这是机会。他知道要是能取得“101毛发再生精”在日本的销售代理权，肯定能赚一大笔钱。

做别人没做的事，李晓华这一招可谓既准且狠。李晓华用最短的时间和“101毛发再生精”的发明者结成了好朋友，顺利地得到了再生精在日本的营销权。

生意场上就是这样，“一山容不下二虎”，而你一旦抓不住这个机会，肯定会被别人抓去。

李晓华就是抓住了这个机会。他垄断了“101毛发再生精”

在日本的代理权后，以10美元一瓶的价格进货，转手以70美元的价格销售，这样仍然供不应求，真可谓是一本万利。李晓华因此也成了名满日本的知名人物。

这个机遇，带给李晓华的不仅仅是大笔的钞票，更重要的是他事业上的一个重大转折，为以后的发展打下了坚实的基础。

人生的得失常常就在于机遇的得失，有了一个机遇，抓住它、利用它，否则就可能一生都陷在平庸之中。要知道，主宰它或是抓住它，你的命运就会因此而发生改变。相反，忽略人生的机遇，并不是所有技高一筹的运动员都能夺魁挂冠，获取金牌；并不是所有骁勇善战的将帅都能稳操胜券，百战不殆；也不是所有痴情迷恋的男女都能拥有爱情，永浴爱河；更不是所有忠实生活的人都能幸运如意，一帆风顺。机遇是一种不可排斥的因素，很多时候就是因为我们不知道利用机遇，不知道机遇会让我们一举成名，不知道机遇能改变我们的一生。

“该出手时就出手”，认准机会，锲而不舍地坚持下去，最后才有可能达到自己的人生目标。再好的新构想也会有缺陷，再美满的人生也会有遗憾，善于利用机会而让自己成功的人都清楚，如果一直在想而不去做的话，根本成不了任何事。

事实告诉我们，机遇不是虚无缥缈的，它在现实生活中无处不在，就看我们是否善于利用自身的优势，善于把握周围的条件，抓住你身边的机遇，哪怕仅仅抓住一次机遇，你就能创造奇迹。

PART

07

找到你可以
依赖的那颗心

人脉是你成功的保证

人脉是一个人成功的外力，善于利用外力的人，常常能获得意想不到的成功。

好人脉能够为你创造机遇。不善于经营人脉的人无法有效地把握迎面走来的机遇，常常与机遇失之交臂。

李嘉诚的次子李泽楷家中实木装饰的餐厅里挂满了镜框，上面镶嵌着李泽楷与一些政界要人的合影，其中有新加坡总理李光耀以及英国前首相撒切尔夫人等。结交上层人士、广植人

脉，是李泽楷能够在商界游刃有余的坚实基础。

1999年3月，李泽楷凭父亲李嘉诚与他个人的人脉资源，使香港特区政府确立了建设“数码港”的项目，并将其交由盈科集团独家兴建。李泽楷则再次利用丰富的人脉资源，收购了上市公司得信佳，并将自己的盈科集团改名为“盈科数码动力”。盈科的收购行动及数码港概念的刺激，使其股市市值由40亿港元变成了600亿港元，成为香港第十一大上市公司，李泽楷一天赚了500多亿港元。

2003年1月，李泽楷出席了在瑞士达沃斯举办的世界经济论坛，并与微软的比尔·盖茨、索尼的董事长兼首席执行官出井伸之这些杰出的企业家在一起讨论。这使得李泽楷在商界更具有影响力，同时也为李泽楷在商界赚得更多财富，培植了广博的人脉。

励志大师安东尼·罗宾说：“人生最大的财富便是人脉关系，因为它能为你开启所需能力的每一道门，让你不断地成长，不断地贡献社会。”

上海威顺康乐体育咨询有限公司董事长兼总经理吴楗华直言自己有两三千个朋友，每年都会见三四次的有1500多个，而经常联系的就有三四百人。目前吴楗华的个人资产已经超过8位数。吴楗华感言，自己的事业是因得到朋友的帮助才会这么顺利。“包括开公司、介绍客户和业务等，朋友都会照顾我，有什么生意都会马上想到我。”

在朋友的推荐下，从1999年到2000年，吴楗华涉足房产行业。当时上海的房市非常热，很多楼盘都出现了排队买房的盛况，而且有时即使排队也不一定能买到房。吴樾华通过朋友不仅买到了房，而且还是打折的。

最多的时候吴樾华手中有十几套房产。2004年，政府开始对房产行业实施限制政策。吴樾华听朋友的建议将房产及时变现，收益颇丰。

人们成功机遇的多少与其交际能力和交际活动范围的大小几乎是成正比的。因此，我们应把营造好人脉与捕捉成功机遇联系起来，充分发挥自己的交际能力，不断扩大自己的人脉网，发现和抓住难得的发展机遇，进而拥抱成功！

帮助别人，就是帮助自己

在我们人生的大道上，肯定会遇到许许多多的困难。但我们应该知道，在前进的道路上，搬开别人脚下的绊脚石，有时恰恰是为自己铺路。

在生活中，你永远都不会知道下一刻你将会遇到什么样的事情，你也不会知道你将需要哪些人的帮助。因此，你必须时刻想着今天的作为将会成为明天的背景，也许因为今天你帮助了别人，在明天就变成了自己的道路。不要吝惜帮助别人，帮助别人有可能就是在帮助你自己。

那是一个漆黑的夜晚，没有月亮，也没有星星。琼斯因为有急事要去一个住在郊区的同事家，为赶时间，便抄近路走入一条偏僻的小巷。琼斯心里害怕得咚咚直响，真后悔不该走这条路，可是事已至此，只得硬着头皮向前走。走着走着，突然，琼斯发现前面有一处光亮，似乎是一个人提着一个灯笼在走。琼斯疾步赶了上去，正想打声招呼，却发现他是一个盲人，一手拿着一根竹竿小心翼翼地探路，一手提着一只灯笼。琼斯纳闷了，忍不住问他："您自己看不见，为什么要提个灯笼赶路？"

盲人缓缓地说道："这个问题不止一个人问我了，其实道理很简单，我提灯笼并不是为自己照路，而是让别人容易看到我，不会误撞到我，这样就可保护自己的安全。而且，这么多年来，由于我的灯笼为别人带来光亮，为别人引路，人们也常常热情地搀扶我，引领我走过一个又一个沟坎，使我免受许多危险。你看，我这不是既帮助了别人，也帮助了自己吗？所以，每到晚上出门，我总提着一盏灯笼。"

盲人说完，继续往前走，琼斯跟在他身边，再也没有说一句话，只是每有路障，琼斯都小心翼翼地扶他一把。该拐弯了，琼斯想对盲人说句感谢的话，却不知该怎样表达才好，末了，琼斯只说了一句："您走好。"这时，琼斯发现天空似乎亮了好多……

以后，每当一个人走夜路时，琼斯就会想起那盏灯笼……

在人生的道路上，我们需要感情的理解、安全的庇护、精神的安慰、生活的照顾、行为的支持。苦恼的时候，希望别人能接受我们的倾诉；成功的时候，希望别人能赞赏我们的成绩；危难的时候，希望别人能伸出援助之手；困惑的时候，希望别人能给予指点……

然而，慢慢地你会发现人对关爱的寻求不能无度，无度的欲望会给你带来麻烦，甚至使你受到惩罚。因为，当你需要他人关爱的同时，他人也需要你的关爱。如果你只想掠夺别人的关爱而不愿付出，你会发现人们会渐渐离你而去，使你孤立起来。于是，你的周围危机四伏、险象环生，而你，却孑然一身，无依无靠，跌入孤独的深渊。

在日常生活中，要有一颗帮助别人的心。只有帮助过别人，别人才会在你危难之时向你伸出援手，从而化险为夷。

人不能总想着自己，也要多想想别人。应该以开朗豁达的心境、热情友好的态度，去尊重他人，理解他人，关爱他人，帮助他人。

你需要感情的理解，就应该理解别人的感情；你需要安全的庇护，就应该帮助别人排忧解难；你需要精神的安慰，就应该接受别人的倾诉；你需要生活的照顾，就应该力尽所能去关照别人；你需要行为的支持，就应该诚恳踏实地做人。

只有帮助他人，你才能把自己融入人群，获得友谊、信任、谅解和支持；只有帮助他人，你才能调整失衡的心态，解脱孤独的灵魂，走出无助的困境；只有帮助他人，你才能在人生的道路上，拥有充满快乐的感觉，踏入充满机遇的境界，走向充满希望的未来。

互相利用，也是一种不错的生存技巧

或许，一些人对“利用他人”的方式并不认同，但是我们若换个角度看，这不正是另一种“互助合作”的形式吗？

珊瑚虫是珊瑚礁的主要缔造者。然而不为一般人们所知的是：一种比珊瑚虫更小的虫黄藻在珊瑚虫建造珊瑚礁的过程中起着非同小可的作用。

虫黄藻是一种与珊瑚虫共生的单细胞植物。据估计，每立方毫米的珊瑚组织内有3万个虫黄藻，它们与珊瑚虫互惠共存，才使珊瑚礁如此绚丽多彩。

经研究发现，所有的造礁珊瑚虫都与虫黄藻共生，而非造礁珊瑚虫是没有的，可见虫黄藻在珊瑚礁建造中的作用并非一般。迅速生长发育的造礁珊瑚虫需要大量的二氧化碳，一部分从海水中摄取，另一部分则靠虫黄藻提供。虫黄藻依赖阳光进行光合作用，它从珊瑚虫那里获得光合作用必需的二氧化碳和氮、磷等，这些都是珊瑚虫的代谢产物，珊瑚虫则靠虫黄藻补

充二氧化碳和碳水化合物，加速骨骼的生长。虫黄藻本身并不能为珊瑚虫直接吸收，但在光合作用时合成的有机物，能分泌到细胞外供给珊瑚虫营养，很容易被珊瑚虫吸收。

研究还发现，虫黄藻不仅供给珊瑚虫二氧化碳和营养物，而且与珊瑚虫的石灰质骨骼的形成密切相关。有人做过这样的实验：将虫黄藻从珊瑚虫的身体内全部分离出来，并在人工条件下供给珊瑚虫二氧化碳，结果珊瑚虫虽然能活下来，但其骨骼得不到正常的发育。其原因是珊瑚虫在代谢过程中排出的大量碳酸气（二氧化碳）妨碍着骨骼的增长，虫黄藻却有迅速解除二氧化碳的功能，从而促进珊瑚骨骼的形成。更为奇妙的是，虫黄藻还直接参与珊瑚虫造骨。虫黄藻在代谢过程中排出二氧化碳以三氧化碳的形式存在，并与钙+合成珊瑚的骨骼。钙化作用在珊瑚虫外胚层中进行。来自消化循环腔内水中的钙与二氧化碳结合生成碳酸钙（$CaCo_3$），它在高尔基扁囊内，然后分泌到体外，逐渐形成骨骼。骨骼通常黏结在石灰质基岩上，随着珊瑚虫个体的迅速繁殖，骨骼也堆积得越来越多，再加上沉积物，便产生各种珊瑚礁。

还有一种现象也是由于虫黄藻的作用而发生的。

不论是树枝状、平展状、花瓣状等各种不同类型的珊瑚，都像植物一样向着见光的面向上、向周围扩展，光照越好的部位发育得越好，相反则是水平扩展的珊瑚种类，其背光的一面即使有充裕的空间，珊瑚虫也只沿着见光的方向扩展，这都是由于虫黄藻在有光条件下光合作用进行得更充分的原因。

珊瑚的垂直分布也是由于虫黄藻在珊瑚虫体内存在的缘故

而决定的。所有造礁珊瑚的垂直分布仅限于深80米以内的浅海，作为植物的虫黄藻只有在见光的条件下才能进行光合作用，释放二氧化碳，制造有机物为造礁珊瑚提供二氧化碳和营养。但水深超过了80米，光线很弱，虫黄藻在这种深度下的光合作用太微弱或者根本不能进行，珊瑚虫在这种条件下也就停止发育，有的也只是勉强维持生命而已。所以只有在阳光充足的浅海水域，尤其是在10～20米的深度，光合作用强烈，珊瑚才得以充分发育，加速珊瑚骨骼的形成，从而造就出珊瑚礁。

人类最大的财富正是人力资源的分享，像故事中的情况，我们其实也可以说，那是一种“互相利用”的方式。

因为虫黄藻的作用使珊瑚虫得到更好的发展，而虫黄藻也得以生存。

回归到现实的人类社会，只要不是损人利己，在物竞天择的自然规律下，“利用”也可以是一种合理的行为，那是人际间互动形态的多元与多样表现。

天才也需要别人去发现

你是天才，也需要伯乐去发现你。珍惜你生命中的伯乐吧。

并非所有的天才都有天才般的成就，只有被伯乐发现，天才才能有脱颖而出的机会。广植人脉，会增加你找到伯乐的概率，缩短你的成功历程。

伯乐具有一双慧眼，他能在芸芸众生中迅速判别出谁是英才，谁又是庸才，他能使才能超绝的你脱颖而出。世界重量级拳王泰森就是被一名伯乐发现的。

泰森出生在纽约布鲁克林贫民窟的一个黑人家庭里。1968年，在泰森刚两岁时，父亲就抛下泰森母亲和他的哥哥姐姐离家而去，泰森很小便成了一个无人管教的野孩子。

泰森的母亲是个小学教师，因生计所迫，她不久就与泰森后来的继父同居了。继父性格暴躁，经常打骂母亲。在泰森9岁那年，继父又一次痛打母亲时，泰森和哥哥姐姐一起冲上去痛打了继父。从此，继父畏惧泰森的厉害，不敢再打母亲。泰森也成了一个“管不了”的孩子。在12岁之前，他已进拘留所达40次之多。

1978年的一天，12岁的泰森被押进太龙学校。泰森在这所学校里依然劣性不改，他用拳头赢得了别人的“尊敬”。次年他被押往埃尔姆伍德少年犯管教所，继续接受改造。如果不是遇到伯乐斯图尔特和达马托，泰森可能永远只会是个流氓。

一天上午，泰森又在和别人打架，管教所的拳击教练比尔·斯图尔特正好路过这里。当泰森以一记又准又狠的重拳砸在对手下巴上时，他竟情不自禁地叫起来：“多么漂亮的勾拳！”

斯图尔特很快制止了泰森打架，他对泰森说：“你这么结实，是块好料子。我来教你打拳，你同意吗？”

泰森看了斯图尔特一眼，不解地说：“我打架已够厉害了，为什么还要学打架？”斯图尔特耐心解释说：“是学拳击，不是学打架。你知道阿里吗？他就是拳王，你们黑人心中的骄傲。你认真学，你也会成为拳王！”

提到阿里，少年泰森自然知道，他似懂非懂地点了点头。

从此，泰森开始了拳击生涯，这是泰森人生历程上的重大转变。斯图尔特作为启蒙教练，真正称得上是泰森的伯乐。泰森经过一段时间的训练，拳技突飞猛进，拳击房里那些练拳击的孩子，个个都成了他的手下败将。

有一天，斯图尔特满脸严肃地对泰森说："孩子，我再也没资格当你的老师了。离这儿不远的卡斯蒂尔街，有位非常有名的拳击教练叫库斯·达马托。他是我的朋友，我想办法让你到他那儿去学拳击。你在他那儿只要好好学，将来一定会出人头地的。但愿上帝保佑他能收下你！"

泰森见斯图尔特对达马托如此敬重，不免先产生了几分敬畏。达马托是美国拳击界乃至世界拳坛一位不同寻常的人物，他不仅是一位大名鼎鼎的拳击教练，曾发现和培养了世界上最年轻的重量级拳王帕特森和世界次重量级拳王托里斯，而且还是个拳击理论家，拥有一套独特的理论和训练方法。达马托与好友创办的"帝国拳击俱乐部"办得红红火火，培养了大量人才。

1979年初春的一天，斯图尔特向达马托举荐泰森。达马托非常兴奋，因为他正为找不到好苗子而苦恼。

达马托为了培养泰森，为他请来了一流的拳击教练，为他提供了最好的训练设施。泰森15岁时夺得全美少年奥林匹克冠军，18岁进入职业拳赛，1987年他成为继阿里之后又一个获得世界三大拳击组织金腰带的"三冠王"。在泰森的辉煌时代，他仅用91秒就击倒对手，创下每打一拳价值为1000万美元的纪录。

泰森确实是一位世界罕见的拳击天才，但是如果没有斯图尔特和达马托这两位伯乐，泰森也只能是一个流落街头、频繁出入牢狱的问题少年，世界也将会少了一位拳王。

珍惜那些被发现的机会，珍惜你生命中的贵人，没有伯乐，即使你是千里马，也可能碌碌一生。

善于利用你生命中的贵人

借用“名人效应”来扩大自己的影响力，也是一种不错的成功技巧。

在我们的人生经历中，总有那么一些人和你的关系特别密切，你要善加利用，说不定哪一天，他们就能为你开拓出一片新天地。

马尔科姆·福布斯是一个善于利用和名人的关系，达到既宣传自己又获得商业利益的典型人物。

马尔科姆·福布斯在和好莱坞巨星伊丽莎白·泰勒认识之前，已经是出版界里响当当的人物，而他那些乘热气球、骑摩托车及收藏法比杰金蛋、玩具士兵、总统文件等怪异的癖好，又为他添了不

少名气，再加上他那若有若无的同性恋问题，更使得原本就响亮的名字被传媒冠以越来越多光怪陆离的名称。不过，纵然如此，他的知名度和超级巨星比起来还有一段距离。因为再怎么有名的杂志大亨，圈外人知道的也还是不多。这就像棒球英雄一样，对不看棒球的人来说，再伟大的棒球英雄在他面前也只是无名之辈。

到底怎样才能提高知名度呢？那就是利用名人的关系，借用名人的名气。伊丽莎白·泰勒曾两次荣获奥斯卡提名奖，因担任电影《埃及艳后》主角而被世人尊称为“埃及艳后”，而她本人也被称为“好莱坞的常青树”。

马尔科姆与伊丽莎白·泰勒凑在一起是源于一次商业合作。

泰勒为了推销新上市的“热情”香水，想找一个名声响亮而品位高雅的百万富翁帮忙。因为这种香水的使用对象是品位高而又性感的淑女，而马尔科姆似乎很符合这个标准，马尔科姆本人对此似乎也乐此不疲。

这对马尔科姆来讲简直就是天上掉下来的一个扩大知名度的绝佳机会。

“做这个国际巨星的护花使者，就如同往银行里存钱一样。”

马尔科姆为自己大出风头的时机即将到来而内心雀跃不已。虽然在场的镁光灯全都把目标对准泰勒，但只要和泰勒站在一起，还愁自己不成为全世界瞩目的焦点吗？

从此，马尔科姆便和泰勒搅在一起，马尔科姆也从此黏住伊丽莎白·泰勒不放。

“我做什么都是为享受人生、扩展事业。”马尔科姆表示他与泰勒出双入对可以达到目的。

虽然马尔科姆经常表示他和泰勒无意结婚，但同时也经常做出一些小动作，让外界保持对他们的浪漫幻想。

有一次，《新闻周刊》的记者采访马尔科姆，提到有传言他向泰勒求婚。马尔科姆笑着回答说那只是空穴来风，不过他并没有否认他们之间的罗曼史。

马尔科姆为伊丽莎白·泰勒和她所致力的艾滋病防治运动投入了不少时间和金钱，在他70岁寿诞时，他要连本带利地回收了。

在这场耗资两三百万美元的超豪华晚宴上，泰勒以女主人的身份出现，从而成为宴会上最闪亮的明星。不过她充其量只是个配角而已，马尔科姆一直都在利用她的名气促销自己，不管她本人有没有感觉到。她只是马尔科姆事先设计好的盛大表演中的一个活道具，而这也正是马尔科姆的前妻罗柏塔最不情愿扮演的角色。

1987年，马尔科姆为庆祝70岁大寿在摩洛哥皇宫举办了一场晚宴。这次宴会总共有800多名工商巨子和政客显贵参加，包括记者在内的来客，所有的交通费用都由《福布斯》承担。出席宴会的名人大致可分为两种：一种是家喻户晓的明星级人物，如巴巴拉·华特丝、亨利·基辛格、李·艾柯卡以及来自石油世家的哥登·盖堤、大都会传播企业的克鲁吉、英国出版王国的麦克斯韦尔、英国企业界霸主詹姆斯·高史密斯等；另一种贵宾则是《福布斯》出版企业的衣食父母，包括美国信托公司的丹尼尔、20世纪福斯特公司的巴端·泰勒、国际纸业的乔吉斯、西屋公司的马如斯、丰田公司的东乡原、福特公司的哈洛·波林、通用公司的罗杰·史密斯等。

这些世界上响当当的大人物，可以说是马尔科姆最宝贵的“收藏品”。他们的展出，不断为马尔科姆带来名望和利润。

善于利用你生命中的贵人，往往能为你带来事半功倍的效果，尤其当你还处于不如意的环境中时，善于利用贵人不失为一条捷径。

让别人的忠告成为经验的积累

对人生有益的忠告，往往比面包要贵重得多。

我们经常会听到别人的忠告，自己也常常向别人提出忠告。

然而，当别人给予你建议或忠告时，你是仔细聆听思考其是否有理，还是觉得别人是在故意找你麻烦呢？

一个年轻人在离家很远的地方整整工作了20年。一天，他对老板说：“我要回家了。”老板说：“好吧，不过我有个建议：要么我给你钱，你走人；要么我给你三条忠告，不给你钱，然后你走人。”他说：“我想要那三条忠告。”老板对他说：“第一，永远不要走捷径，便捷而陌生的道路可能会要了你的命；第二，永远不要对可能是坏事的事情好奇，否则也可能会要了你的命；第三，永远不要在仇恨和痛苦的时候做决定，否则你以后一定会后悔。”老板接着说：“这里有三个面包，两个小的给你路上吃，这个大的等你回家后和妻子一起吃吧。”

走了一天后，他遇到了一个人。那人说：“这条路太远了，我知道一条捷径，几天就能到。”他想起了老板的第一条忠告，于是还走原路。后来，他得知那人让他走所谓的捷径完全是一个圈套。几天之后，他在一家旅馆过夜。睡梦中，他被一声惨叫惊醒，他想看看发生了什么事。刚刚打开门，他想起了第二条忠告，于是回到床上继续睡觉。第二天起床后，店主说：“您是第一个活着从这里出去的客人。我的独子有疯病，他昨晚大叫着引客人出来，然后将他们杀死埋了。”这个人接着赶路，终于在一天的黄昏时分，他远远望见了自己的小屋，但他看见妻子正在抚摸着一个男子的头发，他气愤地想跑过去杀了他们。这时他想起了第三条忠告，于是停了下来。后来，妻子说：“那是我们的儿子。你走的时候我刚刚怀孕，今年他已经20岁了。”

一家人坐下来吃饭，他把那个大面包掰开，发现里面有厚厚的一沓钱——那是他20年辛苦劳动赚来的工钱。

面包买不来忠告，但一不小心人们却会为了面包而忘记忠告。对于来自师长、父母、朋友的忠告，不要有抵触的心理，忠言一般总是有点逆耳，但那些苦口的良药却能医好我们心中的创痛，解答人生的难题。

让那些忠告成为你人生的积累，你就会长时间地生活在正确的人生轨道上，从而节约那些因为犯错而浪费的时间。

PART

08

有准备 才有成功的机会

成功不会怜悯毫无准备的人

准备和失败是成反比的，你越轻视准备，失败就会越重视你。

拿破仑·希尔说：“一个善于做准备的人，是离成功最近的人。”准备是一个人人生成功的最大保障，如果不去为你的成功做充分的准备，那你就绝不会取得成功，因为成功绝不会怜悯没有准备的人。

在吸引了几乎全世界人眼球的拳坛世纪之战中，当时正如日中天的泰森根本没有把已年近40岁的霍利菲尔德放在眼里，他自负地认为可以毫不费力地击败对手。同时，几乎所有的媒体也都认为泰森将是最后的胜利者。美国博彩公司开出的是22赔1泰森胜的悬殊赔率，人们也都将大把的赌注押在了泰森身上。

在这种情况下，认为已经稳操胜券的泰森对赛前的准备工作——观看对手的录像、预测可能出现的情况及应对措施、充足的睡眠和科学的饮食——都敷衍了事。

但是，比赛开始后，泰森惊讶地发现，自己竟然找不到对手的破绽，而对方的攻击却往往能突破他的漏洞。于是，气急败坏的泰森做出了一个令全世界都感到震惊的举动：一口咬掉了霍利菲尔德的半只耳朵！

世纪大战的最后结局是：泰森成了一位可耻的输家，还被内华达州体育委员会罚款600万美元。

泰森输在准备不足，当霍利菲尔德认真研究比赛录像、分析他的技术特点和漏洞时，泰森却将教练准备的资料扔在了一边；当对手在比赛前拼命热身、提前进入搏击状态时，他却在和朋友一起狂欢。虽然泰森的实力确实比对手高出一筹，在年龄上也占尽了优势，但他最后却一败涂地。

霍利菲尔德的成功和泰森的失败皆因准备。是的，每一次差错皆因准备不足，每一项成功皆因准备充分。

当然，在这种一战定胜负的比赛中，偶然性确实占了很大的比重。这个时候，比的并不是谁的实力更强，而是谁犯的错误更少。只有真正地重视准备，扎实地把准备工作都做到位，才能从根本上保证你不犯或少犯错误。

足球教练穆里尼奥也清楚地看到了这一点。在他担任葡萄牙波尔图队的主教练，率领球队征战欧洲冠军联赛时，几乎没有人相信他们能杀入决赛，更别提夺取冠军了。但结果却使所有人都大跌眼镜，这个从队员到主教练都籍籍无名的俱乐部，竟然得到了欧洲足球俱乐部的最高荣誉。

确实，波尔图的队员和皇马、米兰等大牌球队的球星相比，无论从名气上还是实力上都相差悬殊；当时的穆里尼奥和里皮、弗格森相比也不可同日而语。但穆里尼奥却有一个胜利的武器：对准备工作超乎寻常地重视。他几乎观看了所有对手最近的每一场比赛，可以说，所有对手的技术特点、战术风格、最近的状态等，他都了如指掌。甚至对比赛当天的天气、场地草皮的状况，他都进行了详细的了解，并制定了相应的对策。结果在决赛当天，他使用的队员、阵形、战术打法都直指对方的软肋，就像他夺冠后所说的那样：“如果大家知道我们为了取得胜利而研究了多少场比赛、准备了多少资料、筹划了多少方案，你们就会认为这个冠军我们当之无愧。”

当时，有相当多的人认为穆里尼奥的成功只是运气好，再加上那些大牌球队在对无名球队时缺少重视和兴奋感，才让他捡到了一个冠军。其实，穆里尼奥的胜利是必然的，因为他的准备工作比任何人都充分，正是因为对准备工作超乎寻常地重视，才

使他站到了欧洲足球之巅。

功成名就的穆里尼奥在夺冠的第二年来到了英超球队切尔西，这里会集了很多世界级的大牌球员。当穆里尼奥和这些队员们第一次见面的时候，他所做的第一件事是打开随身携带的笔记本电脑，开始如数家珍地介绍这些球员：从技术风格、进球数、身高体重，甚至详细到哪些是左脚打进的、哪些是右脚打进的都了如指掌。穆里尼奥的这一举动一下子就震住了这些球星。不过，这只是开始，他们更没有想到的是，主教练这种近乎完美的准备工作会使他们在后面的比赛中取得一次又一次的胜利。

是的，在穆里尼奥的带领下，切尔西队不管是在国内联赛、杯赛，还是在欧洲冠军联赛，都取得了一连串的胜利。穆里尼奥出名了，但他在赢得别人尊重的同时，又被许多对手厌恶。喜欢他的人称他为“上帝第二”，讨厌他的人却称呼他“魔鬼”。

一个又一个让人始料不及的成功，使他成了“现象”。

现在，不管是欣赏他还是厌恶他的人，都开始研究穆里尼奥。他们总结了很多条，比如善于用人、阵形选择合理、自信等。遗憾的是，却很少有人领会到穆里尼奥成功的真正原因——准备。

泰森的失败和穆里尼奥的成功都与一个共同的关键词有关，那就是准备。泰森不重视准备工作，轻敌大意，最后导致失败；而穆里尼奥却精心地准备各场赛事，所以他获得了巨大成功。

准备工作对每一个人都相当重要，如果你不重视准备工作，你就不会获得成功。事情看起来就是这么简单，只要你肯准备。

成功不像你想象的那么难

不要把成功想象得那么难，只要你坚持不懈，就一定能够成功。

很多人在没有成功之前认为成功高不可攀，“那么多的财富，肯定需要一个极富智慧的头脑才能够驾驭”。他们深信社会上的富翁和名流都是些天才，自己永远都达不到那样的高度。

其实，在当今时代，每天都会涌现出数个百万富翁，名人更是层出不穷，只要你坚持不懈地努力，你也可以成为他们中的一员。成功，并不像你想象的那么难。

1965年，一位韩国留学生到剑桥大学主修心理学，在每天喝下午茶的时候，他常到学校的咖啡厅或茶座听一些成功人士举办的聊天会，这些成功人士包括诺贝尔奖获得者、某一领域的学术权威和一些创造了经济神话的人。这些人幽默风趣，举重若轻，把自己的成功都看得非常自然和顺理成章。时间长了，他发现，在国内时，他被一些成功人士欺骗了。那些人为了让正在创业的人知难而退，普遍把自己的创业艰辛夸大了，也就是说，他们在用自己的成功经历吓唬那些还没有取得成功的人。

作为心理学系的学生，他认为很有必要对韩国成功人士的心态进行深入研究。1970年，他把《成功不像你想象的那么难》作为毕业论文，提交给现代经济心理学的创始人威尔·布雷登教授。布雷登教授读后，大为惊喜，他认为这是一个新发现，这种现象虽然在东方甚至在世界各地都普遍存在，但还没有一个人能大胆地提出来进行研究。

惊喜之余，他写信给他的剑桥校友——当时坐在韩国政坛第一把交椅上的朴正熙。他在信中说："我不敢说这部著作对你有多大的帮助，但我敢肯定它比你的任何一个政令都能产生震动。"

后来，这部书果然伴随着韩国的经济一起起飞了。而那位韩国留学生也因此鼓舞了许多人，因为他从一个新的角度告诉人们，成功与"劳其筋骨，饿其体肤"、与"三更灯火，五更鸡鸣"、与"头悬梁，锥刺股"没有必然的联系。只要你对某一事业感兴趣，长久地坚持下去都会成功，因为上帝赋予你的时间和智慧，够你圆满地做完一件事情。后来，这位青年也理所当然地获得了成功，他成了韩国泛亚汽车公司的总裁。

事情就像故事主人公所说的那样，你不要把那些成功人士的自我回忆当作必然的成功蓝本。司马迁并非是因受了汉武帝的宫刑才写出《史记》，如果没有受到刑罚，也许《史记》会写得更好。一些成功人士往往会片面夸大痛苦对自己的影响，其实，痛苦和成功与否没有必然的联系。只要你对某一事业感兴趣，并长久地坚持下去，你一样可以成功。

从今天开始努力吧，如果你还在害怕痛苦，那就是误入歧途。因为，成功并不像你想象的那样难。

充分准备，帮助你尽早成功

渔夫要为出海准备好风帆，猎人要为打猎准备好武器，在社会中拼搏的人也一样，要为成功做好充分的准备。

一个渴望改变现状、摆脱贫困的人，必须在行动之前做好充分的准备工作，准备工作做得越充分的人，成功的可能性就越大。我们常说“养兵千日，用兵一时”，也是这个道理。

重量级拳王吉尼·吐尼一生获得过无数的荣誉，也面对过无数个强敌。有一回他要和丹塞对决，丹塞是个强劲的对手。他知道如果被丹塞击中，一定会伤得很重，一个受重伤的拳击手短时间内是很难反败为胜的。于是，他开始做准备工作，他要加紧训练，最重要的训练项目就是后退跑步。

一场著名的拳赛过后，证明吐尼的策略是对的。第一回合吐尼被击倒，然后爬起来，尽量后退以避开对手，直拖到一回合终了。等到第二回合，他的神智和体力都充分恢复之后，他奋力把丹塞击倒在地，获得了最后的胜利。

吐尼的胜利归功于他在事前做了最坏的打算。在实际生活中，我们每天都在面对各式各样的困难，既然我们不能预知我们的际遇，我们只好调整自己的心态，随时准备好去应付最坏的状况。

飞人迈克尔·乔丹是美国篮坛有史以来最顶尖的球员之一，被称为“篮球之神”。他具备所有成为篮球之神的特质和条件，他打任何一场篮球比赛，胜算都是很大的。但是，他在参加任何一场重要的赛事之前，都会练习投篮，练习基本动作。他是球队训练最刻苦的人，他是准备工作做得最充分的人。

卡耐基也特别强调做好准备抓住机遇的重要性，他告诉奋斗者们：时刻做好准备并寻找机会；在机会降临时要果断、及时地把握住它；当机会握在手中时，要善于充分利用它并去争取成功——这是成功者必备的三种重要品质，其中，准备好是一切事情的前提。

麦克德·艾尔是艾墨尔肥料工厂的厂长，他之所以能由一个速记员而走向自己事业的顶峰，便是因为他能做不是他分内所应做的工作。麦克德·艾尔最初在一个懒惰的经理手下做事，麦克德是一个十分细心的人，在日常生活中总是很注意观察厂里各方面的情况，尤其是老板阿穆尔先生的个人喜好。于是，机会终于来了。有一次，懒惰的经理叫麦克德·艾尔替他编一本阿穆尔先生前往欧洲时用的密码电报书。这位经理的懒惰，终于使麦克德·艾尔拥有了出头的机会。一般人编电码书都是随便编几张纸就事，麦克

德·艾尔却不一样，他先将这些电码编成了一本小小的书，用打字机很清楚地打出来，然后装订成一本精美的小书。

阿穆尔先生仔细地看了看电报密码本，然后对经理说："这大概不是你做的。"

经理只好战战栗栗地回答："是……麦克德……"

阿穆尔先生立即命令："你叫他到我这里来。"

几天后，麦克德便在厂里独自拥有了一间办公室。

又过了几天，他便顶替自己的顶头上司，也就是那位经理的职位了。

从麦克德的成功中，你不难看出，如果他当初不有所准备，没有他平日里细心的观察，他是不会有这样的成功的。

农夫在地里同时种了两棵一样大小的果树苗。第一棵树拼命地从地下吸收养料，储备起来，滋润每一根枝干，积蓄力量，默默地盘算着怎样完善自身，向上生长；另一棵树也拼命地从地下吸收养料，凝聚起来，开始盘算着开花结果。

第二年春，第一棵树便吐出了嫩芽，憋着劲儿向上长；另一棵树刚吐出嫩叶，便迫不及待地挤出花蕾。

第一棵树目标明确，忍耐力强，很快就长得身材茁壮。另一棵树每年都要开花结果，刚开始，着实让农夫吃了一惊，非常欣赏它。但由于这棵树还未成熟，便承担开花结果的责任，累得弯了腰，结的果实也酸涩难吃，还时常招来一群孩子石头的袭击。甚至，孩子会攀上它那疲弱的身体，在掠夺果子的同时，损伤着它的自尊心和肢体。

时光飞转，终于有一天，那棵久不开花的壮树轻松地吐出花蕾，由于养分充足、身材强壮，结出了又大又甜的果实。而此时那棵急于开花结果的树却成了枯木。农夫诧异地叹了口气，将那根瘦小的枯木砍下，烧火用了。

对于机遇，它意味着需要你忍受无法忍受的艰苦和穷困，以及你献身工作的漫漫长夜。

为获得成功，你必须明白只有在你寻找机会时，只有你为所从事的工作做好充分的准备时，机会才会来临。

如果你今天还没有成功，一定是你还没有为成功做好准备。上帝永远只会眷顾那些有准备的人。俗话说“万事俱备，只欠东风”，而当东风来临时，你万事俱备了吗？

时刻准备着

让自己保持在最佳状态，以便机会出现时，你可以紧紧抓住，不让它溜走。

机遇什么时候来临，谁也不知道。一个渴望成功的人，必须时刻做好准备，这样无论机会何时出现，你都能抓住它，借机而成功。

一位老教授退休后，巡回拜访偏远山区的学校，传授教学经验与当地老师分享。由于老教授的爱心及和蔼可亲，使得他所到之处皆受到老师和学生的欢迎。

有一次，当他结束在山区某学校的拜访行程，而欲赶赴他处时，许多学生依依不舍，老教授也不免为之所动，当下答应学生，下次再来时，只要谁能将自己的课桌椅收拾整洁，老教授将送给该名学生一个神秘礼物。

在老教授离去后，每到星期三早上，所有学生一定将自己的桌面收拾干净，因为星期三是每个月教授前来拜访的日子，只是不确定教授会在哪一个星期三来到。

其中有一个学生的想法和其他同学不一样，他一心想得到教授的礼物留作纪念，生怕教授会临时在星期三以外的日子突然带着神秘礼物来到，于是他每天早上都将自己的桌椅收拾整齐。

但往往上午收拾妥当的桌面，到了下午又是一片凌乱，这个学生又担心教授会在下午来到，于是在下午又收拾了一次。可他想想又觉得不安，如果教授在一个小时后出现在教室，仍会看到他的桌面凌乱不堪，便决定每个小时收拾一次。

到最后，他想到，若是教授随时会到来，仍有可能看到他的桌面不整洁，终于，这名学生想清楚了，他每时每刻保持自己桌面的整洁，随时欢迎教授的光临。

老教授虽然尚未带着神秘礼物出现，但这个小学生已经得到了另一份奇特的礼物。

有许多人终其一生，都在等待一个足以令他成功的机会。而事实上，机会无所不在，重点在于：当机会出现时，你是否已经准备好了。

机遇是一位神奇的、充满灵性的但性格怪僻的天使。它对每一个人都是公平的，但绝不会无缘无故地降临。只有经过反复尝试，多方出击，才能寻觅到她。

机遇是一种重要的社会资源。它的到来，条件往往十分苛刻，且相当稀缺难得，它并非轻易能得到。要获得它，需要极大的“投入”，才会有“产出”，需要高昂的代价和成本，这就需要准备相当充足的实力、雄厚的才能功底。机遇相当重情谊，你对它倾心，它也会对你钟情，给你报答。但机遇绝不轻易光顾你的门庭，不愿意花费“投入”的人也决然得不到它的偏爱与回报。喜剧演员游本昌深有体会地说：“机遇对每个人都是相同的。当机遇到来时，早有准备的人便会脱颖而出；而那些没有任何准备的人，只能看着机会白白地流失。”

机遇绝非上苍的恩赐，它是创造主体主动争来的、主动创造出来的。机遇是珍贵而稀缺的，又是极易消逝的。你对它怠慢、冷落、漫不经心，它也不会向你伸出热情的手臂。主动出击的人，易俘获机遇；守株待兔的人，常与机遇无缘。这是普遍的法则。你若比一般人更显出主动、热情的话，机遇就会向你靠拢。

机遇最喜欢爱拼善攻、有挑战性格的人，它最乐意为这样的人“效劳”。所以，在机遇面前，无疑需要敢于拼搏、锲而不舍的劲头，使自身的能量最大限度地发挥出来。只有勇于战胜那些看似难以克服的困难，才能使机遇发挥出极大的效能。有些人为艰难所折服，就会使已到手的机遇未能得到充分利用，而使自己功亏一篑，也使机遇之水付诸东流。

PART

09

洞察力是
最重要的成功元素

洞察力是最重要的成功元素

生活中，我们经常会处于人生的低谷，各种各样的压力每天都萦绕在我们的脑海中，挥之不去。在这时候，你更需要保持头脑清醒，擦亮自己的眼睛，到生活中去发现成功的机会。

日本绳索大王岛村芳雄当年到东京一家包装材料店当店员时，薪金只有19万日元，还要养活母亲和3个妹妹。生活拮据，又不知道出路在何方，为此，他相当苦闷。

有一天，他在街上漫步时，注意到一个问题：无论是小姑娘还是中年妇女，除了都带着自己的皮包之外，还提着一个纸袋——买东西时商店送给她们装东西用的。岛村灵机一动："将来纸袋一定会风行一时，做纸袋绳索生意肯定会不错。"

岛村虽然雄心勃勃，但身无分文，无从下手。他知难而上，决定紧紧地抓住这个机会。一直被资金问题困扰的他决定到银行试一试。一到银行，他就把纸袋的使用前景、纸袋绳索制作上的技巧、他的原价推销法及对事业的展望等说得口干舌燥，但每一家银行都表现得异常冷淡，不愿理睬他，甚至有的银行以对待疯子的态度来对待他。他决定以疯子般的热情继续说服银行。

皇天不负苦心人，前后经过3个月，到了第69次时，对方被他那百折不挠的精神所感动，答应贷给他100万日元。他又从朋友那里借了100万日元。岛村辞去了店员的工作，设立丸芳商会，利用这200万日元，开始绳索贩卖业务。他深信，虽然他的条件比别人差，但用自己新创的“原价推销法”干下去，一定能在竞争激烈的商业界站稳脚跟。

首先，他只身前往产麻地冈山的麻绳厂，将该厂生产的每条45厘米长的麻绳以5角钱大量买进，然后按原价转卖给东京一带的纸袋工厂。这种完全无利润反赔本的生意做了1年之后，“岛村的绳索确实便宜”的名声远扬，成百上千的订货单从各地源源而来。接着，他拿着购物品收据前去订货客户处诉说：“到现在为止，我没赚你们1分钱，如果这样让我继续为你们服务的话，我便只有破产这条路可走了。”客户为他的诚实所感动，心甘情愿地把交货价格提高为5角5分钱。同时，岛村又到冈山找麻绳厂的厂商商洽：“您每条5角钱卖给我，我是一直照原价卖给别人的。因此才得到现在这么多的订货，如果这样无利而赔本的生意让我继续下去的话，我只有等着关门倒闭了。”

冈山的厂商一看他开给客户的收据存根，他们生平头一次遇到像这样自愿不赚钱做生意的人，于是就不加考虑，一口答

应供给他的麻绳每条只收4角5分钱。如此每条赚1角钱，每天的利润就有100万日元。创业两年后，他就名满天下，同时把丸芳商会改为公司组织。创业13年后，他每天的交货量至少有5000万条，其利润实在难以计算。现在的袋子绳索更是讲究，有塑胶带、缎带、绢带等，每条卖价5日元左右。这些高级品的利润更为可观。

改变困境，成功之道何在？从岛村的成功中我们可以发现“洞察力”的威力，几年之前，岛村还是一个为生计发愁的小职员，然而几年间，他就是凭着自己在困境之中的洞察力，发现了独到的成功商机，从一个穷光蛋摇身一变成为日本的绳索大王。

人的心情会因为压力而变得浮躁，思维会因为折磨而变得迟钝。其实，你大可不必因为不顺的境遇而长吁短叹，任何时候，都要保持情绪的稳定、思维的敏捷，只有这样，你才有机会突破现在的困境，打个漂亮的翻身仗。

懂得观察，生活中就会充满机遇

懂得观察的人才能发现生活中的细节，发现了细节，也就意味着你发现了机遇。

一个人即使身陷经济不景气、境况不佳的状况时，也要时刻保持清醒的头脑，擦亮自己的眼睛，因为一个懂得观察的人才会有成功的机会。

土豆是德国人喜爱的食品。在德国农村，土豆是最主要的农作物，一到收获的季节，农民就进入最繁忙的状态，他们不仅要把土豆从山上收回来，而且还要把它运送到附近的城里去卖。原先，农民都有一个习惯，就是把收获的土豆按个头分为大、中、小三类，这样再到城里去卖就能卖个好价钱，比混在一起卖能多赚很多钱。但是要把堆成小山一样的土豆分拣开来却不是一件容易的事，要花费大量的劳动力，也影响土豆及时上市。

后来人们发现了一件奇怪的事：乔治一家从来没有人分拣土豆，他们总是把土豆直接装进麻袋，运到城里去卖，而且价钱卖得也不错。这是怎么回事呢？

原来乔治在向城里送土豆时，没让汽车走平坦的公路，而是选择了一条颠簸不平的山路。这样经过10英里（约16千米）的颠簸，小的土豆就自然落到麻袋的底部，大的留在了上面。

卖时仍然大小分开，一样卖得好价钱。聪明的汉斯不仅节省了劳力，还赢得了宝贵的时间，他的土豆总能比别人早一些上市，自然他的钱是越赚越多了。

小问题里面也会包含着大智慧，善于发现细节、观察细节，可能机遇就隐藏在这些细枝末节的小事中。只要我们用心分析，巧加利用，就能给生活带来许多便利。多一点细心，多几分敏锐，我们缺少的也许不是机遇，而只是发现。

善于利用你周围的信息

一个有着聪明头脑的人，一定会对周围出现的有用信息非常敏感，只要善加利用，就一定能获得成功。

如果你想改变现状，必须多多培养自己搜集和辨别信息的能力，善于利用你周围的信息，成功的机会就不会离你太远。让我们看看一个普通小人物的成功故事。

有一个油漆制造公司的会计，告诉人们他的一项非常成功的投机生意。当然，他这个想法也是从别人那里得来的。

“我对于房地产向来没有兴趣，”他说，“我已经当了好多年会计，一直守着自己的工作岗位，不想改行。忽然有一天，有一个经营房地产的朋友约我参加房地产俱乐部主办的午餐会。

“当天的演说人是本地一位德高望重的老先生。他谈到20年后的一些问题，预料本市繁华区还会继续繁华，并逐渐向四周的农地发展；他同时又预测‘精致农场’的需求会快速增长。这些农场只有2～5亩的面积，但足够有一个游泳池、骑马场、花园，以及满足其他业余爱好所需要的空间。

“他的话使人吃了一惊，因为他说的正是我想要的。后来我一连问了好几个朋友，他们也非常同意。

“于是我开始研究‘如何根据这个想法赚钱’。有一天我开车上班时，突然想到为什么不买大卖小呢？我已算出零卖的价格比整块土地的价格高出许多。

“我在离市中心30公里的地方找到一块荒地，面积是50亩，只卖9000美元而已，我立刻买下来了。

“然后，我在地里种了好多松树，因为有一个做房地产的朋友告诉我，现在大家都喜欢树木，而且越多越好。

“我要顾客都知道这块土地几年以后会长满漂亮的松树。

“后来，我又请了一个测量员把50亩土地分成10块。

“这时我可以开始销售了。我收集到几份本市经理人员的名单，开始直接销售。我在信中指出，只要3000美元，即相当于一栋小公寓的价钱就可以买到这块地，并且同时指出它对娱乐和健康方面的好处。

“虽然我只在晚上和周末有时间推销，但不到6周，这10块土地就统统卖出去了，我得到了3万美元。然而全部费用，包括土地、广告、测量费以及别的开支，总共才花了10400美元而已。我一下子就赚了19600美元。

“因为常常接近有识之士的各种创见，我才能大赚一笔。如果当初我这个外行人没有去参加房地产俱乐部的午餐会，就永远也想不出这个计划了。”

由于这个会计拥有“接近有识之士的各种创见”的机会，他很快就赚了一大笔钱。由此可见，一个善于利用信息的人，想取得成功并非多么艰难。

成功不是一件异常困难的事，只要你时刻培养自己、多动脑筋、多思考、多搜集对你有用的信息，你一定可以取得成功。

把眼光放得再远一点

一个成功的人，必然是一个具有长远眼光的人。用锐利的眼光洞察现实，预见未来的发展方向，就能使你摆脱困境，走向成功。

一个想要成功的人，必须是一个具有远见的人。

如果你有远见，那么你实现目标的机会将会大大增加。美国商界有句名言：“愚者赚今朝，智者赚明天。”一切成功的企业家，每天必定用80%的时间考虑企业的明天，20%的时间处理日常事务。着眼于明天，不失时机地开掘或改进产品或服务，满足消费者新的需求，就会独占鳌头，形成“风景这边独好”的佳境。

19世纪80年代，约翰·洛克菲勒已经以他独有的魄力和手段控制了美国的石油资源，这一成就主要受益于他那从创业中锻炼出来的预见能力和冒险胆略。1859年，当美国出现第一口油井时，洛克菲勒这位精明的青年商人，就从当时的石油热潮中看到了这项风险事业的前景是有利可图的。他在与对手争购安德鲁斯一克拉克公司的股权中表现出了非凡的冒险精神：拍卖从500美元开始，洛克菲勒每次都比对手出价高，当达到5万美元时，双方都知道，标价已经大大超出石油公司的实际价值，但洛克菲勒满怀信心，决意要买下这家公司，当对方最后出价7.2万美元时，洛克菲勒毫不迟疑地出价7.25万美元，最终战胜了对手。

年仅26岁的洛克菲勒经营起当时风险很大的石油生意，当他所经营的标准石油公司在激烈的市场竞争中控制了美国出售全部炼制石油的90%时，他并没有停止冒险行为。19世纪80年代，利马发现一个大油田，因为硫酸含量高，人们称之为“酸油”。当时没有人能找到一种有效的办法提炼它，因此一桶只卖15美分。洛克菲勒预见到这种石油总有一天能找到提炼方法，坚信它的潜在价值是巨大的，所以执意要买下这块油田。当时他的这个建议遭到董事会多数人的坚决反对，事后他只得说："我将冒个人风险，自己拿出钱去关心这一产品，如果必要，拿出200万、300万。"洛克菲勒的决心终于迫使董事们同意了他的决策。结果，不到两年时间，洛克菲勒就找到了炼制这种酸油的方法，油价由每桶15美分涨到1美元，标准石油公司在那里建造了全世界最大的炼油厂，盈利猛增到几亿美元。

香港著名推销大王冯两努曾说过："世界会向那些有目标和远见的人让路。"

远见是成功者必备的素质之一，每一个渴望成功的人都要有意识地培养自己的远见能力。

PART

10

将劣势转化为优势

珍惜你目前拥有的一切

曾经有人说过：人生若要不留下许多空白，唯一的办法是珍惜曾经拥有的，追求你所没有的。不要总是羡慕别人的生活，你生活中的一切都要自己去珍惜和把握，因为只有你自己才是你真正的主人。

人的一生中值得珍惜的东西太多，最重要的不外三点，那就是时间、机会和痛苦。人们常说年轻人都是富有的，那是因为他们拥有这世界上最宝贵的财富——时间。时间就是生命，如果对时间不加以珍惜，那失去的又岂止是时空意义上的时间，而是一个人的生命呀！

有人主张把人生分成昨天、今天和明天三个阶段，昨天已定格为历史，没有能力去改变，我们正拥有的今天和要追求的明天才是重要的，而只有珍惜和把握好今天才能很好地去拥抱明天。生活总是在“昨天—今天—明天”的轮换中前进，稍不留神，一个现实的今天就会从你的肩头匆匆滑过，紧接着，明天就变成了今天，如果抓不住，还会像影子一样很快从你的眼前消失，成为昨天。“盛年不重来，一日难再晨。”不要以为一生有多长，在有限的生命里若不倍加珍惜，那留给自己的将只会是痛苦和悔恨。

机会对每个人都是平等的，不同的是你是否能珍惜。

西方有一位哲学家说，在许多事情上，我们应少用心去创造机会，而更好地抓住现有的机会。只有抓住每一次机会，你成功的机会才会更多。虽然人生有许多考验，失去了一次并不意味着失去永远，但是，失去了的是不会再来的，失去就意味着你不会再拥有。一个人的一生能经受得住几次这样的失去？只要有机会就得牢牢抓住，纵观古今中外，哪一位有所成就的人不是在珍惜每一次机会的基础上努力创造的？有谁能相信，一个坐失良机的人，有一天会有所建树？

人生值得珍惜的东西确实太多，即使是痛苦，我们也应该去好好珍惜。“一切痛苦都孕育着快乐”，不经历痛苦，真正的快乐永远也不会降临。

很多人在老之将至时往往会追悔自己的年轻岁月，并遗憾不已。原因就是在年轻的时候他们没有好好珍惜自己所拥有的，总想去抓住外界的那些诱惑，最终只会留下遗憾。为了明天的美好，为了不给自己留下遗憾的种子，请君珍惜！

命运掌握在自己手中

在这个世界上能掌握你的命运的，只有你自己。如果你不把握自己的“主权”，你的人生就不会圆满。

社会转型，就业困难，住房困难，看病难……你的经济条件陷入困顿，人生陷入低潮，怎么办？

这时候，你应该记住，你的命运一定要自己掌握。

有人拜访宋朝著名的卜士邵康节，问起了命运。

拜访者问，这个世界上到底有没有命运。

“当然有！”大师断然地说。

“既然有命中注定，那奋斗还有什么用？”

邵康节笑而不答，抓起来访者的左手，先说了手上有生命线、事业线之类算命的话，然后让他举起左手并攥成拳头。

拳头攥紧之后，邵康节问：“那些命运线在哪里？”

“在我的手里啊。”

当邵康节再次追问这个问题时，拜访者恍然大悟：命运其实就在自己的手中。

每一个人都是自己的主人——身体，从头到脚都是自己的；头脑，包括情绪思想都是自己的。

我们的眼睛能看到什么都由自己做主；我们的感觉，不管是兴奋快乐，还是失望悲伤，都属于自己；我们所说的一字一句，不管是说对说错，中听还是逆耳，都是自己的；我们的声音，不管是轻柔还是低沉，都是自己的。

我们的每一次行动，不管是明智还是愚蠢，是成功还是失败，是令人满意还是有待改善，都是我们自己的抉择，我们必须承担抉择后产生的一切后果，无人能代我们承担，哪怕是最好的朋友。

每一个人的人生道路都不尽相同，我们迈出的每一步都是由我们自己的身体支配的。走在坎坷不平的道路上时，你可能会渴望奇迹出现，帮你迈过生活中的坎儿。其实，只要你能摆脱心中的阴影，把握自己的命运，你就会成为创造奇迹的人！

不用羡慕别人的生活

我们总是对自己的幸福熟视无睹，却总在羡慕别人的幸福生活。

在生活中，你是否有以下经历：看到别人有车有房，你就自惭形秽；看到别人有一份收入不菲的好工作，你的心理

也极不平静；看到别人工作清闲，经常外出休假，你就羡慕不已……

或多或少，你都会有这样的想法。其实，每个人有每个人的活法，每个人有每个人的世界，你不用羡慕别人的生活。有车有房的人，也许正在为还银行贷款而发愁；收入不菲的人，可能他的生活特别劳累；四处休假的人，可能是为了躲避债务……你羡慕他，可能他也在羡慕你，人生就是这样。其实，你不必羡慕别人的生活，珍惜你现在的生活，才是最重要的。

有两只老虎，一只在笼子里，一只在野外。

在笼子里的老虎三餐无忧，在外面的老虎自由自在。两只老虎经常进行亲切的交谈。

笼子里的老虎总是羡慕外面老虎的自由，外面的老虎却羡慕笼子里老虎的安逸。一天，一只老虎对另一只老虎说："咱们换一换。"另一只老虎同意了。

于是，笼子里的老虎走进了大自然，野地里的老虎走进了笼子。从笼子里走出来的老虎非常高兴，在旷野里拼命地奔跑；走进笼子的老虎也十分快乐，它再不用为食物而发愁。

但不久之后，两只老虎都死了。

一只是饥饿而死，一只是忧郁而死。从笼子中走出的老虎获得了自由，却没有同时获得捕食的本领；走进笼子的老虎获得了安逸，却没有获得在狭小空间生活的心境。

如果你正在羡慕别人的生活，不妨好好体味一下上面这个故事。

合适的才是最好的。许多时候，人们往往对自己的幸福熟视无睹，却觉得别人的幸福很耀眼。想不到，别人的幸福也许对你不适合；更想不到，别人的幸福也许正是你的坟墓。

这个世界多姿多彩，每个人都有属于自己的位置，有自己的生活方式，有自己的幸福，何必去羡慕别人？安心享受自己的生活，享受自己的幸福，才是快乐之道。

你不可能什么都得到，也不可能什么都适合去做，所以还是要学会珍惜自己的生活，别去羡慕别人，好好经营自己，才能拥有一个最真实、最圆满的人生。

心怀感恩，生活就会更快乐

心怀感恩，我们才能够获得生活的快乐。

很多人都梦想有一天能够改变不利的现状，但是到底该怎么办，却苦于没有好的办法。

成功学家安东尼指出：成功的第一步就是先存有一颗感激之心，时时对自己的现状心存感激，同时也要对别人为你所做的一切怀有敬意和感激之情。如果你接受了别人的恩惠，不管是礼物、忠告还是帮忙，都应该向对方表达谢意。“领袖的责任之一便是感谢。”那些当选的领导人，总是要拿出一些时间去感谢曾经支持和帮助过他们的人和组织，不如此，他们便不可能得到更多的支持。过河拆桥的人是走不远的。

及时回报他人的善意而且不嫉妒他人的成功，这不仅会赢得必要而有力的支持，而且还可以避免陷入不必要的麻烦。嫉妒别人不仅难以使自己“见贤思齐”，虚心向善，而且会影响自己的心情和外在形象。更主要的，这会使自己失去盟友和潜在的机遇，甚至还会树立强敌——因为一般来说，被别人嫉妒的人应该不会是弱者。俗话说得好，“投之以桃，报之以李”“以其人之道，还治其人之身”，你怎样对待别人，别人就会怎样对你，按“一报还一报”的心理分析，别人也不会对你太客气。

怀着感激去生活，我们便拥有了一份理智、一份平和、一份进取，才不会浮躁、不会抱怨、不会悲观，更不会放弃。

人们常说，保持微笑可以延缓衰老，使我们更显年轻；那么常怀感激，则会使我们的心永远充满希望，生机盎然。

有这么一个寓言。一只老鼠掉进了桶里，怎么也出不来。老鼠吱吱地叫着，它发出了哀鸣，可是谁也听不见。可怜的老鼠心想，这只桶大概就是自己的坟墓了。正在这时，一头大象经过桶边，用鼻子把老鼠吊了出来。

“谢谢你，大象。你救了我的命，我希望能报答你。”

大象笑着说：“你准备怎么报答我呢？你不过是一只小小的老鼠。”

过了一些日子，大象不幸被猎人捉住了。猎人们用绳子把它捆了起来，准备等天亮后运走。大象伤心地躺在地上，无论怎么挣扎，也无法把绳子扯断。

突然，小老鼠出现了。它开始咬着绳子，终于在天亮前咬断了绳子，替大象松了绑。

“你看到了吧，我履行了自己的诺言。”小老鼠对大象说。

大象感激地对小老鼠说：“谢谢你。”

小老鼠开心地笑了。

感恩是爱的根源，也是快乐的必要条件。如果我们对生命中所拥有的一切能心存感激，便能体会到人生的快乐、人间的温暖以及人生的价值。班尼迪克特说：“受人恩惠不是美德，报恩才是。当他积极投入感恩的工作时，美德就产生了。”

感恩之心会给我们带来无尽的快乐。为生活中的每一份拥有而感恩，能让我们知足常乐。感恩不是炫耀，不是停滞不前，而是把所有的拥有看作是一种荣幸、一种鼓励，在深深感激之中产生回报的积极行动，是与他人分享自己的拥有。感恩之心使人警醒并积极行动，更加热爱生活，创造力更加活跃；感恩之心使人向世界敞开胸怀，投身到仁爱行动之中。没有感恩之心的人，永远不会懂得爱，也永远不会得到别人的爱。

拥有感恩之心的人，即使仰望夜空，也会有一种感动，体会到一丝快乐。正如康德所说：“在晴朗之夜，仰望天空，就会获得一种快乐，这种快乐只有高尚的心灵才能体会得出来。”生活中确实需要感恩，那些折磨过你的人并不值得我们去恨他们。不懂得感恩，生活便会黯然失色，人生便没有滋味。

不要让别人掌控你的人生

在这个世界上，人不能总想着依靠别人，最可靠的人就是你自己，要依靠自己的力量去获取成功。

生活中，每一个人都应该是自己的主宰。如果一个人连自己的人生都掌控不了，还怎么去迎接挑战、争取成功呢？

一个贫穷的工人在帮主人搬运东西时，不小心打破了一个花瓶。主人看见后，要求他赔偿，但他只是一个一贫如洗的工人，哪里赔得起这么昂贵的花瓶？

苦恼的工人只好来到教堂，向神父请教解决的办法。

神父听完工人的倾诉后，对他说："听说有一种能将碎花瓶粘好的技术，不如你去学习这种技术，然后将这个花瓶修补、复原，事情不就解决了？"

工人听完却摇了摇头，说："哪有这么神奇的技术？要把这个碎花瓶粘得和原来一样，根本是不可能的。"

神父指引他说："这样吧！教堂后面有一个石壁，上帝就待在那里，只要你对着石壁大声说话，上帝便会答应你的要求，去吧！"

于是，工人来到壁前，大声对着石壁说："上帝，请您帮帮我，只要您愿意帮助我，我相信，我一定能将花瓶粘好！"

工人的话一说完，上帝便立即回应他："你一定能将花瓶粘好！”

工人真的听见了上帝的承诺，于是，他充满自信地向神父辞别，去学习复原花瓶的技术了。

经过认真学习与不懈努力，一年以后，他终于学会了修补碎花瓶的技术。他用学来的知识将农场主人的花瓶复原得天衣无缝，令人赞叹！

这天，他将花瓶送还给主人后，再次来到教堂，准备向上帝道谢，谢谢他给予的协助与祝福。

神父将他再次带到教堂后面的石壁前，笑着对虔诚的工人说：“其实，你不必感谢上帝。”

工人不解地看着神父：“为什么？要不是上帝，我根本无法学会修补花瓶的技术啊！”

神父笑着说：“其实，你真正要感谢的人，是你自己啊！因为，这里根本就没有上帝，这块石壁具有回音的功能，当时你听到的‘上帝的回答’，其实就是你自己的声音啊！而你，就是你自己的上帝。人要勇敢地做自己的上帝，因为真正能主宰自己命运的人，不是别人而是我们自己。”

不让别人掌控自己的人生其实就是你要做你自己的上帝，只有这样，你才能真正把握自己、把握未来。

在这个世界上生存，绝对不要让别人掌控你的人生。最可靠的人就是你自己，要依靠自己的力量去获取成功。当人自立自助时，就开始走上了成功的旅途。抛弃依赖之日，就是发展自己潜在力量之时。外界的扶助有时也许是一种幸福，但更多的时候，情况恰恰相反。只有依靠自己的力量，才是长久之计。

失败和成功就差一点点

失败和成功之间就差一点点，这一点点就是细节。

老子曾说：“天下难事，必作于易；天下大事，必作于细。”它精辟地指出了想成就一番事业，必须从简单的事情做起、从细微之处入手的道理。世界上不论什么事，从最根本的角度来说，都是由一些细节构成的，在今天激烈的社会竞争中，决定成败的必将是微若沙砾的细节。随着社会分工的越来越细和专业化程度的越来越高，一个要求精细化的管理与生活的时代已经到来。真可谓“成也细节，败也细节”。一心渴望伟大，伟大却了无踪影；甘于平淡，认真做好每个细节，伟大却不期而至。这就是细节的魅力。

失败和成功之间就差一点点，这一点点就是细节。

有这样一则故事：

某著名大公司招聘职业经理人，应聘者云集，其中不乏高学历、多证书、有相关工作经验的人。经过初试、笔试等四轮淘汰后，剩下6个应聘者，但公司最终只选择一人作为经理。所以，第五轮将由老板亲自面试。看来，接下来的角逐将会更加激烈。

可是当面试开始时，主考官却发现考场上出现了7个考生，于是就问道：“有不是来参加面试的人吗？”这时，坐在最后面的一个男子站起身说：“先生，我第一轮就被淘汰了，但我想参加一下面试。”

人们听到他这么讲，都笑了，就连站在门口为人们倒水的那个老头子也忍俊不禁。主考官也不以为然地问："你连考试第一关都过不了，又有什么必要来参加这次面试呢？"这位男子说："因为我掌握了别人没有的财富，我本人即是一大财富。"大家又一次哈哈大笑了，都认为这个人不是头脑有毛病，就是狂妄自大。

这个男子说："我虽然只是本科毕业，只有中级职称，可是我却有着10年的工作经验，曾在12家公司任过职……"这时主考官马上插话说："虽然你的学历和职称都不高，但是工作10年倒是很不错，不过你却先后跳槽12家公司，这可不是一种令人欣赏的行为。"

男子说："先生，我没有跳槽，而是那12家公司先后倒闭了。"在场的人第三次笑了。一个考生说："你真是一个地地道道的失败者！"男子也笑了："不，这不是我的失败，而是那些公司的失败。这些失败积累成了我自己的财富。"

这时，站在门口的老头子走上前，给主考官倒茶。男子继续说："我很了解那12家公司，我曾与同事努力挽救它们，虽然不成功，但我知道错误与失败的每一个细节，并从中学到了许多东西，这是其他人所学不到的。很多人只是追求成功，而我，更有经验避免错误与失败！"

男子停顿了一会儿，接着说："我深知，成功的经验大抵相似，容易模仿，而失败的原因却各有不同。用10年学习成功经验，不如用同样的时间经历错误与失败，学到的东西会更多、更深刻；别人的成功经历很难成为我们的财富，但别人的失败过程却是！"

男子离开座位，做出转身出门的样子，又忽然回过头：“这10年经历的12家公司，培养、锻炼了我对人、对事、对未来的敏锐洞察力，举个小例子吧——真正的考官，不是您，而是这位倒茶的老人……”

在场所有人都感到惊愕，目光转而注视着倒茶的老头。那老头也露出诧异的神色，但很快恢复了镇静，随后笑了：“很好！你被录取了，因为我想知道——你是如何知道这一切的？”

老头的言语表明他确实是这家大公司的老板，这次轮到这位考生笑了。

注重细节，将小事做细，而且注重在做事的细节中找到机会，从而使自己走上成功之路。成功和失败就相差那么一点点，你把这一点点做好了，你就会获得成功。

多一分专注，就多一分天才

专注是成功的要诀之一，多一分专注，就多一分天才。想改变困境的你，必须多一点专注。

人一心一意地做事情，或许比八面玲珑的人显得死板，也不一定被很多人所看好。但是，一个人如果想在一生中有所成就，改变不利的局面，不妨一心一意多一点，“一根筋”往往能为你带来意想不到的成功。

一位奥地利作家曾经讲述了对著名雕刻大师罗丹工作的如下见闻和感受：

在罗丹的工作室——有着大窗户的简朴的屋子，有完成的雕像，有许许多多小塑样：一只胳膊，一只手，有的只是一只手指或者指节，他已动工而搁下的雕像，堆着草图的桌子。这间屋子是他一生不断地追求与劳作的地方。

罗丹罩上了粗布工作衫，就好像变成了一个工人。他在一个台架前停下。

“这是我的近作。”他说，把湿布揭开，现出一座女正身像。

“这已完工了。”我想。

他退后一步，仔细看着。但是在审视片刻之后，他低语了一句：“这肩上线条还是太粗。对不起……”

他拿起刮刀、木刀片轻轻滑过软和的黏土，给肌肉一种更柔美的光泽。他健壮的手动起来了；他的眼睛闪耀着。“还有那里……还有那里……”他又修改了一下，走回去。他把台架转过来，含糊地吐着奇异的喉音。时而，他的眼睛高兴得发亮；时而，他的双眉苦恼地蹙着。他捏好小块的黏土，粘在塑像身上，刮开一些。

这样过了半小时、一小时……他没有再向我说过一句话。他忘掉了一切，除了他要创造的更崇高的形体的意象。他专注于他的工作，犹如在创世之初的上帝。

最后，带着喟叹，他扔下刮刀，像一个男子把披肩披到他情人肩上那样温存关怀般地把湿布蒙上女正身像，于是，他又转身要走。快走到门口之前，他看见了我。他凝视着我，就在那时他才记起，他显然对他的失礼而惊惶："对不起，先生，我完全把你忘记了，可是你知道……"

我握着他的手，感谢地紧握着。也许他已领悟我所感受到的，因为在我们走出屋子时他微笑了，用手抚着我的肩头。

再没有什么像亲眼见到一个人全然忘记时间、地方与世界那样使我感动。那时，我参悟到一切艺术与伟业的奥妙——专心，完成或大或小的事业的全力集中，把易于弥散的意志贯注在一件事情上。

如果仔细观察一下那些成功人士的成功史，你就不难发现，他们的成功有很大的因素取决于他们宏远的目光和对目标的专注。

哈佛大学爱德华·班菲尔德博士经过50多年的研究发现，成功大多来自对目标坚持专注的态度。影响成就最重要的决定性因素，就是对进取目标的态度，也就是做重要决定时，要经过短期利益和长期利益的角逐。

班菲尔德博士的结论是，有远见的人注定比短视近利的人更容易胜出，长远思考有助于做短程决定。

培养长远的目标专注意识，就可以想象出未来10年或20年理想人生的梦想，拟出朝目标前进的计划，然后问自己："我现在必须做什么才能创造我真正想要的未来？”

想对长远的目标做到专注，关键在于乐于“牺牲”现在。在生活或经济方面都必须延后享受，才能达到理想未来。愿意牺牲眼前的享受，以求长远的成功和保障，才能拥有幸福和成功。如果只顾眼前行乐，把赚到的一切都挥霍一空，甚至寅吃卯粮，就注定一辈子为成功烦恼，到头来一无所成。

将劣势转化为优势

有的时候，人的劣势未必就是劣势，只要肯努力，你也可以将自己的劣势转化成优势。

余秋雨先生曾说：“塞万提斯是欧洲文坛最令人心疼的一位。”塞万提斯在1547年生于马德里附近的一座小城，其父是个外科医生，生活很不稳定。塞万提斯从小过着流浪生活，仅读过中学的他23岁进入军队，在与土耳其军队的激战中，左手致残，胸部受伤，28岁才乘船回国，中途被海盗劫持，当了奴隶，被囚禁5年之久，赎身后又颠沛流离7年。直到40岁那年他才回到祖国西班牙的塞维利亚定居，其后受人诬陷入狱3次，后因女儿的陪嫁事项走上法庭受审。流浪、残疾、沦奴、囚禁、入狱、受审……人间的各种磨难几乎都落到了塞万提斯的身上。

但就是这样一位悲苦人生的作家，在他生命结束的前一年，写出了一部喜剧名著《堂吉诃德》。德国抒情诗人海涅曾把塞万提斯与莎士比亚相提并论。

著名的京剧表演艺术家、麒派艺术的创始人周信芳在其表演艺术渐趋成熟、日臻完美时，不幸的事发生了：嗓子哑了。这对一个以唱功为主的须生演员来说，“倒仓”是个致命的打击，为此，有的人不得不改行，或靠耍花腔来遮丑。不过，周信芳对此一不气馁，二不取巧，决心闯出一条新路来。他冷静地分析了自己的嗓音条件，经过反复思考，决定在唱腔上讲究气势，学“黄钟大吕之音”。为此，他首先坚持不懈地下大力气练气，做到发声气足洪亮、咬文喷口有力；又特别在体会角色的思想感情方面努力，确切地表现出人物的性格、气质。经过长期的钻研、探索，周信芳不仅没有受“倒仓”的限制，反而形成了苍劲强烈、韵味醇厚的特色，创造了独树一帜的为群众喜爱的麒派艺术。

很多事情都是如此，当一件事情大家都觉得不好的时候，往往是机会到来的时候，所以嗓子哑了成为周信芳的一个劣势，而从另一个角度来看，也是他的优势：他可以尝试很多前人没有走过的路，可以不陷入一个思维定式中，虽然这个尝试过于大胆。

一个人的优势往往是他的劣势，而劣势往往是他的优势。前提是我们要学会从不同的角度观察事物，人最大的失败就是给自己下一个定势，因为没有固定往往就意味着更多的机会。

内向的人仿佛天生不适合做销售，但他们做销售一定会给客户以稳重的感觉；外向的人仿佛天生不会静下心来思考，但他们要是做起策划方案往往天马行空。所以人其实是没有优势与劣势的，关键要看用在什么地方。上天造人，每个肌肉、每根神经都有其有用之处。

不必因为你现在处于劣势而烦恼，只要你努力，你一样可以将劣势转化为优势。

摒弃自己的“奴隶”意识

一个人必须摒弃那种凡事都依附于人的“奴隶”意识，才能更好地把握自己的命运。

很多人的一生一直游移不定，没有任何实际目标可言，他们惧怕真正地面对生活，害怕挺身而出、承担责任，到头来年华虚度。他们把自己判入终身的心理牢笼之中，一辈子都在做自己的奴隶而浑然不觉。

很多人认为自己在公司里受到老板和上司的压榨、奴役，事实上，真正压榨和奴役他的不是老板和上司，而是他自己。这些人整天抱怨，说自己像一个奴隶一样被人役使，长此以往，他就会产生极度不平衡的心态，真正地变成一个奴隶。

曾有这样一则故事：

许多青蛙烦恼着没有一个青蛙王来管理它们，便推派使臣去向天神祈求一个蛙王。天神知道青蛙头脑简单，便抛下一块大木头到河里来。青蛙们被那木头击水的声音吓了一跳，都躲到水底去。但是它们看那木头浮在水面不动，便游到水面上来，一点儿也不怕，还轻视地爬上木头蹲坐着。不久，它们认为神派了这样呆笨的王来管理它们，真是岂有此理。便又推派一个代表，去向天神请求，希望另外再派一个君王。于是天神派了一条鳗鱼去统治它们，青蛙们见鳗鱼生性和善，并无君王的威严，又去请天神替它们再选一个王。天神对于它们的请求很不耐烦，便派了一只鹭鸶，这只鹭鸶每天吃青蛙，没多久就把河里的青蛙吃得干干净净。

本来蛙王应由青蛙自己拥立或选出来，向天神求王本身就是奴隶的行为，偏偏青蛙们又嫌弃那些愿意跟它们平等、友善相处的蛙王，结果只招来被奴役、吞噬的命运。

做奴隶是自己选择的，而不是其他人强迫的。这些人之所以会选择当奴隶，是因为他们不知道如何获得解脱、获得自由。

一个人如何使自己摆脱奴隶的桎梏呢？首先应该培养高贵的人品。在抱怨自己是他人的奴隶之前，先看看自己是不是自己的奴隶。

敢于反省自我，敢于正视自己的心灵，不要对自己放宽要求，你一定会发现，自己的心里隐藏着很多猥琐的思想和欲望，平时经常有不加思考就顺从的习惯或者行为。改正这些缺点，不要再做自己的奴隶，一旦战胜了自我，困难也就迎刃而解了。

第四篇

感谢生活中折磨你的人

PART 01

从内心选择幸福

家人的折磨对你是一种幸福

任何时候，家人对你的折磨都是一种磨砺，经过这个过程你将会朝着更圆满的方向发展。

折磨虽然痛苦，但这些痛苦只是暂时的，它最终将对你大有裨益，促使你更好地发展，最终走上成功的人生道路。

在赫德18岁那年的一个早上，父亲要赫德开车送他到20公里之外的一个地方。那时赫德刚学会开车，就非常高兴地答应了。

赫德开车把父亲送到目的地，约定下午3点再来接他，然后就去看电影了。等最后一部电影结束的时候，已经是下午5点了。赫德迟到了整整两个小时！

当赫德把车开到预先约定的地点时，父亲正坐在一个角落里耐心等待。赫德心里暗想，父亲如果知道他一直在看电影，一定会非常生气。

赫德先是向父亲道歉，然后撒谎说，他本想早些过来的，但是车子出了一些问题，需要修理，维修站的工人们花了两个小时的时间修车。

父亲听后看了他一眼——那是赫德永远不会忘记的眼神。

“赫德，你认为必须对我撒谎吗？我感到很失望。”父亲说。

“哦，你说什么呀？我说的全是实话。”赫德争辩道。

父亲又一次看了他一眼：“当你没有按预约时间到达时，我就打电话给维修站，问车子是否出了问题，他们告诉我你没有去。所以，我知道车子根本没有问题。”一阵羞愧感顿时袭遍赫德的全身，他无可奈何地承认了看电影的事实。父亲专心地听着，悲伤掠过他的脸庞。“我很生气，不是生你的气，而是生我自己的气。我觉得作为一个父亲我很失败，因为你认为必须对我说谎，我养了一个甚至不能跟父亲说真话的儿子。我现在要步行回家，对我这些年来做错的一些事情好好反省。”

赫德的道歉，以及他后来所有的话都是徒劳的。

父亲开始沿着尘土飞扬的道路行走，赫德迅速地跳到车上紧跟着父亲，希望父亲可以回心转意停下来。赫德一路上都在忏悔，告诉父亲他是多么难过和抱歉，但是父亲根本不予理睬，独自一人默默地走着、沉默着、思索着，脸上写满了痛苦。

整整20公里的路程，赫德一直跟着父亲，时速大约为每小时4公里。

20公里的路程里，看着父亲遭受肉体和情感上的双重折磨，这是赫德生命中最难过和痛苦的经历。然而，它同样是生命中最成功的一次教育。自此以后，赫德再也没有对父亲说过谎。

从故事中我们可以看到，父母对我们的教育在我们还未懂事的时候总觉得那是一种折磨，然而这种折磨往往是我们成长道路上的良言，有时候精神上的折磨比肉体上的折磨更能塑造一个人的灵魂。

不要在心中痛恨你的亲人，无论是师长还是父母，他们给你出的各种难题都会成为你成长的绝好营养品。

爱情的折磨会使一个人的灵魂得到升华

不要害怕失恋，更不要因失恋而消沉萎靡。经过爱情的折磨，一个人会焕发别样的光彩，灵魂得到升华，走向更远大的成功。

爱情是人生中最美丽的事，但人生并不是事事如意，相爱的人并不都会有完满的结局，失恋的故事每天都在这个世界上上演。

也许目前生活中的你正经受爱人离去后的煎熬，失恋的折磨是残酷的，但同时也充满勃勃的生机。充分把握你自己，不要让这次折磨打垮你，经过这次折磨，你的灵魂会得到一次升华，并由此创造更美好的人生。

当世界进入20世纪的钟声敲过，美国作家杰克·伦敦对心爱的情人玛贝尔的最后一次求爱，又因对方父母的反对而失败了。杰克怀着失恋的痛苦回到家里，大声喊着：“我要与新世纪一起出发！”连夜埋头读书，用发愤自学迎来20世纪第一个黎明。从此，他抓紧学习和写作，1900年2月发表了轰动美国文学界的小说集《狼的儿子》。

大音乐家贝多芬，31岁时，境况艰难，无法娶心爱的琪丽爱泰。两年后对方嫁给别人了，贝多芬痛苦得写了遗嘱想自杀。但他最终从音乐中寻到了安慰，不久即创作出《第二交响乐》。36岁之后，他与丹兰士的爱情又被毁了，又是一次无情的打击，但他决心为事业奋斗，接连创作出《第七交响曲》《第八交响曲》《第九交响曲》，成了伟大的“乐圣”。

居里夫人年轻时第一次爱上的是她当家庭教师的那家主人的大儿子卡西密尔。由于对方父母反对，英俊的卡西密尔向她宣布断交。失恋的痛苦像反作用力一样，推着她以发狂般的勇气去奋斗。生活和科学在召唤，她终于跳出了失恋的深渊，踏上了科学大道并寻觅到了知音。

歌德多次失恋过，与夏绿蒂分手是第5次失恋，这次最痛苦，他多次想要自杀，但他终于坚强地战胜了怯懦。当夏绿蒂结婚时，他还送了礼物，祝她幸福。后来夏绿蒂成为小说《少年维特之烦恼》中的主人公之一。歌德每次失恋，都是凭借文学来摆脱精神痛苦的。

从以上这些名人的故事中我们可以看到失恋对一个人一生的价值所在。失恋者积极的态度会使“自我”得到更新和升华，全身心地投入到工作中去，许多失恋者因此而创造出了辉煌的成就。像歌德、贝多芬、罗曼·罗兰、诺贝尔、居里夫人、牛顿等历史名人，都曾饱受过失恋的痛苦。他们是用奋斗的办法更新“自我”，积极转移失恋痛苦的楷模。

所以失恋并不是一件坏事，失恋的折磨可以激起你的斗志，增添你的力量，推动你不断向前！

从内心选择幸福，人生才会阳光明媚

幸福本来就是一种选择、一个决定。你决定选择幸福，就可以找到幸福的理由。

得到快乐，与你住在多么高级的社区、有多么高薪的工作、多少休闲时间、多么显赫的头衔、多少名牌衣服、多么豪华的房车、多少银行存款全然没有关系。智者告诉我们，快乐是一种心境。古罗马哲学家锡尼卡也指出：“认为自己命运悲惨，就会过得凄风苦雨。”

何谓快乐？如何寻找快乐？大家的看法见仁见智，所以不要误以为别人心目中的快乐才叫快乐。不少人都相信，若是换个处境——告别单身，结婚成家；搬出小屋，迁入豪宅；淘汰老旧的车，换上崭新的名车；不去上班，改去度假——他们会快活得多。可是一旦换了环境，快乐却有可能不增反减，到头来他们又巴不得再变变花样。

从另一方面来说，满足现状的人遇到不同的境遇，也一样会感到快乐。无论生活处境如何，他们总会发现值得感谢的事物。富兰克林说："真正快乐的人，即使绕道而行，也懂得欣赏沿路风光。"这句话的意思就是：快乐的人就算遇到环境变迁，依然笑口常开。

结婚25年来，凯瑞和丈夫一直很恩爱。

"你知道，理查德给利丝买了一枚贵重的钻戒，利丝给他买了一件长毛皮大衣。"凯瑞说。

"住在这么热的地方，毛皮大衣有什么用？"丈夫笑着回答。

他开始收拾东西，凯瑞看着他。他们一起经历了3次破产，住过5所房子，养育了3个孩子，用过9辆汽车，有23件家具，度过7次旅行假期，换过13份工作，共有18个银行存折和3张信用卡。

凯瑞给他剪头发，掖好过33488次右边的衬衣领子；凯瑞怀孕时，丈夫每天都给她洗脚；有18675次在她用完车后，他把车子停到它该停的地方。他们共用牙膏、橱柜，共有账单和亲戚，同时，他们也相互分享友情和信任……

在结婚25周年纪念日，丈夫对凯瑞说："我给你准备了一件礼物。"

"什么？"她惊喜地问。

“闭上你的眼睛。”丈夫说。

当她睁开眼睛时，只见他捧着一棵养在泡菜坛子里的椰菜花。“我一直偷偷地养着它，叫孩子们看见，就该把它毁了。”他乐滋滋地说，“我知道你喜欢椰菜花。”

这时，一种甜蜜的幸福从凯瑞心中升起。

实际上，快乐和幸福只在你的感觉中。

你是否快乐，决定权在你，而不在老板、配偶、朋友、父母、社会或政府的身上。追求快乐是你的权利。一位智者说：“美国宪法并不保障人民的幸福，只保障人民追求幸福的权利，而幸福得靠自己去追求。”要不要快乐，有赖你的选择，但请务必把快乐看得比成功重要，因为成功不一定能带来快乐。

如果你时时刻刻都在寻找快乐，却总是空手而回，那就表示你找错了地方或方法不对，应当再多加留意你找过的场所，或调整方法。再强调一次，追求快乐，完全在自己，快乐可不会在乎你是否拥有它。无论是男是女、是高是矮、是富是贫、是单身还是已婚、是目不识丁还是饱学之士，能不能找到快乐，全靠自己。

PART 02

永远保持一颗年轻的心

心里拥有阳光就会拥有机会

人的热情有时需要表现出来。比如笑一笑，就能把你内心的阳光挥洒到周围，就能给别人以热情的启示，同时也能为你自己带来成功的机会。

爱默生说："热情是能量，没有热情，任何伟大的事情都不能完成。"热情其实是一种心态，完全由你自己来调配。冷漠地对待你现在的工作和生活，你得到的只能是别人的否定和更冷漠的目光；热情地对待你的工作和生活，你将会得到别人善意的肯定和赞许的目光。问题的关键还在于你自身，记住，心里拥有阳光的人就会拥有机会。

在进入这个香港人投资的家具厂之前，她先后干过不少工作——承包过农田，搞过运输，倒卖过袜子，还卖过雪糕。但是都没有挣到钱。对于一个离了婚又带着孩子的女人来说，既没出众的长相，又无骄人的学历，生活的确不易。

她被分在材料车间，都是些杂活，但她还是十分珍惜，

也干得格外卖力且出色。有一次，一个本地木材商因质量问题与公司发生激烈冲突，她主动请缨，最后把事情处理得非常妥帖，为公司挽回了大笔损失。她由此得到了老板的赏识，并第一次赢得额外奖金。

她高兴了很久。但是，现实马上将她拉回到愁眉苦脸的状态中——需要补充的是，她来这个公司已经大半年时间了，基本上没有露过笑脸。而且，天天穿着那套老旧的工作服，就更别提化妆打扮了。

后来，车间主任荣升为经理助理。在大家眼中，空缺的位置非她莫属。但是很意外，老板提拔了另外一个人。老板把她叫去，说："你怎么每天都没有笑容呢？"她说："就咱们眼前这些活还需要笑吗？"老板忽然显得严肃起来："是的，依我看，确实是干什么都需要笑，你要是会微笑，付出同样的努力，就能比别人收获更多。相反，呆板会消损你的努力——我之所以把领班这个位置安排给另外一个人，就是因为她比你乐观。有时候，微笑也是一种力量啊……”

她开始试着用微笑来面对身边的一切，许多熟人见了，都惊叹她的改变，并欣慰于她日渐好转的处境。

充满热情的人喜欢时常露出笑容，故事中的“她”如果能充满热情，时常面带微笑，机会可能早就降临到她头上了。

热情是一笔珍贵的资产，无论知识、钱财或势力都比不上它。有的时候，热情不但有助于一个人在工作上给人留下印象，还能让一个人体验到生活的阳光。热情像一块磁石，能把周围的人吸引到你的身边，还能让周围的人感受到你精神的力量，感觉好像什么奇迹都能创造。充满热情的人都是性格开朗、笑口常开的人，他们喜欢帮助他人，所以无论到哪里都能受到欢迎。

热情的人性格都是阳光灿烂的，即使在遭遇危机或需要帮助的时候，也能转危为安，得到别人的帮助。相对冷漠的人，他们阴暗的态度让周围的人避之唯恐不及，他们的冷漠让他们失去了难得的机遇，关闭了属于自己的大门。一个对他的工作都不够热情的人，是不可能取得好成绩的。

机会就在你的身边，但它需要你去努力争取，充满热情、内心阳光的你才能拥有成功的机会。

永远保持一颗年轻的心

无论你现在是家藏万贯还是一无所有，你都要永远保持一颗年轻的心。

在这个世界上，儿童可说是最懂得享受幸福的专家了，而那些能够保有一颗赤子之心的人，才是最懂得幸福的人。能保持年轻人特有的幸福精神与要旨是相当难得而宝贵的，因此，若要永远保有幸福，我们绝对不可让自己的精神变得衰老、迟钝或疲倦，不可以失去纯真。

有位老师曾问她的学生："你幸福吗？"

"是的，我很幸福。"学生回答。

"经常都是幸福的吗？"老师再问道。

"对，我经常都是幸福的。"

"是什么使你感觉幸福呢？"老师继续问道。

"是什么我并不知道。但是，我真的很幸福。"

"一定是有什么事物才使得你幸福的吧？"老师继续追问着。

"是啊！我告诉你吧！我的伙伴们使我幸福，我喜欢他们。学校使我幸福，我喜欢上学，喜欢我的老师。我爱姐姐和弟弟。我也爱爸爸和妈妈，因为爸妈在我生病时关心我。爸妈是爱我的，而且对我很好。"

老师认为在她的回答中，一切都已齐备了——和她玩耍的朋友（这是她的伙伴）、学校（这是她读书的地方）、姐弟和父母（这是她以爱为中心的家庭生活圈）。这是具有极单纯形态的幸福，而人们最高的生活幸福亦莫不与这些因素息息相关。

老师又向一群少男、少女提出过相同的问题，并且请他们把自认为“最幸福的是什么”一一写下来。他们的回答益发令人觉得感动。少男们的回答是这样的：

“有一只雁子在飞，把头探入水中，而水是清澈的；因船身前行，而分拨开来的水流；跑得飞快的列车；吊起重物的工程起重机；小狗的眼睛；好玩的玩具……”

以下则是少女们对于“什么东西使她们幸福”的回答：

“倒映在河上的街灯；从树叶间隙能够看得到红色的屋顶；烟囱中冉冉升起的烟；红色的天鹅绒；从云间透出光亮的月亮……”

虽然这些答案中并没有充分表现出完整性，但无疑却存有某些美的精华。想要成为幸福的人，重要的秘诀便是：拥有清澈的心灵，可以在平凡中窥见浪漫的眼神，以及一颗赤子之心。

在这个世界上，你一定要永远保持一颗赤子之心，这样就会少一些烦躁和浮华，多一分稳重和扎实。成功多半属于后者，只要你能坚守年轻，成功就不会离你太远。

超越人生的痛苦

人生中经历一些痛苦在所难免，不要被痛苦牵扯你前进的精力。超越人生的痛苦，你就能有一个好的收获。

如果我们能理智地对待很多境界和环境，就都可以找到它们的平衡点。人们经常会听到这样的忠告：不要害怕失败和逆境。多年来，人们一直以为，害怕失败和逆境始终是人类最大的弱点之一。

李斯特曾说过："失败曾是我最大的动力来源。就像想到破产一样，我就会心生警惕，告诉自己要尽力让业绩蒸蒸日上。"

他的这番话给我们很大的启示，所以，我们要修正自己的观念。其实，害怕失败和逆境并没有错，但如果是一再地想象失败，就对人生太没益处了。作为一个想要成功的人，必须超越失败，超越人生的痛苦。

一位老人在晚年罹患了关节炎，苦不堪言。后来病情加剧，以至于行走都很困难，从此拐杖和轮椅便和她形影不离。即使如此，她还是用积极的态度和乐观的眼光看待周围所有的事物。

她的房间总是满载着笑声，而访客还是如旧时一般络绎不绝。

有时候，她想在床上多躺一会儿，于是，她的孙子们——4个不到10岁的小男孩就到她房里去围在床边。这时，她会说故事给其中一个听，与另一个玩扑克牌，再和一个玩游戏，同时哄另一个睡觉。

最令人钦佩的是，她从不将自身的痛苦或烦扰变成家人的负担。到后来，病情变得更加糟糕，但她总是说："这把老骨头今天总算有点起色了。"她积极又乐观的态度，就好像磁铁，吸引了所有的人，让人不由自主地在她身旁流连。这位老人的内心一定承受着巨大的痛苦，但她什么也不说，将痛苦压在身下，以笑脸面对生活，生活也给她以最大的馈赠。

超越痛苦是人生的快乐秘籍，在使你的生活充满欢乐的同时，还能帮你造就卓越的成就。所以，若想成功，就得具备这种态度。

失败、挫折，甚至苦难，都会不停地侵蚀一个人的心灵，痛苦可想而知，但一个人不能永远只把目光停留在痛苦之上。一个眼中只有痛苦的人，不会有什么出息。一个人若想在有生之年有所作为，必须超越人生的痛苦，站在更高的台阶上俯视一切，这样才能找准方向，勇往直前。

心向太阳，你就不会悲伤

人生面临着很多选择，但最重要的是心态的选择。

黎巴嫩著名诗人纪伯伦曾写过这样的诗句："当你背对太阳的时候，你只能看到自己的阴影。"人无法改变世界的时候，不妨改变自己的心态。

杰克是英国一家餐厅的经理，他总是有好心情，当别人问他最近过得如何，他总是有好消息可以说。

当他换工作的时候，许多服务生都跟着他从这家餐厅换到另一家。为什么呢？因为杰克是个天生的激励者，如果有某位员工今天运气不好，杰克总是适时地告诉那位员工往好的方面想。

有人问他："没有人能够总是这样积极乐观，你是怎么做到的？"

杰克回答说："每天早上起来我告诉自己，今天有两种选择，可以选择好心情，或者选择坏心情，我总是选择好心情。即使有不好的事发生，我可以选择做个受害者，或是选择从中学习，我总是选择从中学习。每当有人跑来跟我抱怨，我可以选择接受抱怨或者指出生命的光明面，我总是选择指出生命的光明面。"

杰克接着说："生命就是一连串的选择，每个状况都是一个选择，你选择如何应付，选择人们如何影响你的心情，选择处于好心情或是坏心情，选择如何过你的生活。"

杰克做了一件令大家意想不到的事：

有一天他忘记关上餐厅的后门，结果第二天早上有3个武装歹徒闯入餐厅抢劫。他们威胁杰克打开保险箱，由于过度紧张，杰克弄错了一个号码，造成劫匪的惊慌，开枪射击杰克。幸运的是杰克很快被邻居发现，送到医院紧急抢救，经过18小时的外科手术，杰克终于脱险了，但还有颗子弹留在他身上。

后来有人问他当劫匪闯入的时候，他想到了什么。

杰克说："我第一件想到的事情是我应该锁后门，当他们击中我之后，我躺在地板上，还记得我有两个选择，我可以选择生，或选择死，我选择活下去。"

杰克继续说："医护人员真了不起，他们一直告诉我没事，让我放心。但是在他们将我推入紧急手术间的路上，我看到医生和护士脸上忧虑的神情，我真的被吓坏了，他们的眼神好像写着——他已经是个死人了，我知道我需要采取行动。"

“当时你做了什么？”有人问。

杰克说：“嗯！当时有个护士用吼叫的音量问我一个问题——她问我是否会对什么东西过敏。

“我回答：‘有。’

“这时医生跟护士都停下来等待我的回答。

“我深深地吸了一口气，喊道：‘子弹。’

“这时医生和护士都在笑，脸上的忧虑神情都渐渐消失了，听他们笑完之后，我告诉他们：‘我现在选择活下去，请把我当作一个活生生的人来开刀，而不是一个死人。’”

杰克能活下去当然要归功于医生的精湛医术，但同时也是由于他令人惊异的乐观态度。

人生面临着很多选择，但最重要的是心态的选择。是选择享受生命还是选择煎熬生命，是选择好心情还是选择坏心情，这是一个属于你的权利，因为你是生活的主人。无论什么时候都要心向太阳，这样你就永远不会有悲伤的时刻。

努力塑造一个最好的“我”

一个人一生都在做的一件事就是，努力塑造一个最好的“我”，只要你能做好这件事，你就一定能够获得成功。

在美国西部，有个天然的大洞穴，它的美丽和壮观出乎人们的想象。但是这个大洞穴一直没有被人发现，没有人知道它的存在。直到有一天，一个牧童偶然发现了洞穴的入口，从此，新墨西哥州的绿色洞穴成为世界闻名的胜地。

科学研究表明，我们每个人都有140亿个脑细胞，一个人只利用了肉体和心智能源的极小部分。若与人的潜力相比，我们只是半醒状态，还有许多未发现的“绿色洞穴”。正如美国诗人惠特曼诗中所说：

我，我要比我想象的更大、更美
在我的，在我的体内
我竟不知道包含这么多美丽
这么多动人之处……

人是万物的灵长，是宇宙的精华，我们每个人都具有发扬生命的本能。为“生命本能”效力的就是人体内的创造机能，它能创造人间的奇迹，也能创造一个最好的“我”。

我们每个人心里都有一幅“心理蓝图”或一幅自画像，有人称它为“自我心像”。自我心像有如电脑程序，直接影响它的运作结果。如果你的心像想的是做最好的你，那么你就会在你内心的“荧光屏”上看到一个踌躇满志、不断进取的自我。同时，还会经常听到“我做得很好，我以后还会做得更好”之类的信息，这样你注定会成为一个最好的你。美国哲学家爱默生说：“人的一生正如他所设想的那样，你怎样想象，怎样期待，就有怎样的人生。”

美国赫赫有名的钢铁大王安德鲁·卡内基就是一个能充分发挥自己创造机能的楷模。他12岁时随家人由苏格兰移居美国，最初在一家纺织厂当工人，当时，他的目标是决心“做全工厂最出色的工人”。因为他经常这样想，也是这样做的，最后他果真成为全工厂最优秀的工人。后来命运又安排他当邮递员，他想的是怎样“做全美最杰出的邮递员”，结果他的这一目标也实现了。他的一生总是根据自己所处的环境和地位塑造最佳的自己，他的座右铭就是：“做一个最好的自己。”

只要你坚定一个信念，努力去塑造自己，做到最好，你就会在不知不觉中超越众人，获得卓越的成功。

世界的颜色由你自己来决定

既然世界的变化完全是由自己的感觉来决定的，那么，何不让自己永远保持好的感觉呢？

世界是快乐的还是悲伤的，是多彩的还是单调的，关键还在于你怎么看。

安德烈在小时候，不知道从哪儿得到了一堆各种颜色的镜片，他总是喜欢用这些有颜色的镜片遮挡眼睛，站在窗台上看窗外的风景。用粉红色的镜片，面前的世界便是一片粉红色；用蓝色的镜片，眼前就是一片蓝色；当用黄色的镜片的时候，世界也变成黄色的啦！显然，用不同的镜片去看眼前的世界，世界便会给他不同的颜色。

这只是小时候所发生的一件事情。后为安德烈渐渐长大，每当遇到不高兴的时候，他总是会自然地想起这件事情。他总是对自己说："世界其实没什么不同，我可以决定这个世界的颜色啊！"

故事中的小男孩给了那些忍受折磨的人以很好的启示，既然你不能改变一些无法改变的东西，那就不妨改变一下自己吧。

世界的色彩因我们内心情绪的变化而变化。让自己快乐没有什么不对。我们为何不用快乐的情绪面对眼前的一切，让我们的世界充满快乐？！

PART 03

转换情绪，生活就会充满乐趣

把怒气转嫁到小事上

如果怒气不可避免，那就将怒气转移吧。这样，你才能不被怒气所累。

生活中，我们常会看到这样的情形：司机因为交通堵塞而满脸怒色，公共汽车上两人为抢占座位而大打出手……此种情形，举不胜举。那么你呢？是否动辄勃然大怒？是否让发怒成为你生活中的一部分？是否知道这种情绪根本无济于事？也许你会为自己的暴躁脾气大加辩护："人嘛，总有生气发火的时候。""我要不把肚子里的火发出来，非得憋死不可。"在这种借口之下，你不时地自我生气，也冲着他人生气。你似乎成了一个愤怒之人。

其实，并非人人都会不时地表露出自己的愤怒情绪，愤怒这一习惯行为可能连你自己也不喜欢，更不用问他人感觉如何了。因此，你大可不必对它留恋不舍，它不能帮助你解决任何问题。任何一个精神愉快、有所作为的人都不会让它跟随自己。愤怒情绪是一个误区，是一种心理病毒，要想使自己走上良性发展的道路，就不能不妥善处理怒气。

发怒固然有损健康，但怒而不泄同样对健康无益。英国一位权威心理学家认为，积贮在心中的怒气就像一种势能，若不及时加以释放，就会像定时炸弹一样爆发，可能会酿成大祸。正确的态度是疏泄怒气，适度释放。学会把怒气转移到他处，不但能使自己的生存环境变得更好，更对自己的身体健康有莫大的裨益。

毕林斯先生曾任全美煤气公司总经理达30年之久。他在总经理任期内，给人最深刻的印象，就是他对于许多小事常常会大发脾气，对于那些重大事情反而镇静异常。

例如，有一次他乘车回家，下车时把一盒雪茄落在车里了，不久他记起来，再返身去找，但早已不见了。

这包雪茄的价值，不过是5美分一支，对他而言真可算是微乎其微的损失。但他竟因此而气得面红耳赤、暴跳如雷，以致旁观者都以为他失去的是

一件盖世无双的宝物。后来有一次，他凭空遭遇了10万倍于那次的损失，但他却反而镇定得若无其事。

那是全世界闹着经济恐慌的年代，毕林斯先生有好几天因为卧病在床，没有去公司办公。就在这几天里，有一家银行倒闭了，他凑巧在这家银行里有3万块钱的存款，结果竟成了“呆账”。等到他病愈后，听到这个消息，却只伸手搔了搔头，然后沉思了会儿，便说：“算了，算了。”

把怒气转移到他处是一种良好的处事途径，遇到一些感觉不快的小事时，尽管发泄你的怒气，直到你的心境完全恢复舒坦为止。因为这样可以使你永远保持开朗镇定的情绪，一旦遇到大事发生，就可以用全部精神从容地应付。否则，不论事情大小，遇到气便积在心里，等到面临更大的打击时，你堆积多时的大小怒气便都将如爆裂的气球一样，冲破了理智的范围，变得毫无自制的能力了。

更重要的是，怒气发泄后，就必须立即把心情宽松下来，这样你的怒气才算没有白白发作。反之，如果你发作后，仍然把这事牢记在心，不肯忘却，那你所得到的结果，一定将糟到不堪想象的地步，而且到处都难与人相处。

在你的日常生活中，如果对某件事情感到愤怒时，最明智的方法是回到房间里静静地坐一会儿，甚至躺一会儿，或是到乡下去散散步，到各种娱乐场所去玩玩把怒气转嫁到小事上。总之，你必须用一切方法来解除你的烦恼，直到你的心情恢复平静为止。

操纵好情绪的转换器

喜怒哀乐，乃人之常情，无可非议，但如果不能很好地加以控制，听之任之，则会成为人生成功的一大障碍。

生活之中，我们感受周围的事物，形成我们的观念，做出我们的判断，无一不是由我们的心灵来进行。然而，不好的情绪常常折磨我们的心灵，使我们出现种种偏差。因此，成功的人能成功地驾驭情绪，而失败的人让情绪驾驭，把许多稍纵即逝的机会白白浪费。

一名初登歌坛的歌手，满怀信心地把自制的录音带寄给某位知名制作人。然后，他就日夜守候在电话机旁等候回音。第1天，他因为满怀期望，所以情绪极好，逢人就大谈抱负。第17天，他因为情况不明，所以情绪起伏，胡乱骂人。第37天，他因为前程未卜，所以情绪低落，闷不吭声。第57天，他因为期望落空，所以情绪坏透，拿起电话就骂人。没想到电话正是那位知名制作人打来的。他为此而毁了希望，自断了前程。

覆水难收，徒悔无益。据说一位很有名气的心理学教师，一天给学生上课时拿出一只十分精美的咖啡杯，当学生们正在赞美这只杯子的独特造型时，教师故意装出失手的样子，咖啡杯掉在水泥地上成了碎片，这时学生中不断发出惋惜声。

教师指着咖啡杯的碎片说：“你们一定对这只杯子感到惋惜，可是这种惋惜也无法使咖啡杯再恢复原形。如果今后在你们生活中发生了无可挽回的事时，请记住这破碎的咖啡杯。”

这是一堂很成功的素质教育课，学生们通过摔碎的咖啡杯懂得了，人在无法改变失败和不幸的厄运时，要学会接受它，适应它。

被称为世界剧坛女王的拉莎·贝纳尔，就是这位心理学教师的得意学生。她在一次横渡大西洋途中，突遇风暴，不幸在甲板上摔倒，足部受了重伤。当她被推进手术室，面临锯腿的厄运时，她突然念起自己所演过的一段台词。记者们以为她是为了缓和一下自己的紧张情绪，可她说："不是的！是为了给医生和护士们打气。你瞧，他们不是太正儿八经的吗？"

威廉·詹姆斯说："完全接受已经发生的事，这是克服不幸的第一步。"接受无法抗拒的事实，既然是第一步，那么有没有第二步？有。拉莎手术圆满成功后，她虽然不能再演戏了，但她还能讲演。她的讲演，使她的戏迷再次为她而鼓掌。

拉莎·贝纳尔在面对无法抗拒的灾难时，能跳出焦虑、悲伤的圈子，又跨上一个新的里程，这就是他们的情绪"转换器"在起作用。

任何人遇上灾难，情绪都会受到影响，这时一定要操纵好情绪的转换器。面对无法改变的不幸或无能为力的事，就抬起头来，对天大喊："这没有什么了不起，它不可能打败我。"或者耸耸肩，默默地告诉自己："忘掉它吧，这一切都会过去！"

情绪是可以调适的，只要你操纵好情绪的转换器，随时提醒自己，鼓励自己，你就能让自己常常有好情绪。那么，当坏情绪突然来临时，如何调适，操纵好情绪的转换器呢？

下面的方法可以供你参考：

散散步，把不满的情绪发泄在散步上，尽量使心境平和。在平和的心境下，情绪就会慢慢缓和而轻松。

最好的办法是用繁忙的工作去补充、转换，也可以通过参加有兴趣的活动去补充、去转换。如果这时有新的思想、新的意识突然冒出来，那些就是最佳的补充和最佳的转换。

一个能控制自己情绪的人，就是一个能够把握自己命运的人。这种巨大的力量可以实现他的期待，达到他的目标。如果一个人能够掌握好情绪的转移，并引导自己朝着目标前进，那么所要面对的一切困难都会迎刃而解。

时刻让你的内心绽放微笑

没有什么东西能比一个阳光灿烂的微笑更打动人的了。

微笑具有神奇的魔力，它能够化解人与人之间的坚冰，也是你身心健康和家庭幸福的标志。

一旦学会了阳光灿烂的微笑，你的生活从此就会变得更加轻松，而人们也喜欢享受你那阳光灿烂的微笑。

百货店里，有个穷苦的妇人带着一个约4岁的男孩在转圈子。走到一架快照摄影机旁，孩子拉着妈妈的手说：“妈妈，让我照一张相吧。”妈妈弯下腰，把孩子额前的头发拢在一旁，很慈祥地说：“不要照了，你的衣服太旧了。”孩子沉默了片刻，抬起头来说：“可是，妈妈，我仍会面带微笑的。”每想起这个场景，这位妇人的心就会被儿子所感动。

法国作家拉伯雷说过这样的话：“生活是一面镜子，你对它笑，它就对你笑；你对它哭，它就对你哭。”如果我们整日愁眉苦脸地生活，生活肯定愁眉不展；如果我们爽朗乐观地看生活，生活肯定阳光灿烂。朋友，既然现实无法改变，当我们面对困惑、无奈时，不妨给自己一个笑脸，一笑解千愁。

微笑的后面蕴含的是坚实的、无可比拟的力量，一种对生活巨大的热忱和信心，一种高格调的真诚与豁达，一种直面人生的智慧与勇气。而且，境由心生，境随心转。我们内心的思想可以改变外在的容貌，同样也可以改变周遭的环境。

约翰·内森堡是一名犹太籍的心理学博士。在“二战”期间，由于纳粹的疏忽，他幸免于难，然而他却没能逃脱纳粹集中营里的惨无人道的生活折磨。他曾经绝望过，这里只有屠杀和血腥，没有人性、没有尊严。那些持枪的人像野兽一样疯狂地屠戮着，无论是怀孕的母亲、刚刚会跑的儿童，还是年迈的老人。

他时刻生活在恐惧中，这种对死亡的恐惧让他感到一种巨大的精神压力。集中营里，每天都有因此而发疯的人。内森堡知道，如果自己不控制好情绪，也难以逃脱精神失常的厄运。

有一次，内森堡随着长长的队伍到集中营的工地上去劳动。一路上，他产生一种幻觉：晚上能不能活着回来？是否能吃上晚餐？他的鞋带断了，能不能找到一根新的？这些幻觉让他感到厌烦和不安。于是，他强迫自己不想那些倒霉的事，而是刻意幻想自己是在前去演讲的路上。他来到了一间宽敞明亮的教室中，他精神饱满地在发表演讲。

他的脸上慢慢浮现出了笑容。内森堡知道，这是久违的笑容。当他知道自己还会笑的时候，他也就知道了，他不会死在集中营里，他会活着走出去。当从集中营里被释放出来时，内森堡显得精神很好。他的朋友不相信，一个人可以在魔窟里保持微笑。

你的笑容是你最好的信使，能照亮所有看到它的人。对那些整天都皱着眉头、愁容满面的人来说，你的笑容就像穿过乌云的太阳；尤其对那些受到上司、客户、老师、父母或子女的压力的人，一个笑容能帮助他们树立这样一种信心，那就是：一切都是有希望的，世界是有欢乐的。

微笑是阳光的美丽外衣，从今天起开始微笑吧。

不要为小事抓狂

为小事而抓狂，是很多人都有的情绪，也正是因为这样，往往会因小而失大。学会控制自己的情绪，你才能成为胜利者。

一个心智成熟的人，必定能控制住自己所有的情绪与行为，不会像野马那样为一点小事抓狂。当你在镜子前仔细地审视自己时，你会发现自己既是你最好的朋友，也是你最大的敌人。

上班时堵车堵得厉害，交通指挥灯仍然亮着红灯，而时间很紧，你烦躁地看着手表的秒针。终于亮起了绿灯，可是你前面的车子迟迟不启动，因为开车的人思想不集中。你愤怒地按响了喇叭，那个似乎在打瞌睡的人终于惊醒了，仓促地挂上了档，而你却在几秒钟里把自己置于紧张而不愉快的情绪之中。

美国研究应激反应的专家理查德·卡尔森说："我们的恼怒有80%是自己造成的。"这位加利福尼亚人在讨论会上教

人们如何不生气。卡尔森把防止激动的方法归结为这样的话：“请冷静下来！要承认生活是不公正的。任何人都不是完美的，任何事情都不会按计划进行。”“应激反应”这个词从20世纪50年代起才被医务人员用来说明身体和精神对极端刺激（噪音、时间压力和冲突）的防卫反应。

现在研究人员知道，应激反应是在头脑中产生的。即使是非常轻微的恼怒情绪，大脑也会命令分泌出更多的应激激素。这时呼吸道扩张，使大脑、心脏和肌肉系统吸入更多的氧气，血管扩大，心脏加快跳动，血糖水平升高。

埃森医学院心理学研究所所长曼弗雷德·舍德洛夫斯基说：“短时间的应激反应是无害的，使人受到压力是长时间的应激反应。”他的研究所的调查结果表明：61%的德国人感到在工作中不能胜任；30%的人因为觉得不能处理好工作和家庭的关系而有压力；20%的人抱怨同上级关系紧张；16%的人说在路途中精神紧张。

理查德·卡尔森的一条黄金法则是：“不要让小事情牵着鼻子走。”他说：“要冷静，要理解别人。”

他的建议是：表现出感激之情，别人会感觉到高兴，你的自我感觉会更好。

学会倾听别人的意见，这样不仅会使你的生活更加有意思，而且别人也会更喜欢你。每天至少对一个人说，你为什么赏识他，不要试图把一切都弄得滴水不漏；不要顽固地坚持自己的权利，这会花费不必要的精力；不要老是纠正别人，常给陌生人一个微笑；不要打断别人的讲话；不要让别人为你的不顺利负责。要接受事情不成功的事实，天不会因此而塌下来；请忘记事事都必须完美的想法，你自己也不是完美的。这样生活会突然变得轻松得多。

当你抑制不住生气时，你要问自己：一年后生气的理由是否还那么充分？这会使你对许多事情得出正确的看法。

争吵只会给你带来不幸

人的精力是有限的，你应该把充沛的精力用在实现自己远大志向的实践上，而不是把精力用在无用的争吵上。

生活中少了面红耳赤的争论，就会使人更加理性、更有爱心；就会使人们互相尊重、友谊倍增；就会有利于思想的交流、意见的沟通；就会有助于提高工作效率；就会使社会充满温馨与和谐。

卡耐基在第二次世界大战结束后不久参加了一个宴会。卡耐基左边的一个先生讲了一个幽默故事，然后在结尾的时候引用了一句话："罪恶虽然可以掩饰一切，免不了最后出乖露丑。"那位先生还特意指出这是《圣经》上说的。

卡耐基一听就知道他错了。他看过这句话，不是在《圣经》上，而是在莎士比亚的书中，他前几天还翻阅过，他敢肯定这位先生一定搞错了。于是他纠正那位先生说，这句话是出自莎士比亚的书。

"什么？出自莎士比亚的书？不可能！绝对不可能！先生你一定弄错了，我前几天才特意翻了《圣经》的那一段，我敢打赌，我说的是正确的，一定是出自《圣经》！如果你不相信，我可以把那一段背出来让你听听，怎么样？”那位先生听了卡耐基的反驳，马上说了一大堆话。

卡耐基正想继续反驳，忽然想起自己的老友——维克多·里诺在右边坐着。维克多·里诺是研究莎士比亚的专家，他想老友一定会证明他的话是对的。

卡耐基转向他说：“维克多，你说说，是不是莎士比亚说的这句话？”

维克多盯着卡耐基说：“戴尔，是你搞错了，这位先生是正确的，《圣经》上确实有这句话。”随即卡耐基感到维克多在桌下踢了他一脚。他大惑不解，出于礼貌，他向那位先生道了歉。

回家的路上，满腹疑问的卡耐基埋怨维克多：“你明白那本来就是莎士比亚说的，你还帮着他说话，真不够朋友。还让我不得不向他道歉，真是颠倒黑白了。”维克多一听，笑了：“《李尔王》第一幕第一场上有这句话。但是我可爱的戴尔，我们只是参加宴会的客人，而你知道吗，那个人也是一位有名的学者。为什么要我去证明他是错的？你以为证明了你是对的，那些人和那位先生会喜欢你，认为你学识渊博吗？不，绝不会。为什么不保留一下他的颜面呢？为什么要让他下不了台呢？他并不需要你的意见，你为什么要和他抬杠？记住，永远不要和别人正面冲突！”

记住，生活中要永远避免争吵，永远！

争吵所能带给我们的只是心理上的烦躁、彼此的怨恨与误解，甚至多年的友情因之失去，生活因之充满了火药味儿。真理也不会因为你的争吵而倾向于你。争吵发生的时候，骤然升温的情绪之火灼烧你的头脑，使你烦闷、愤怒，甚至想揍对方一顿。对方的强词夺理、唾沫横飞令你愤恨不已，而在对方眼里，你又何尝不是同样可恶的形象。当不断升温的情绪之火达到足以烧毁你仅存的一点理智的时候，一股无以抑制的仇恨之火便由心底升起。

即使在争论中你振振有词，对方被逼得走投无路而终于被你打倒了，你就真正是成功者了吗？当然不是。别人的观点被你攻击得千疮百孔、体无完肤，又能说明什么呢？证明他的观点一无是处、你比他优越、你比他知识更广博吗？错了，你的所作所为使人家自惭，你伤了人家的自尊，你让别人当众出丑，人家只会怨恨你的胜利。在你的扬扬自得中，你的虚荣心得到满足，殊不知此时你在众人眼里只是一只好斗的公鸡而已。永远不要试图在争论中打倒对方。

PART

04

人生的差异
在于你的选择

人生的差异在于你的选择

人出生之时的差别很小，但几十年过后，每个人的人生都相差甚远。其实，人生的这些差异很多时候都是因选择不同所造成的。

人生的旅途中有很多十字路口，你的选择将决定你最后的方向和目的地。慎重地做好每一次选择，它有时抵过你几年的努力。

古代有一位智者，他以有先知能力而著称于世。有一天，两个年轻男子去找他。这两个人想愚弄这位智者，于是想出了下面这个点子：他们中的一个在右手里藏一只雏鸟，然后问这位智者："智慧的人啊，我的右手有一只小鸟，请你告诉我这只鸟是死的还是活的？"如果这位智者说"鸟是活的"，那么拿着小鸟的人将手一握，把小鸟弄死；如果他说"鸟是死的"，那么那个人只需把手松开，小鸟就会振翅而飞。两个人认为他们万无一失，因为他们觉得问题只有这两种答案。

他们在确信自己的计划滴水不漏之后，就起程去了智者家，想跟他玩玩这个把戏。他们很快见到了智者，并提出了准备好的问题："智慧的人啊，你认为我手里的小鸟是死的还是活的？"其中一人问道。老人久久地看着他们，最后微笑起来，回答说："我告诉你，我的朋友，这只鸟是死是活完全取决于你的手。"

人生的答案其实也在这里。你的人生由你自己决定，你事业的成败也完全是由你自己决定，你就是做决定的人。

当你明白了决定的意义时，便会晓得这样的力量早就蕴藏在自己的身上，它不是有权有势的人的专利品，它属于所有的人。

目前的你是否在面临选择的紧要关头呢？如果是，你一定要慎重地做出你的选择。

人生需要舍弃

人生到了一种地步，就必须舍弃一些东西，身上的包袱太多反而会影响自己赶路的脚步，延误了行程。

社会发展的速度很快，诱惑随之增多，很多人在诱惑面前停下了自己的脚步。面对层出不穷的诱惑，很多人忘记了自己的方向，在旋涡中纠缠不止、平庸一生。

其实，人生的"口袋"只能装载一定的重量，人的前进行程就是一个不断舍弃的过程。没有舍弃，你就可能被包袱压"死"在前进的途中。

拉斐尔11岁那年，一有机会便去湖心岛钓鱼。在鲈鱼钓猎开禁前的一天傍晚，他和妈妈早早又来钓鱼。放好诱饵后，他将渔线一次次甩向湖心，湖水在落日余晖下泛起一圈圈的涟漪。

忽然钓竿的另一头沉重起来。他知道一定有大家伙上钩，急忙收起渔线。终于，拉斐尔小心翼翼地把一条竭力挣扎的鱼拉出水面。好大的鱼啊！是一条鲈鱼。

月光下，鱼鳃一吐一纳地翕动着。妈妈打亮小电筒看看表，已是晚上10点——但距允许钓猎鲈鱼的时间还差两个小时。

"你得把它放回去，儿子。"母亲说。

"妈妈！"孩子哭了。

"还会有别的鱼的。"母亲安慰他。

"再没有这么大的鱼了。"孩子伤感不已。

他环视了四周，看不到一个渔船或钓鱼的人，但他从母亲坚决的脸上知道无可更改。暗夜中，那鲈鱼抖动笨大的身躯慢慢游向湖水深处，渐渐消失了。

这是很多年前的事了，后来拉斐尔成为纽约市著名的建筑师。他确实没再钓到那么大的鱼，但他却为此终身感谢母亲。因为他通过自己的诚实、勤奋、守法，猎取到生活中的大鱼——事业上成绩斐然。

曾有人写过这样一首小诗：

不舍弃鲜花的绚丽，就得不到果实的香甜；

不舍弃黑夜的温馨，就得不到朝日的明艳。

自然界是这样，人生也是这样，在几十年的漫漫旅途中，有山有水，有风有雨，有舍弃"绚丽"和"温馨"的烦恼，也有获得“香甜”和“明艳”的喜悦，人生就是在舍弃和获得的交替中得到升华，从而到达高层次的大境界。从这个意义上来说，获得很美丽，舍弃也很美丽。

人是有思维会说话的“万物之灵”，理所当然地明白，必要的舍弃是为了更好地获得。“万事如意”“心想事成”“只有想不到，没有办不到”，这些话只是一种美好愿望、朋友间自欺欺人的祝贺用语、一厢情愿的心理满足罢了。在生活中是不存在的，因为它不符合生活的辩证法。

有人说，人生之难胜过逆水行舟，此话不假。获得和舍弃的矛盾时刻困扰着我们，明白了舍弃之道和获得之法，并运用于生活，我们就能从无尽的繁难中解脱出来，在人生的道路上进退自如、豁达大度。

不知是哪一位哲人说过，人生最远的距离是“知”和“行”。有舍弃才有获得，道理谁都懂得，可是要照着去做，那可就不容易。外面的世界很精彩，舍弃很痛苦。精彩的世界里充满着诱惑，要舍弃的事情有时很美丽，不知道哪些是该获得的、哪些是该舍弃的，就像柳宗元笔下的一种叫蝜蝂的小虫，它见到东西就想背着，结果被累死了。就像那位贪心的老人到太阳山上去背金子，由于想获得的太多，结果被太阳烧死了。

生活在尘世中的人们，有一个可怕的心理，就是“终朝只恨聚无多”，干什么都想

赢，舍弃谈何容易？纵观社会，横看人生，有撑死的，也有饿死的；有穷死的，也有富死的；有能死的，也有窝囊死的；有因祸得福的，也有因福得祸的，如此等等，不一而足。何时该获得，何时该舍弃，真是很困难，天下没有放之四海而皆准的真理，只有根据此时、此地、此情、此景去综合考虑。

合适的才是最好的

什么是最好的呢？其实，这个世界根本就没有好的标准，只要合适，你就找到了最好的。

很多人一生都在追求最好，他们总认为自己身边的事情太糟糕，其实，他们都没有明白这样一个道理：合适的才是最好的。

有一只城里老鼠和一只乡下老鼠是好朋友。有一天，乡下老鼠请城里老鼠来家里吃东西。城里老鼠心里嘀咕乡下食物的口味是什么样的呢，于是立刻动身去乡下了。乡下老鼠看到城里老鼠真的来了，特别高兴，他把城里老鼠引到谷仓去，那里堆满稻谷、地瓜，还有花生。

乡下老鼠对城里老鼠说：“城里朋友，不要客气，尽情地吃，东西多着呢！”可是城里老鼠见到这些食物一点胃口都没有。

乡下老鼠还以为城里老鼠客气，于是抓了一把花生给城里老鼠，说：“朋友，这些花生味道特别好，唉，你不要这样客气嘛！”

城里老鼠觉得这些东西一点都不好吃，勉强吃了一些，最后只好对乡下老鼠说："我实在吃不下去，你们这里的东西太粗糙了点。这样吧，改天你也到城里去，我让你尝尝美味可口的食物。"

乡下老鼠也想开开眼界，也特别向往城里食物的口味，于是没过几天就来到城里老鼠的住处。城里老鼠见到乡下朋友果真来了，可高兴了，他把乡下老鼠引到厨房去。哇，这里东西可丰富了，有蛋糕、汽水、苹果、香肠、蜂蜜，还有鸡、鸭、鱼、肉等，看得乡下老鼠口水直流。他们正要享用时，一个人走进厨房，他们吓得连忙躲进洞里，不一会儿那个人走出厨房。哪知他们刚刚钻出来，"喵——喵——"一只猫突然出现，吓得他们再度躲起来。

乡下老鼠胆战心惊，既怕又饿，最后，他长叹一声："哎！朋友，吃东西这样担惊受怕，实在划不来。我们乡下的东西虽然粗糙点，倒是悠闲自在，我现在就回去了。朋友，若不嫌弃，欢迎你还到乡下玩！"

像这些老鼠一样，人们守着自己的东西，却总觉得别人拥有的比自己的好，于是羡慕、嫉妒、抱怨……各种各样的情绪都产生了。终有一天，你幸运地享受到了以前让你魂牵梦萦的"美好"，才发现别人的鞋穿在自己脚上，还不一定合适呢。回头看看自己的，其实也并非那么不堪入目。

生活中，我们在选择专业方向、工作单位、生活伴侣的时候，都会面对这样一个问题，要知道，适合自己的才是最好的。

新生活从选定方向开始

有的人活着没有任何目标，他们在世间就像河中的水草，他们不是在行走，而是随波逐流。

很多时候，你在一念之间的选择很可能就决定了你的一生。那些没有任何方向的人最终只能原地打转，只有选定一个方向之后，你的新生活才能够真正开始。

根据成功者的经验，一个人无论现在多大年龄，他真正的人生之旅，是从设定目标的那一天开始的，以前的日子只不过是在绕圈子而已。

比塞尔是西撒哈拉沙漠中的一颗明珠，每年有数以万计的旅游者来到这儿。可是在肯·莱文发现它之前，这里还是一个封闭而落后的地方。这儿的人没有一个走出过大漠，据说不是他们不愿离开这块贫瘠的土地，而是尝试过很多次都没有走出去。

肯·莱文当然不相信这种说法。他用手语向这儿的人问原因，结果每个人的回答都一样：从这儿无论向哪个方向走，最后都还是转回出发的地方。为了证实这种说法，他做了一次试验，从比塞尔村向北走，结果三天半就走了出来。

比塞尔人为什么走不出来呢？肯·莱文非常纳闷，最后他只得雇一个比塞尔人，让他带路，看看到底是为什么。他们带了半个月的水，牵了两匹骆驼，肯·莱文收起指南针等现代设备，只拄一根木棍跟在后面。

10天过去了，他们走了大约1300公里的路程，第11天的早晨，他们果然又回到了比塞尔。这一次肯·莱文终于明白了，比塞尔人之所以走不出大漠，是因为他们根本就不认识北极星。在一望无际的沙漠里，一个人如果凭着感觉往前走，一定会走出许多大小不一的圆圈，最后的足迹十有八九是一把卷尺的形状。比塞尔村处在浩瀚的沙漠中间，方圆上千公里没有一点参照物，若不认识北极星又没有指南针，想走出沙漠确实是不可能的。

肯·莱文在离开比塞尔时，带了一位叫阿古特尔的青年，就是上次和他合作的人。他告诉这位青年："只要你白天休息，夜晚朝着北面那颗星走，就能走出沙漠。"阿古特尔照着去做，三天之后果然来到了大漠的边缘。

阿古特尔因此成为比塞尔的开拓者，他的铜像被竖在小城的中央，铜像的底座上刻着一行字："新生活是从选定方向开始的。"

为了求生存、求成功，我们必须由杂乱中建立秩序，找出一个正常的步调，确定一个目标。人如果没有目标，就只能在人生的旅途中徘徊，永远到不了目的地。正如空气对于生命一样，目标对于成功也有绝对的必要。确立目标的原则表现于各个不同的生活层面，而最基本的目标还是人生的终极目标，即人们心底最根深蒂固的价值观所触及影响范围的核心部分，也就是由个人最重视的观念或价值观来决定一切。我们应该时刻把人生目标谨记在心，每一天都要朝此迈进，不要须臾违背。

认定目标意味着做任何一件事情前，首先要认清方向。如此不但可对目前所处的状况了解得更透彻，而且在追求目标的过程中，也不致误入歧途、白费功夫。

人生旅途，岔路很多，一不小心就会走冤枉路。许多人拼命埋头苦干，却不知所为何来，到头来发现竟然走错了路，但为时已晚。因此，有些人很忙碌，却不见得有意义。

很多人成功之后，反而感到空虚；得到名利之后，却发现牺牲了更可贵的东西。上自达官显贵、富豪巨贾，下至升斗小民、凡夫俗子，无人不在追求更多的财富或更高的地位与声誉，可是，名利往往蒙蔽双眼，成功每每需付出昂贵的代价。因此，我们务必设定真正重要的目标，然后勇往直前、坚持到底，这样，我们才能在困顿中不气馁，腾达时不骄气。这样的生命才会变得更厚重、更充实、充满意义。

坚持，折磨之后就是成功

每个人都可以取得成功，只要坚持而不放弃，即使遇到重重磨难，也要坚持到底，那么，你很快就会看见成功的美丽身影。

英国著名物理学家牛顿曾说过："胜利者往往是从坚持最后5分钟的时间中得来的成功。"世间最容易的事常常也是最难做的事，最难的事也是最容易做的事。很多没有成功的人最怕的就是那种不成功之前痛苦的折磨，最终半途而废。

半途而废者经常会说"那已足够了""这不值""事情可能会变坏""这样做毫无意义"，而能够持之以恒者会说"做到最好""尽全力""再坚持一下"。坚持，当你历经折磨之后，成功就离你不远。

刘易斯曾是美国俄亥俄州的拳击冠军，那年刘易斯18岁，身高159厘米。那次夺冠的经历，对他一生都有深远的影响。对手30岁，身高179厘米，是连续3年蝉联全州拳击冠军，人高马大的黑人拳击手。他的左勾拳令人闻风丧胆。当主持人宣布刘易斯出场挑战他时，全场观众给刘易斯的嘘声，比给对手的掌声还多。

果然不出观众所料，刘易斯一上场，就被老练的对手一次次击中，牙齿也被打掉了半颗，满脸是血，却拿对手毫无办法。

中场休息，刘易斯对教练吉比说，他想中途退出比赛，与其拿鸡蛋碰石头，不如拿鸡蛋去孵只鸡。“不，刘易斯，你能

行，你不怕流血，你一定能坚持到最后，我深信你的实力。”吉比教练一个劲儿地对着他大喊。

比赛再次开始后，刘易斯就豁出去了，他感觉到身体已不属于自己，任对手雨点般的拳头落在身上，发出空洞的响声，他的灵魂飞出流血的身体，一个劲儿地说：“坚持，我能坚持！”

终于，对手或许累了，或许是面对刘易斯的顽强开始胆怯了，刘易斯终于熬到了决胜局，他开始了反攻。汗水、血水流满了全身，模糊了刘易斯的双眼，用意志去击打，左勾拳、右勾拳、上勾拳，一记又一记重拳，朝着眼前模糊的身影击去。

“是的，刘易斯，你能行！”他给自己打气说。在最后一刹那，他眼前有无数个高大的影子在晃动，他想，中间那个不晃的影子一定是对手，便对准那一个最后一击……

当教练吉比抱着他又喊又跳，裁判举起他的手时，他才发现自己赢了，对手倒在台上。

做任何事情都和比赛一样，成功与失败只是一步或半步之差，起决定作用的只是最后那一瞬。中场退出的人注定无缘冠军的奖杯，成功只会奖赏给坚持到底、永不放弃的人。

胜利贵在坚持，要取得胜利就要坚持不懈地努力，饱尝了许多次的失败之后才能成功，即所谓的失败“乃成功之母”，也可以这样说——坚持就是胜利。

荀子说：“骐骥一跃，不能十步；驽马十驾，功在不舍。”这也正充分地说明了坚持的重要性。骏马虽然比较强壮，腿力比较强健，然而它只跳一下，最多也不能超过10步，这就是不坚持所造成的后果；相反，一匹劣马虽然不如骏马强壮，然而它若能坚持不懈地拉车走10天，照样也能走得很远，它的成功在于走个不停，也就是坚持不懈。

“水滴石穿，绳锯木断”，一滴水的力量是微不足道的，然而许多滴水坚持不断地冲击石头，就能形成巨大的力量，最终把石头滴穿。绳子把木头锯断也是同样的道理。

功到自然成，成功之前难免有失败，然而只要能克服这些折磨，坚持不懈地努力，那么，折磨之后，你就会看到成功。

放弃是成功的另一种选择

放弃一件事情，也许会在另一件事情上取得成功。

生活是一个单项选择题，每时每刻你都要有所选择，有所放弃，要追求一个目标，你必须在同一时间放弃一个或数个其他的目标。

该放弃时就放弃吧，不要在犹豫不决中虚度光阴，可能到最后还会无奈地放弃。人，有时就得决绝一点。

拥有中国“色彩第一人”称号的于西蔓回国建立了“西蔓色彩工作室”。她将国际流行的“色彩季节理论”带到了中国，她使中国女性认识到了色彩的魅力。

于西蔓在日本学习的原本是经济，但她在毕业后，凭着自己对色彩的爱好，苦学了两年，取得了色彩专业的资格。在当时，她成为全球2000多名色彩顾问中唯一的华人。

在国外，她看到了中国同胞的穿着经常引起别人的非议，每次她都会产生一种强烈的感觉，要让中国人也美起来。

随后，她放弃了在国外优越的生活，毅然回到了祖国，并于1998年在北京创办了中国第一家色彩工作室。面对中国消费群体的不同，刚开始时，于西蔓只是凭自己的主观确定价位。一段时间后，她发现这并不适合大多数群体，同时也违背了她的初衷——要让所有的中国人都知道什么是色彩。于是，她又重新做了计划，降低价位，并做了很多的辅助工作，结果取得了很好的成果。年轻的时尚一族纷至沓来，连上了年纪的人也成了工作室的座上宾，热线咨询电话也响个不断。

在总结自己的经验时，于西蔓说她成功的主要原因是懂得放弃，因为没有放弃就没有新的开始。

于西蔓几次放弃了令人羡慕的工作而重新开始，是因为她深深地了解自己的兴趣、特点及自身的价值。

孟子在2000多年以前就说过："鱼与熊掌不可兼得。"要想有所获取，必须有所舍弃。可惜很多人在生活中，往往都会为是否舍弃一种生活追求而犹豫不决。

优柔寡断是不可取的。一个人的精力是有限的，不可能分散到每件事情上，期望所有事情都有好的发展，结果可能一无所成。学会适时放弃，才是成大事者明智的选择。

播下希望的种子

苦难是把双刃剑